国家级一流本科专业建设成果教材

化工过程模拟
——Aspen Plus教程

罗明检　主编

夏淑倩　主审

U0205533

化学工业出版社

·北京·

内容简介

《化工过程模拟——Aspen Plus 教程》紧密结合化工专业的课程体系，选择本专业学生熟悉的实例，以 Aspen Plus 软件为工具介绍化工过程模拟计算。内容包括：Aspen Plus 入门，物性数据及物性计算，流体输送过程模拟，换热过程模拟，分离过程模拟，反应过程模拟，工艺流程模拟和换热网络设计等。本书的例题结合软件和专业理论知识进行详细说明，逐步讲解，并且配有讲解视频，便于读者学习 Aspen Plus 软件的使用方法并在理论知识的基础上举一反三。

本书可作为高等学校化工相关专业本科生和研究生的教材或教学参考书，也可供石油化工行业的科研、设计和工程技术人员参考。

图书在版编目（CIP）数据

化工过程模拟：Aspen Plus 教程 / 罗明检主编．——
北京：化学工业出版社，2024.7
ISBN 978-7-122-45474-4

Ⅰ．①化…　Ⅱ．①罗…　Ⅲ．①化工过程-流程模拟-
应用软件-教材　Ⅳ．①TQ02-39

中国国家版本馆 CIP 数据核字（2024）第 080532 号

责任编辑：吕　尤　徐雅妮　　　　　文字编辑：曹　敏
责任校对：王　静　　　　　　　　　装帧设计：张　辉

出版发行：化学工业出版社
　　　　　（北京市东城区青年湖南街 13 号　邮政编码 100011）
印　　刷：北京云浩印刷有限责任公司
装　　订：三河市振勇印装有限公司
787mm×1092mm　1/16　印张 16　字数 397 千字
2024 年 9 月北京第 1 版第 1 次印刷

购书咨询：010-64518888　　　　　　售后服务：010-64518899
网　　址：http://www.cip.com.cn
凡购买本书，如有缺损质量问题，本社销售中心负责调换。

定　　价：49.00 元　　　　　　　　　版权所有　违者必究

前　言

    化工过程模拟包括物料衡算、能量衡算、设备计算、能量分析和技术经济分析等，这些模拟计算是化工专业教学的重点，更是化工过程开发、设计、优化和改造的基础。随着计算机技术的发展，化工过程模拟软件已经普及，利用模拟软件可以方便、快捷地完成化工过程模拟计算任务。化工过程模拟软件已经成为化工专业学生和化工领域工程技术人员需要学习和掌握的基本工具。

    党的二十大报告提出要全面提高人才自主培养质量，着力造就拔尖创新人才。扎实的化工理论知识是高素质化工人才创新的基础，化工模拟软件是实现高效创新的工具。化工过程模拟课程的教学不仅要让学生掌握模拟软件的使用方法，更要在软件的教学中促进学生对理论知识的消化和吸收，提高学生应用理论知识解决实践问题的能力。因此，已出版的化工过程模拟教材一般侧重讲解通用过程模拟软件的使用，或者过程模拟的理论方法，也有些将理论、模拟与工程实践相结合。本书紧密结合化工专业的课程体系，按照化工热力学-"三传一反"-工艺学的知识体系，选择学生熟悉的实例，以 Aspen Plus 软件为工具介绍化工过程模拟计算。本书旨在引导学生将理论知识应用于化工建模，在模拟实践中加深对理论知识和规律的理解，启发学生化工过程设计和模拟的思路，培养学生举一反三和创新的能力，为解决化工生产中的新工艺开发、现有工艺的优化升级以及相关科学研究打下坚实基础。

    本书由罗明检负责编写，罗明检、柳艳修、张梅和李金莲完成讲课视频的录制，朱凌岳、刘发堂和李美玲等提出了很好的改进建议。教育部高等学校化工类专业教学指导委员会秘书长夏淑倩教授主审了本书。此外，感谢大庆石化公司善世文工程师对部分实例中的参数提出了宝贵建议，感谢化学工业出版社在本书的出版过程中给予的帮助，感谢东北石油大学一流专业建设基金的资助！

    由于编者水平有限，不足之处在所难免。如果读者在阅读本书的过程中发现问题，欢迎将问题和建议发送到 luomingjian@nepu.edu.cn，以便后续修订。

编者
2024 年 4 月

目录

第8章　反应过程模拟　/185

第9章　工艺流程模拟及换热网络设计　/216

第1章
绪论

1.1 化工生产过程及其模拟

化工生产是由物料输送、换热、化学反应和混合物的分离提纯等过程按照一定的顺序组织起来，将原料转化为产品的生产过程。图 1.1 给出了烃类热裂解生产烯烃的过程，主要包括烃类热裂解为核心的反应过程，预分馏、净化和深冷分离等混合物分离过程，以及实现反应和分离所需温度和压力条件的换热和流体输送过程。过程中的换热包括裂解炉的供热、急冷的降温、深冷分离过程中的制冷以及精馏分离过程中的冷凝回流和再沸等；流体输送包括裂解气压缩、液体物料的泵送及相应的阀门、管线系统。

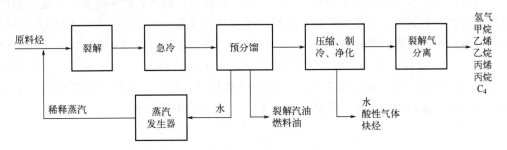

图 1.1　烃类热裂解生产烯烃流程示意图

化工生产过程参数众多，且参数间关系紧密、相互影响。主要参数有：①物料的状态，包括温度、压力、组成等基本强度性质，由基本强度性质确定的相态、摩尔性质、密度、黏度、表面张力等强度性质，以及质量流量、摩尔流量、焓流量等广度性质；②生产负荷；③过程的限制，包括相平衡、化学平衡等；④过程的速度；⑤热和功；⑥设备的结构、尺寸参数，如精馏塔的塔高、塔径、塔板布置、填料参数等；⑦设备的操作参数，如精馏塔的压力、馏出量、回流比、回流温度等；⑧原料和产品指标；⑨技术经济指标。这些参数是确定生产设备和流程的基础，可以在一定范围内合理调节，从而安全、平稳、经济地完成不同的生产任务。

化工生产过程中流程的组织、设备的结构和尺寸、参数的调整等对生产的影响规律不可能全部通过实验来获得，一般利用化工过程模拟来实现。化工过程模拟就是根据化工过程的基础数据，采用合理的数学模型，对单个过程或多个过程组成的化工生产流程进行描述，模拟不同条件下的生产状态，获得各参数变化对生产的影响规律，确定合适的流程和生产参数。

化工过程模拟的数据多，计算工作量大。随着计算机技术的发展，繁重的计算工作可由计算机完成，实现了实际生产过程在计算机上的"再现"。这种"再现"无需生产设备及操作费用的投入，就可以在计算机上进行不同生产方案和工艺条件的对比、分析和优化，既节省了投资，也加速了生产工艺的开发。化工过程模拟既可用于从无到有的新装置设计、新工艺开发和科学研究，也可用于已有设备及装置的改造、优化及故障诊断。

1.2 化工过程模拟软件

化工过程模拟软件是实现化工生产过程在计算机上"再现"的工具，可以分为设备模拟软件、专用流程模拟软件和通用流程模拟软件。

设备模拟软件用于特定设备或生产单元的模拟计算，例如用于换热器设计和模拟的HTRI、HTFS、Aspen EDR，用于精馏塔设计 KG-Tower，COMSOL 和 Fluent 等流体仿真软件在流体输送、换热及反应等过程的模拟中也有广泛应用。

专用流程模拟软件用于特定化工生产过程的模拟计算，例如用于天然气脱硫脱耐碳过程模拟的 ProTreat。

通用流程模拟软件可以用于各种化工过程的模拟计算。这类软件一般拥有的庞大的纯组分和混合物物性数据库，能够满足各种理想、非理想体系相平衡和性质计算的热力学模型，可以完成各种单元操作的模拟计算，并且，可以通过合适的策略完成多个生产单元成组成的生产过程的模拟计算。通用流程模拟软件有 Aspen Plus、PRO/II、Chem CAD 和 Petro-SIM 等。这些通用流程模拟软件都有自己的特色和优势，但基本原理和理论相同，学习和使用具有一定的相似性。本教材结合 Aspen Plus V12 软件进行介绍。

1.3 Aspen Plus 软件简介

Aspen Plus 是一款集化工生产装置设计、稳态模拟、动态模拟和优化等于一体的大型通用过程模拟软件。起源于 20 世纪 70 年代后期美国能源部资助、MIT 主持的项目——Advanced System for Process Engineering（先进过程工程系统，简称 ASPEN）。1982 年成立 AspenTech 公司，并将软件命名为 Aspen Plus，实现商品化。该软件经过 40 多年来不断的改进、扩充和提高，已经成为全世界公认的标准大型化工过程模拟软件。

AspenONE 是 AspenTech 公司的产品集合，集成了 Aspen Engineering Suite（工程套件）、Aspen Manufacturing Suite（生产套件）和 Aspen Supply Chain（供应链套件）等系列软件，最新版本为 AspenONE V14（本书所有例子基于 V12）。AspenONE 的工程套件包括通用过程模拟软件 Aspen Plus 和 Aspen HYSYS，物性数据和物性分析工具 Aspen Properties，专用模拟软件 Aspen EDR（换热器设计与评价）、Aspen Batch Modeler（间歇过程模拟）、Aspen Adsorption（吸附过程模拟）、Polymer Plus（聚合过程模拟）和 Aspen Energy Analyzer（换热网络设计）等 40 多个软件。可应用于化工、炼油、冶金、医药等多种工程领域的过程模拟、工程性能监控、优化和改造等。

1.4　本教材的特点

化工过程模拟软件的基本原理来源于化工热力学、"三传一反"、化工工艺学和化工系统工程等专业理论课。模拟的对象——化工生产过程，在工艺学类课程中得以体现。因此，本教材紧密结合化工专业的课程体系，按照化工热力学-"三传一反"-工艺学的知识体系，选择学生熟悉的实例，以化工理论知识为基础，以 Aspen Plus 软件为工具，加强理论与模拟实践的融合，引导学生将理论知识应用于化工建模，在模拟实践中加深对理论知识和规律的理解，促使学生掌握化工过程设计和模拟的思路，培养学生结合生产实际举一反三和创新的能力，为解决化工生产中的实际问题以及进行新工艺开发和科学研究打下基础。

① 结合化工热力学理论知识，将不同物性方法及方法参数的计算结果与实验数据进行对比，强调合适的物性方法及模型参数是模拟结果与实际相符合的关键。

② 结合化工原理和化学反应工程的理论知识，利用简单的实例由浅入深介绍 Aspen Plus 模拟过程中的思路和原理；将灵敏度分析、设计规范、优化等与理论课中明确的规律相结合，介绍这些模拟工具的原理及用途，促进学生对"三传一反"理论知识和规律的掌握。

③ 例题和习题主要从学生熟悉的烃类热裂解、芳烃转化和甲醇合成等化工生产过程中选取，便于学生将模拟结果与理论知识及实际生产进行对比，引导学生思考化工设计中确定生产条件的方法。

④ 设置不合理的参数使模拟产生警告和错误，引导学生思考错误产生的原因，培养学生思考问题和解决问题的能力。

⑤ 以简化的甲醇合成过程为例介绍过程模拟和换热网络设计，初步培养学生组织生产流程和设计换热网络的能力。

> 说明：为便于读者根据软件截图进行实际操作，本书正文中部分表述遵循软件中使用的名词术语和表达形式，如"摩尔分率""摩尔浓度""质量分率"，以及化学式的平排表述。该表述形式仅限于本书，其规范的表述形式请参考全国科学技术名词审定委员会公布的规范名词。

第2章
Aspen Plus 入门

物料的混合是化工生产中的基本过程，涉及物料衡算、能量衡算和物性计算等。本章以丙烷裂解制丙烯过程中原料丙烷与稀释蒸汽的混合为例，介绍 Aspen Plus 软件完成化工过程模拟的基本步骤。

【例 2.1】丙烷裂解制丙烯过程中，丙烷原料 100t/h，6bar（绝压，下同；1bar = 10^5Pa），已预热到 160℃；稀释蒸汽 40t/h，6.5bar，已预热到 200℃。将丙烷与稀释蒸汽混合，混合过程中不与外界换热，计算混合后丙烷和水的摩尔分率、摩尔浓度、质量分率、质量浓度，混合前后各流股的密度、热容、摩尔焓、黏度等性质以及混合后的温度等。物性方法选择 PENG-ROB。

下面结合混合过程计算介绍 Aspen Plus 软件的界面、已知条件输入、计算结果等模拟计算中的基本步骤和内容。

2.1 新建模拟文件

在"［开始］菜单 \ 所有应用 \ Aspen Plus \ Aspen Plus V12"打开 Aspen Plus 软件，界面如图 2.1 所示，总体上有四个区域。

（1）文件菜单

与其他常用软件的文件菜单类似，可以完成模拟文件的新建、打开、保存等操作。其中"选项"在完成新建模拟文档或打开以前的模拟文档时才能使用，可设置数据库及检索顺序、文件的保存格式、工艺流程上显示的参数、与老版本的兼容性等。

（2）Aspen Plus 模板

有化学品、气体处理、采矿与矿物、炼油、特殊化学品和制药等 5 大类系统自带模板及用户自定义模板，详见表 2.1。

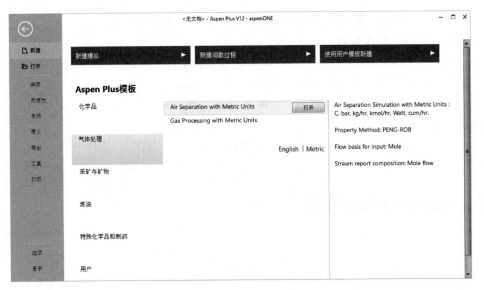

图 2.1　Aspen Plus 的新建界面

表 2.1　Aspen Plus 的模板类型

模板类别	模板名称	模板简介
化学品	Batch Polymers	间歇聚合过程
	Chemicals	化学品生产,如醇、醛等的生产过程
	Electrolytes	电解质过程,涉及水溶液中的解离平衡,如酸、碱、盐的生产
	Polymers	聚合过程,如塑料、纤维、橡胶等高分子的生产
气体处理	Air Separation	空气分离,将空气分离成 N_2、O_2 等
	Gas Processing	气体处理过程,如干燥、天然气脱酸性气体、克劳斯法脱硫等
采矿与矿物	Hydrometallurgy	湿法冶金,在水溶液中进行,如金、铝、铀、锌、铜等
	Pyrometallurgy	干法冶金,如炼钢、炼铜等
	Solids	固体,如水泥生产、煤气化等
炼油	Aromatics	芳烃的精馏及萃取分离
	Catalytic Reformer	催化重整
	Crude Fractionation	常减压分离
	FCC and Coker	流化床催化裂化及焦化
	Gas Plant	裂解气的净化与分离
	HF Alkylation	HF 烷基化
	Petroleum	石油加工相关的过程,特点是使用虚拟组分
	Sour Water Treatment	酸性水的处理(过程涉及 CO_2、H_2S、NH_3 等)
	Sulfur Recovery	硫回收(过程涉及 CO_2、SO_2、有机胺等)
特殊化学品和制药	Pharmaceutical	制药过程,可进行间歇和连续过程模拟
	Specialty Chemicals	精细化工生产过程,可进行间歇和连续过程模拟

（3）每类模板下的具体模板

例如，气体处理模板下有 Air Separation（空分）和 Gas Processing（气体处理）。下方的"English ｜ Metric"是单位制，可以在新建模拟文件后再进行选择。

（4）模板的部分默认参数

Aspen Plus 根据过程的特点，在模板中推荐了默认的单位集、物性集、物性方法等，一些模板中还给出了过程涉及的组分。例如，Air Separation with Metric Units 模板默认使用℃、bar、kg/h、kmol/h、W 和 m³/h 等公制单位❶，使用 PENG-ROB 方法进行物性计算，流股流量以 mol 为基本单位，计算结果默认给出流股中各组分的摩尔流量；并且 N₂、O₂ 和 Ar 将作为该模板的默认组分列出，无需用户输入。

2.2 Aspen Plus 界面

选择"用户 \ General with Metric Units"新建模拟文件，打开 Aspen Plus 软件界面，如图 2.2 所示，主要有标题栏、菜单栏、功能区、导航区和工作区等。

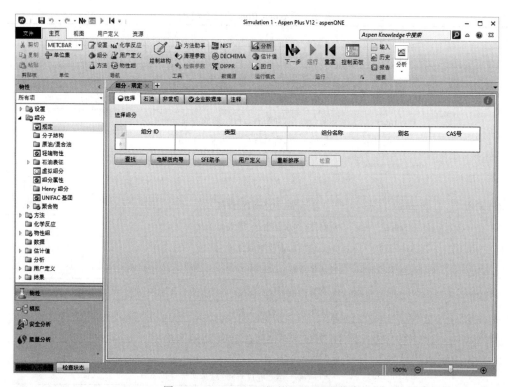

图 2.2 Aspen Plus 软件的用户界面

（1）标题栏、菜单栏和功能区

Aspen Plus 软件界面上部与其他常用软件类似，依次为标题栏、菜单栏和功能区。标题栏和主页菜单下重要图标的功能见表 2.2。菜单栏和功能区的项目与工作区的内容有关。

---

❶ 在 Aspen Plus 软件中的 Metric Units 模板中包括 bar，1bar＝10^5Pa。

表 2.2　重要图标的功能

图标	提示	快捷键	功能
N➡	下一步(Next Input)	F4	指导用户完成下一步必需的输入,但不能指导可选输入
▶	运行(Run)	F5	完成所有必需的输入后,进行模拟计算
▪	停止(Stop)	无	停止模拟计算。不合理的输入导致长时间计算得不到收敛的结果时,可利用此功能停止计算
◀	重置(Reset)	Shift+F5	重新按用户设置的初值进行计算(不进行重置的话,Aspen Plus 软件将前面计算得到的结果作为修改参数后再计算时的初值)
▣	控制面板(Control Panel)	F7	设置模拟运行的参数,显示收敛信息

（2）导航区和工作区

Aspen Plus 软件界面中间部分根据化工模拟计算的特点分为导航区和工作区。左侧为导航区，列出了物性（Properties）、模拟（Simulation）、安全分析（Safety Analysis）和能量分析（Energy Analysis）四个模拟环境。物性和模拟环境以树形目录的形式列出了相关的参数输入（设置）和结果项目。选择导航区的项目，右侧工作区显示相应的参数输入或计算结果表格。数据输入和模拟过程中，导航区的参数设置和结果表格有不同的状态指示符号，其含义见表 2.3。

> 提示：鼠标指向标题栏、功能区、导航区及参数设置表格的图标和输入框时，软件会提示图标的功能、输入参数的含义和有效参数范围等。

表 2.3　状态指示图标及含义

图标	含义
📁 📁 ◉ ●	表格有必需的数据输入未完成
📁 📁 ◉ ✓	所有必需的数据已输入完成(含系统默认的必需数据),或查看过的表格
◉	含可选输入数据的表格
📁 📁 📁	运行后,得到了收敛结果的表格
📁 📁 📁	表格有计算结果,但计算结果有错误
📁 📁 📁	表格有计算结果,但计算结果有警告
📁 📁 📁	表格有计算结果,但输入参数发生了改变,计算结果与当前的输入参数不相符,需要重新模拟计算

工作区表格页的标题与左侧导航区选择的项目对应。例如，图 2.2 导航区选择的是"组分\规定"，右侧表格页的标题也是"组分-规定"。在右侧表格页的标题上按住鼠标左键，可将表格页拉出为独立窗口，如图 2.3 所示。为使排版美观，显示清晰，本教材多数使用独立窗口的表格页，实际使用中一般不需要将表格页单独显示。但使用数据进行作图时，独立窗口便于调节图形的横、纵坐标比例。

图 2.3　独立窗口的表格页

（3）状态栏

最下方的状态栏，提示输入是否完整、输入是否有修改、模拟是否出错等。

2.3　Aspen Plus 文档类型

利用"文件"菜单的"保存"（或"另存为"）可保存模拟文件。Aspen Plus 可存储四种文件类型。

apwz：复合文件。在一个文件中包括所有输入信息、模拟结果、中间收敛信息、模拟过程中需要的外部文件，如用户子程序、DLOPT 文件、EDR 文件、嵌入表单等。文件比较大。

apw：文档文件。保存所有输入信息、模拟结果和中间收敛信息。在保存目录下会生成 bkp、his 等扩展名的文件，再次打开并运行时，结果与保存时完全一致。apw 格式的文件存储空间大，只能使用同一版本的软件打开，但在长流程模拟时打开和保存速度快。

bkp：备份文件。包括所有输入信息和模拟结果，但不保存中间收敛信息。运行 bkp 文件时，流股和单元操作的数据全部重新初始化，整个模拟过程重置。对于复杂的模拟，重新模拟计算得到的结果与保存时的结果可能不同。bkp 文件小，可在不同操作系统和不同版本的 Aspen Plus 打开，适合长期保存以及用于传递文件。

apt：模板文件。

2.4　物性环境

物性环境（Properties）下可输入组分，选择物性方法和物性方法的参数，设置物性集，检索物性数据，回归和估算物性参数，进行物性分析等。物性环境下，导航区各项目的基本功能如下：

① 设置：模拟的基本信息和全局参数，通常可采用默认参数。可以在"计算选项"调整"最大迭代次数"和"容许误差"，促使模拟收敛；可以根据使用习惯，在"单位集"设置各物理量的单位。

② 组分：模拟过程中涉及的组分，包括非常规组分及其参数。一些模板设有默认组分，通常需要用户进行设置。

③ 方法：物性方法。一些模板设有默认的物性方法，用户也可自己进行选择和修改。

④ 化学反应：组分间可能发生的反应，可以由"组分 \ 规定"的"电解质向导"和"SFE 助手"生成。

⑤ 物性组：根据模拟计算目的设置的物性集合。Aspen Plus 根据模板的特点设置了不同的默认物性组，用户可以设置自己的物性组。

⑥ 数据：实验数据。包括用户自己的实验数据、文献数据以及 Aspen Plus 数据库中的数据。可以用于回归物性方法的参数，也可用于检验模拟结果的准确性等。

⑦ 估计值：根据分子结构（基团）和已知性质估算得到的纯组分性质和二组分交互作用参数。

⑧ 分析：利用物性方法进行物性计算（含相平衡计算）。

⑨ 用户定义：用户根据需要自行设定的参数。

⑩ 结果：模拟计算是否正常完成，没有正常完成时给出警告和错误信息。

⑪ 回归：参数回归的设置及结果。进行参数回归时才会列出此项。

任何化工过程模拟都必须指定过程中的组分以及物性方法。因此，图 2.2 中"组分"和"方法"项目为红色，提示有必需的数据没有输入，状态栏提示"所输入不完整"，单击 ▶(下一步)，系统提示"必须指定组分"。有些模板列出了默认的组分和方法，例如"气体处理 \ Air Separation"模板，这时候"组分"和"方法"项目不缺少必需的数据，用户可以根据实际情况补充没有列出的组分，选择需要的物性方法。

2.4.1　组分

在"组分 \ 规定"可输入模拟中涉及的组分。组分的输入有以下几种方法。

（1）直接输入

直接在"组分 ID"输入组分的分子式、名称（英文）或 CAS 号，Aspen Plus 可以从数据库中检索到相应组分。例如，在图 2.4 第 1 行和第 2 行的"组分 ID"输入分子式 H_2O 和 C_3H_8 并确定，Aspen Plus 在组分名称、别名、CAS 号补充了水和丙烷的相关信息；在第 3 行和第 4 行输入 PROPANE 和 CAS 号"74-98-6"，同样正确识别为丙烷。

但是，第 5 行输入 C_3H_6，并没有补充组分名称、别名、CAS 号等信息。这是由于 C_3H_6 存在丙烯和环丙烷两种同分异构体。如果想输入丙烯，可以在"组分 ID"输入 PRO-PENE 或 115-07-1 得到，如第 6 行和第 7 行。

> **提示 1**："组分 ID"是后续使用的组分名称，由字母、数字及部分特殊字符（+、-、*、/、= 等）构成，以字母或数字开头，不能超过 8 个字符。例如，PROPYL-ENE（丙烯）和"7732-18-5"（水的 CAS 号）超过 8 个字符，不能输入到"组分 ID"。
>
> **提示 2**：修改"组分 ID"时，提示重命名、删除或取消。选择重命名不会修改实际的组分，例如将第 1 行的 H_2O 修改为 ETHANOL 并选择重命名，实际组分还是水，不会修改为乙醇；选择删除会修改实际的组分，例如将第 1 行的 H_2O 修改为 ETHANOL 并选择删除，将删除组分水，增加 ETHANOL 命名的组分，并从数据库中检索乙醇作为第 1 行的组分。

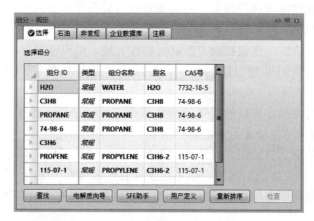

图 2.4　输入组分

（2）利用"查找"功能添加

单击图 2.4 中的"查找"，弹出如图 2.5 所示窗口。查找"C3H6"可检索到环丙烷、丙烯及其他含有"C3H6"的组分，根据化合物名称、别名、分子量（MW）、沸点（BP）、CAS 号等信息选择所需要的组分后，单击"添加所选化合物"将选定的组分加入组分列表中，双击所需要的组分也可完成相同的操作。

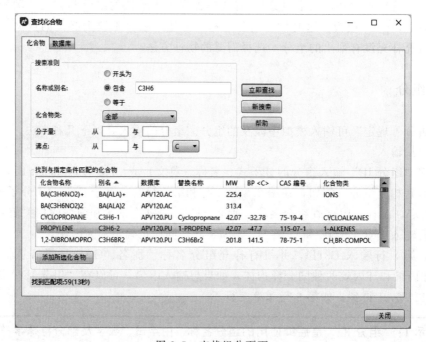

图 2.5　查找组分页面

> **提示 1：**查找组分前将鼠标放到图 2.4 的第 5 行（C3H6 对应的行），组分信息直接添加到这一行。信息完整的行再进行添加， Aspen Plus 会提醒替换当前组分还是增加新的组分，用户可根据需要选择。
>
> **提示 2：**物质的 CAS 号是唯一的，利用 CAS 号可准确确定所需要的组分。

提示 3：选择"开头为"和"等于"选项及补充分子量和沸点范围可缩小检索范围，便于快速找到所需要的组分。

提示 4：单击图 2.5 的化合物"名称或别名""分子量（MW）"等，可将检索结果排序，便于正确选择所需要的组分。

（3）直接生成相关组分

利用"电解质向导"可根据电解质的解离反应生成相关组分（第 3 章将进行介绍），利用"SFE 助手"可完成固相组分的输入。

添加组分后，"组分"项的○变为√，表示已完成必需的输入。

例 2.1 只需要图 2.4 中前两行的组分，选择其他行，然后使用键盘的"Delete"键进行删除（或在需要删除的行单击右键，从弹出菜单选择删除），所需要的组分如图 2.6 所示。

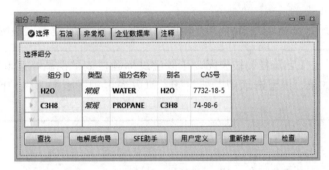

图 2.6　例 2.1 的组分

2.4.2　物性方法

输入组分后，导航栏的"方法"项为○，单击 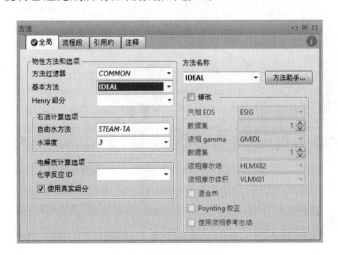（快捷键 F4）或直接选择"方法"，在"基本方法"选择 IDEAL，如图 2.7 所示。由于 IDEAL 方法不需要其他参数，物性环境中所有的○变为√，说明已经完成所有必需数据的输入。

图 2.7　选择物性方法

如果数据库内有组分间的二元交互作用参数或其他物性方法参数，导航区相应的项目显示为⬤，单击N或直接选择项目，Aspen Plus 自动加载数据库内相关的参数。

2.5 模拟环境

单击导航区的"模拟"，打开如图 2.8 所示的模拟环境（Simulation）界面。菜单栏和功能区的项目与工作区的内容有关，在此不作详细介绍；导航区的分类类似"物性环境"；工作区与导航区的选择有关，当前为"主工艺流程"；下方"模型选项版"提供了化工生产的单元操作、化学反应以及测量控制相关模块，可以完成相关的数据输入及物料衡算、能量衡算、速率计算等。

图 2.8 中，导航区的状态栏提示"流程未完成"，首先需要建立完整的工艺流程。

> 提示：如果"主工艺流程"被关闭，可以通过标题栏或"视图"菜单下的图标（工艺流程）打开；如果"模型选项版"被关闭，可以通过视图菜单下的图标（模型选项版）打开。

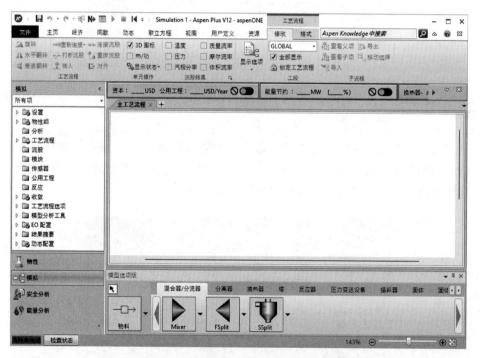

图 2.8 模拟环境（Simulation）的界面

2.5.1 工艺流程

工艺流程由模块（单元操作）及流股构成。Aspen Plus 的 Mixer 模块可根据进料流股的参数，通过物料衡算和能量衡算得到混合后流股的参数，完成例 2.1 的计算。

（1）添加模块

在"模型选项版 \ 混合器 \ 分流器"选择"Mixer"，在"主工艺流程"空白区域单击鼠标左键，添加一个混合器模块 B1，如图 2.9 左图所示。

单击鼠标右键或选择模型选项版的 ▶，退出添加模块模式。双击"B1"将模块的名称修改为 M1。

注意 1：重命名时，双击文字而不是模块对应的图标，或者单击右键选择"重命名模块"。

注意 2：实际应用中设备一般用字母加 3~4 位数字

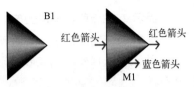

图 2.9　混合器（Mixer）模块
及其必需的进出物流

命名，字母代表设备的类型，数字代表设备编号。例如"E101"代表 1 工段的第 1 个换热器，首字母"E"代表换热器（Exchanger），第 2 位的"1"代表 1 工段，第 3 和 4 位的"01"代表第 1 个。本教材第 9 章流程模拟将按这种方式命名，第 3~8 章使用字母加数字简单命名。

（2）连接流股

选择"模型选项版"左侧的"物料"，将鼠标移到"主工艺流程"界面。M1 模块显示两个红色箭头，一个指向 M1，另一个由 M1 指向外侧；还有一个蓝色箭头由 M1 指向外侧，如图 2.9 右图所示。将鼠标移到这几个箭头，分别提示"进料（必选项；一股或多股混合物料流股）""产品（在混合物料流股中是必选的）"和"针对自由水或污水的倾析（混合物料流股类型）"，表示 M1 模块有一股或多股必选的进料，一股必选的出料，以及一股可选的液态水相。

在"进料"位置单击鼠标左键，然后在左侧空白区域单击鼠标左键（可以采用相反顺序），将进料流股 S1 连接 M1；用同样的方法连接"出料"流股 S2，正确连接的流程图如图 2.10 左图所示。正确连接后主工艺流程区域没有红色的必需连接的流股，左侧导航区的"工艺流程"也显示已经完成流程图。

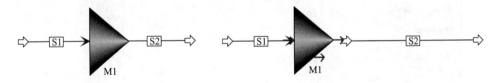

图 2.10　正确（左）和不正确（右）连接的流程图

如果流股没有连接到位，例如图 2.10 的右图，M1 有红色的必需连接的出料流股没连好，左侧导航区的"工艺流程"依然存在红色提示。可在流股 S2 上单击右键，选择"重新连接 \ 重新连接源"，或者双击流股 S2 的左箭头，将 S2 的起点连接到 M1 的出料。如需调整流股的终点，可用相同方法。

根据例 2.1 的要求，水和丙烯在混合器混合，需要两股进料。因此增加物料 S3 连接到 M1，连接好的流程如图 2.11 所示。

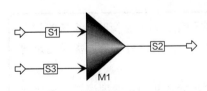

图 2.11　两股物料混合的流程图

> **提示 1**：在"文件"菜单的"选项\工艺流程"或"修改"菜单"流股结果"右侧的 ，打开"工艺流程显示选项"，可取消流股和模块的自动命名以及修改自动命名的前缀。
>
> **提示 2**：在流股或模块上单击右键，可进行重命名、旋转等操作。
>
> **提示 3**：滚动鼠标滚轮可调节"主工艺流程"界面中流程图的显示大小。
>
> **提示 4**：选择模块和流股后，单击右键，选择"对齐模块"可自动将流股和模块排列整齐。
>
> **提示 5**：单击流股与模块连接处，显示红色时可按住鼠标左键可以调整流股与模块的连接点的位置。

2.5.2 流股参数

单击 ，或直接用鼠标展开左侧的"流股"，可看到需要设置进料流股 S1 和 S3 的参数，出料（产品）S2 的参数无需设定，这是因为出料的组成和状态取决于进料的参数、模块的类型和模块的参数。

按例 2.1 的参数将流股 S1 设置为 160℃、6bar、100t/h 的丙烷，如图 2.12 所示。用相同的方法将 S3 设置为 200℃、6.5bar、40t/h 的水。

图 2.12 进料流股 S1 参数设定

> **提示 1**：单一相态时，物料的状态由温度、压力和组成确定；汽液平衡时，系统的状态由温度、压力和汽相分率三个参数中的任意两个以及组成确定。所以进料流股需要指定温度、压力和汽相分率三个参数中的任意两个以及组成。
>
> **提示 2**："组成"以质量流量或摩尔流量为单位时，质量分率和摩尔分率通过归一化计算，"总流率"可不用输入；"组成"为质量分率或摩尔分率时，"总流率"必须给出。

> **提示 3**："总流率"与各组分流量的加和结果不一致时，流股的流量按"总流率"计算。
>
> **提示 4**：注意物理量的单位。压力可选择绝压或表压，bar、Pa、MPa 等为绝压单位，bar（g）、Pa（g）、MPa（g）等为表压单位；质量换算关系 1ton（ne）= 1000kg，1ton（s）= 907.2kg。输入的数据不会根据选择的单位进行换算；但计算结果选择不同单位时，会直接进行单位换算。

2.5.3　模块参数

绝大多数模块需要进行参数设置，但 Mixer 模块没有必需设定的参数。在导航区选择"模块 \ M1"，混合模块的参数输入表格，如图 2.13 所示，默认压降为 0（压力为 0 或负值时表示相对最低入口流股压力的压降，为正值时表示为出口的实际压力）。

2.5.4　计算结果

单击主页菜单或标题栏的"运行"图标▶（快捷键 F5），Aspen Plus 进行模拟计算，计算后"控制面板"页面显示是否收敛、有无警告、错误，警告、错误的来源等信息。本例没有警告也没有错误，如图 2.14 所示。如果有警告或错误，可根据提示信息及理论知识判断警告和错误产生的原因。如果没有显示"控制面板"界面，可单击标题栏或主页菜单的▦图标，或用快捷键 F7 打开。

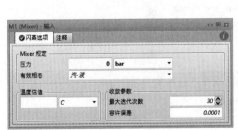

图 2.13　混合器 M1 的参数设置

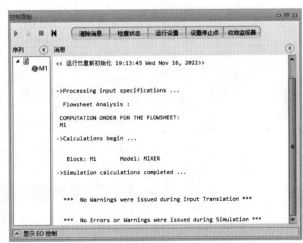

图 2.14　模拟计算后控制面板的信息

计算后，导航区"流股""模块""结果摘要"等项目下🗋结果的状态变为🗹结果，可以查看模拟结果。

（1）流股的结果

在"流股 \ 流股名 \ 结果"（或"模块 \ 模块名 \ 流股结果"，或"结果摘要 \ 流股"，或利用主工艺流程界面流股或模块右键菜单的相关项）列出了流股的相态、温度、压力、汽相分率、焓、熵、密度、总流量、各组分流量、组成以及各种物性，如图 2.15 所示。这是化工设计中工艺物料平衡表的数据来源。160℃的丙烷和 200℃的稀释蒸汽混合时，冷热流股直接换热，混合后的温度为 170℃；混合后的压力为低压流股丙烷的压力，6bar；由于混合过程中不与外界进行热和功的交换，出料流股 S2 的焓流量是进料流股 S1 和 S3 的焓流量之和（−175.808=−50.563−125.245）；由于过程中不存在分子数增加或减小的反应，出口总摩尔流量及组分的摩尔流量与入口的相同；出口的质量流量与入口的质量流量相同；由于水蒸气在混合前为 6.5bar，混合后为 6bar，总体积流量有较大的提高。

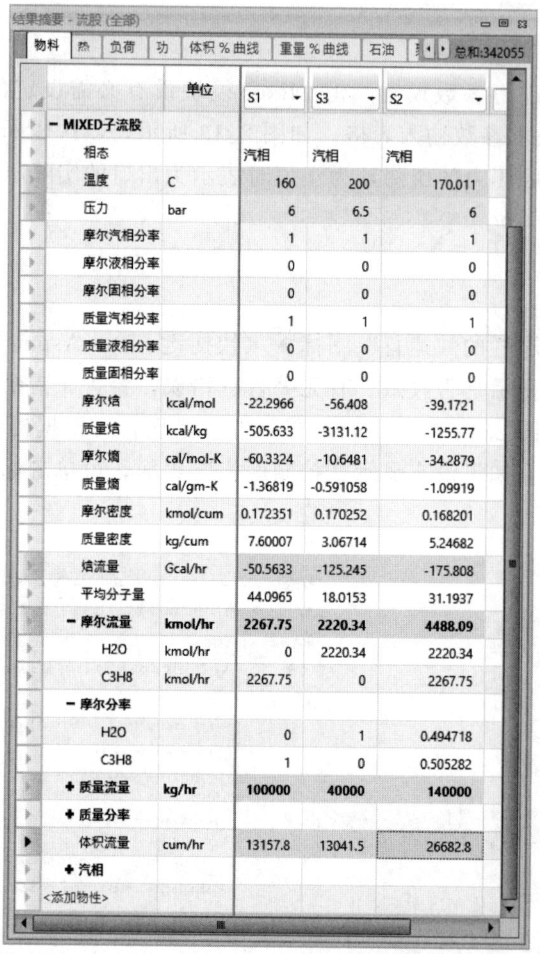

	单位	S1	S3	S2
− MIXED子流股				
相态		汽相	汽相	汽相
温度	C	160	200	170.011
压力	bar	6	6.5	6
摩尔汽相分率		1	1	1
摩尔液相分率		0	0	0
摩尔固相分率		0	0	0
质量汽相分率		1	1	1
质量液相分率		0	0	0
质量固相分率		0	0	0
摩尔焓	kcal/mol	-22.2966	-56.408	-39.1721
质量焓	kcal/kg	-505.633	-3131.12	-1255.77
摩尔熵	cal/mol-K	-60.3324	-10.6481	-34.2879
质量熵	cal/gm-K	-1.36819	-0.591058	-1.09919
摩尔密度	kmol/cum	0.172351	0.170252	0.168201
质量密度	kg/cum	7.60007	3.06714	5.24682
焓流量	Gcal/hr	-50.5633	-125.245	-175.808
平均分子量		44.0965	18.0153	31.1937
− 摩尔流量	**kmol/hr**	**2267.75**	**2220.34**	**4488.09**
H2O	kmol/hr	0	2220.34	2220.34
C3H8	kmol/hr	2267.75	0	2267.75
− 摩尔分率				
H2O		0	1	0.494718
C3H8		1	0	0.505282
+ 质量流量	**kg/hr**	**100000**	**40000**	**140000**
+ 质量分率				
体积流量	cum/hr	13157.8	13041.5	26682.8
+ 汽相				
<添加物性>				

图 2.15　流股的计算结果

流股结果中没有列出的物性可以通过最下方的<添加物性>增加，界面如图 2.16 所示。例如，在搜索框内输入“concentration”（可不用输入完整）并搜索，可得到摩尔浓度、质量浓度等，选择并确定后，在流股的结果中可显示相应的数据。热容（heat capacity）、黏度（viscosity）、分压（partial pressure）等可用相同的方法添加，结果如图 2.17 所示。

此外，通过“流股摘要”菜单的相关功能可设置流股的模板，如图 2.18 所示。可以修改需要在模板中给出的参数，并在修改后另存为模板以便在后续模拟计算中使用；也可将流股的信息发送到 Excel、流程图或复制到剪切板。

图 2.16 添加需要报告的物性

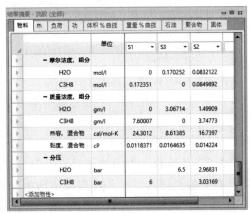

图 2.17 摩尔浓度、质量浓度、热容、黏度和
分压等添加的物性

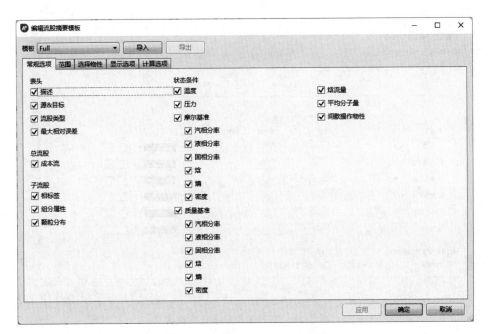

图 2.18 设置需要显示的流股信息

（2）模块的结果

在"模块\模块名\结果"（或"结果摘要\模块"）可以查看模块的计算结果，具体内容与模块的类型有关。结果一般包括物料衡算数据、能量衡算数据、设备的结构参数、设备的操作参数等。

混合器 M1 的结果有摘要、平衡和状态三个页面。摘要页面如图 2.19 所示，为混合器出口的参数。平衡页面如图 2.20 所示，为总的物料衡算和能量衡算，由于混合器不与外界交换物质和能量，也不存在分子数的增加或减少的化学反应，进、出混合器的物质的量、质量和焓等参数相等。状态页面给出模块计算是否正常完成以及警告和错误相关的信息。

图 2.19 M1 的结果摘要

图 2.20 M1 的总物料衡算和能量衡算

（3）在流程图上显示主要结果

"主工艺流程"为活动页面时，勾选"修改"菜单下方相关的选项框，或单击"流股结果"右侧的 ⬜ 进入"工艺流程显示选项"页面，可以设置在流程图上显示的计算结果，如图 2.21 所示。按照图 2.21 的设置，主工艺流程将显示流股的温度、压力和摩尔流率。%.1f、%.2f、%.3f 表示小数位数，温度、压力和摩尔流率将分别保留 1、2、3 位小数，如图 2.22 所示。

图 2.21 工艺流程显示选项设置

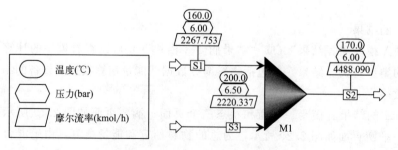

图 2.22 含流股信息的工艺流程

2.6 全局参数设定

物性或模拟环境下展开导航区的"设置",可对计算选项、流股类型、单位集等进行设定。这些设定不是必需的,可采用默认值,也可根据需要进行修改。

以"单位集"为例,本例选择的"用户 \ General with Metric Units"模板提供了英制单位、工程单位、SI 单位等七种不同的单位集,如图 2.23 所示。每种单位集下物理量的默认单位不同,用户可以在"主页"菜单的"单位"功能区选择合适的单位集。

	名称	状态	描述	删除
▶	ENG	输入完成	英制工程单位	
▶	MET	输入完成	公制工程单位	
▶	METCBAR	输入完成	Metric Units with C, BAR, GCAL/HR, and CUM	✕
▶	METCHEM	输入完成	Metric Units for chemical process applications	✕
▶	METCKGCM	输入完成	Metric Units with C, KG/SQCM, GCAL/HR, and CUM	✕
▶	SI	输入完成	国际单位制	
▶	SI-CBAR	输入完成	International System Units with C, BAR, and /HR	✕

图 2.23 默认的单位集

用户可以自己设置新的单位集。例如,可以在单位集"METCBAR"的基础上,将压力单位修改为 MPa,热相关的单位修改为 kJ/mol、kW 等,这样修改更符合国内教学和使用的习惯,也有利于与功进行比较。

首先在"设置 \ 单位集"新建单位集 US-1,"复制源"选择 METCBAR,修改相关物理量的单位,如图 2.24 和图 2.25 所示。

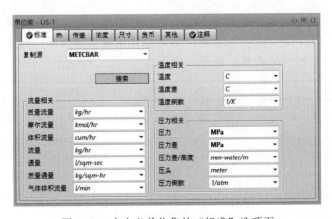

图 2.24 自定义单位集的"标准"选项页

注意:本教材例题主要以 METCBAR 为单位集。

图 2.25   自定义单位集的"热"选项页

本章总结

通过物料混合过程的模拟可以看出，Aspen Plus 软件完成化工过程模拟的基本步骤是：①输入过程所涉及的组分；②选择合适的物性方法；③根据模拟计算的目的选择合适模块，完成流程图；④合理设定进料参数和模块参数；⑤进行模拟计算，得到结果，分析结果以及判断结果的合理性和可靠性。如果模拟结果出现警告或错误，需要调整模块、流程和参数重新进行计算。

习题

将 1bar、25℃、500kg/h 的水和 500kg/h 的乙醇绝热混合成均匀的混合物，计算混合后水和乙醇的摩尔分率和浓度，对比混合前、后的总体积流量和温度；对比物性方法 IDEAL、PENG-ROB 和 NRTL 的结果差异（保留 4 位小数）。

项目		IDEAL	PENG-ROB	NRTL
混合后摩尔分率	水			
	乙醇			
混合后浓度/(mol/L)	水			
	乙醇			
混合前体积流量/(m³/h)	水			
	乙醇			
混合后体积流量/(m³/h)				
混合过程体积流量变化/(m³/h)				
混合后温度/℃				

提示 1：在组分 ID 输入 WATER 或 H2O 可得到水，输入 ETHANOL 或 C2H5OH 可得到乙醇。

提示 2：在模块的"模块选项"可查看和修改实际使用物性方法（IDEAL、 PENG-ROB 或 NRTL）。由于数据库中有水和乙醇 NRTL 模型的二元交互作用参数，选择 NRTL 方法后可能需要回到物性环境导入 NRTL 模型的参数。

提示 3：将等质量的水和乙醇在 1bar、 25℃条件下等温混合，实际过程放热，混合焓约为 650J/mol，混合物体积约为混合前总体积的 0.96 倍；绝热混合温度将升高约 7℃。

提示 4：根据计算结果可以得出，物性方法对计算结果影响很大，下一章介绍物性数据及计算方法。

第3章
物性数据及物性计算

物性数据是化工过程模拟计算的基础。例如，流体压缩、输送过程中设备的功率和管路阻力计算需要的密度、黏度等数据；换热过程模拟计算中焓、热容等是热量衡算的重要数据，热导率、密度、黏度、表面张力等是计算传热系数（传热速度）的关键数据；相平衡是分离过程的基础；反应过程模拟离不开活度、逸度、焓、吉布斯自由能等数据。

物性数据可通过实验测定，但由于实验数据的离散性和有限性，人们提出了很多计算物性的理论方法和经验方法。作为大型通用化工过程模拟软件，Aspen Plus 提供了丰富的实验数据，用户可检索实验数据用于设计计算。Aspen Plus 也提供了丰富的物性计算方法，用户可以利用这些方法计算指定条件下的物性。本章结合化工热力学等课程的理论知识，介绍物性数据库的使用，常用物性方法及其选择原则，纯组分和混合物的物性分析，物性方法参数的回归以及估算等内容。

3.1 物性数据库

在"文件\选项"的"物性基准"可以查看 Aspen Plus 所包含的数据库，如图 3.1 所示，总体上分为纯组分数据库和二元数据库。

Aspen Plus 有 APESV120（V120 表示 12.0 版本）和 APV120 两类自建的数据库，也集成了 NISTV120 数据库和 FACTV120 数据库（Factsage 数据库）。NISTV120 包含了 NIST 数据库（National Institute of Standards and Technology，美国国家标准与技术研究院的数据库）与化工生产过程相关的数据。此外，NIST 数据库还有丰富的红外、紫外、质谱、核磁等数据，可在 NIST 网站（https://webbook.nist.gov）检索。Factsage 数据库创立于 2001 年，由加拿大 Thermfact/CRCT 和德国 GTT-Technologies 合作开发，包括数千种纯物质、评估及优化过的数百种金属溶液、氧化物液相与固相溶液、锍、熔盐、水溶液等溶液数据。Aspen Plus 与 DECHEMA 数据库也有软件接口，后者是世界上最完备的汽-液

图 3.1　Aspen Plus 的数据库

平衡和液-液平衡数据库，通过 Aspen Plus 软件主页菜单的 DECHEMA 可直接在网站进行检索，得到数据概况，用户付费购买后可使用具体的数据。

用户可以检索 Aspen Plus 软件所包含数据库内的物性数据。

3.1.1　纯组分的物性

【例 3.1】检索水的偏心因子、临界性质、密度、饱和蒸气压等物性数据，将饱和蒸气压随温度的变化作图。

（1）组分输入

利用"Chemicals with Metric Units"模板新建模拟（也可以是任意其他模板），在"组分 ID"输入"WATER"或"H2O"，如图 3.2 所示。

（2）利用"检查"查看纯组分的物性

单击组分列表下方的"检查"（需要先设定物性方法，本例题选择的"Chemicals with Metric Units"模板已经默认选择了 NRTL 方法），在导航区"方法 \ 参数 \ 纯物质 \ RE-VIEW-1"得到水的常规性质，如图 3.3 所示。可以看到，25℃下理想气相水的标准生成吉布斯自由能（DGFORM）为 -54.5935kcal/mol[1]，常压沸点（TB）为 100℃，临界温度（TC）为 373.946℃ 等。单位可自行选择，也可在单击"检查"前，在"主页"菜单的"单位"功能区整体修改为其他单位集。

多个组分时，"方法 \ 参数 \ 纯组分 \ REVIEW-1"列出所有组分的常规性质（数据库中缺失的性质为空白）。

---

[1]　1cal＝4.1868J

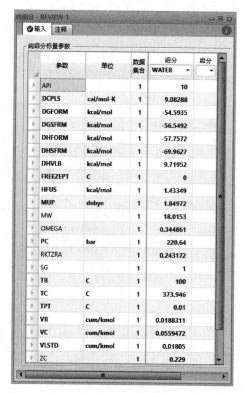

图 3.3　水的常规性质

参数	单位	数据集合	组分 WATER	组分
API		1	10	
DCPLS	cal/mol-K	1	9.08288	
DGFORM	kcal/mol	1	-54.5935	
DGSFRM	kcal/mol	1	-56.5492	
DHFORM	kcal/mol	1	-57.7572	
DHSFRM	kcal/mol	1	-69.9627	
DHVLB	kcal/mol	1	9.71952	
FREEZEPT	C	1	0	
HFUS	kcal/mol	1	1.43349	
MUP	debye	1	1.84972	
MW		1	18.0153	
OMEGA		1	0.344861	
PC	bar	1	220.64	
RKTZRA		1	0.243172	
SG		1	1	
TB	C	1	100	
TC	C	1	373.946	
TPT	C	1	0.01	
VB	cum/kmol	1	0.0188311	
VC	cum/kmol	1	0.0559472	
VLSTD	cum/kmol	1	0.01805	
ZC		1	0.229	

组分 ID	类型	组分名称	别名	CAS号
WATER	常规	WATER	H2O	7732-18-5

图 3.2　输入组分水

"方法\参数\纯组分"还列出了各种性质温度关联式的参数。例如计算纯组分理想气体定压热容的参数"CPIGDP-1",计算饱和蒸气压的扩展 Antoine 方程参数"PLXANT-1"等。水的扩展 Antoine 方程参数如图 3.4 所示。这些关联式及其参数是计算任意条件下纯组分性质和混合物性质的基础。

（3）检索数据库中纯组分的实验数据及物性关联式

单击菜单栏"主页\数据源"的 NIST,打开如图 3.5 所示检索界面。"物性数据类型"选择"纯组分","要评估的组分"选择"WATER"(水),单击"立即评估"。

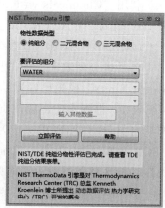

图 3.5　利用 Aspen Plus
检索纯组分物性

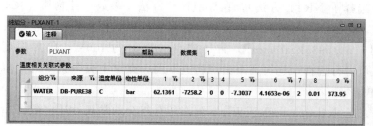

组分	来源	温度单位	物性单位	1	2	3	4	5	6	7	8	9
WATER	DB-PURE38	C	bar	62.1361	-7258.2	0	0	-7.3037	4.1653e-06	2	0.01	373.95

图 3.4　水的扩展 Antoine 方程参数

"TDE 纯结果"列出了水相关物性的实验数据和关联式参数，如图 3.6 所示。水的偏心因子、临界压缩因子、临界体积、临界压力、临界温度分别为 0.3442、0.2297、0.05599m^3/kmol、22.07MPa 和 647.1K。

名称	描述	值	单位	不确定性
OMEGA	Pitzer acentric factor	0.34417		0
ZC	Critical compressibility factor	0.22968		0.00149
VC	Critical volume	0.055989	cum/kmol	-0.00033
PC	Critical pressure	22071804.5	N/sqm	59340.4
TC	Critical temperature	647.1081	K	0.0537
DNLEXSAT	TDE expansion for liquid molar density	+	kg/cum	
MUP	Dipole moment	5.6921E-25	(J*cum)**.5	0
HFUS	Heat of fusion	6007429.7	J/kmol	5200.3
DHVLTDEW	TDE Watson equation for heat of vaporization	+	J/kmol	
CPSTMLPO	ThermoML polynomials for solid Cp	+	J/kmol-K	
CPIWEOS	Wilhoit EoS for ideal gas Cp	+	J/kmol-K	
CPLTDECS	TDE equation for liquid Cp	+	J/kmol-K	
MW	Molecular weight	18.015		0
TB	Normal boiling point	373.159	K	0.0418
FREEZEPT	Freeze point temperature	273.16	K	0
DELTA	Solubility parameter @ 25 C	47915.7	(J/cum)**.5	3300.2
SG	Specific gravity	1.000219		0.000248
VLSTD	API standard liquid molar volume	0.01802963	cum/kmol	4.47E-06
SIGTDEW	TDE Watson equation for liquid-gas surface tei	+	N/m	
KVTMLPO	ThermoML polynomials for vapor thermal con	+	Watt/m-K	
KLTMLPO	ThermoML polynomials for liquid thermal con	+	Watt/m-K	
TPT	Triple point temperature	273.16	K	0.0001
PSTDEPOL	TDE polynomials for solid vapor pressure	+	N/sqm	
WAGNER25	TDE Wagner 25 liquid vapor pressure	+	N/sqm	
MUVTMLPO	ThermoML polynomials for vapor viscosity	+	N-sec/sqm	
MULNVE	TDE equation for liquid viscosity	+	N-sec/sqm	
FAMILY	Compound family name			
SUB FAMILY	Compound sub family name			

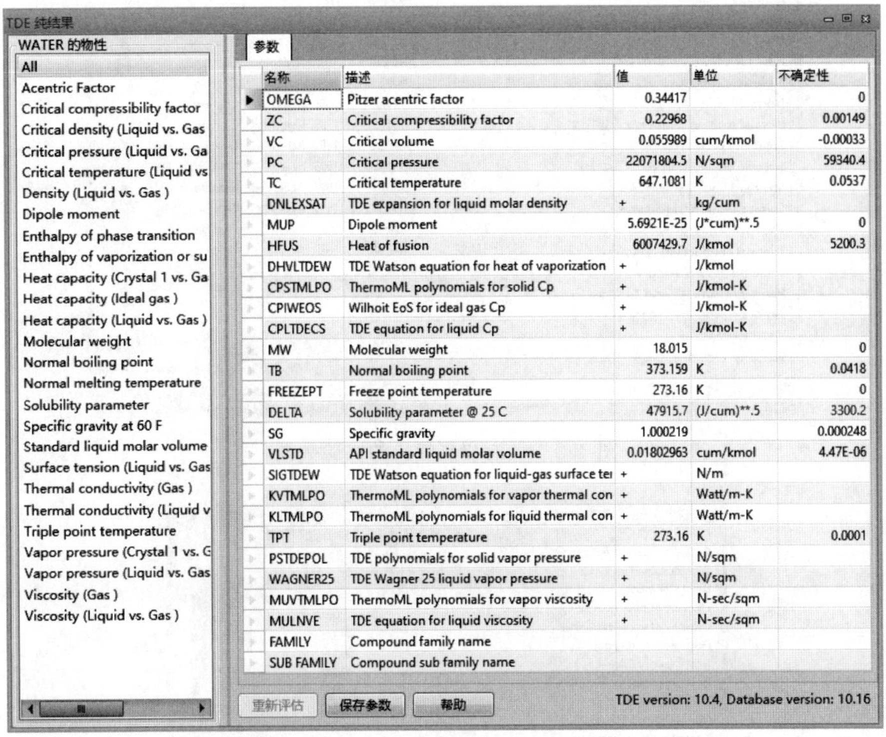

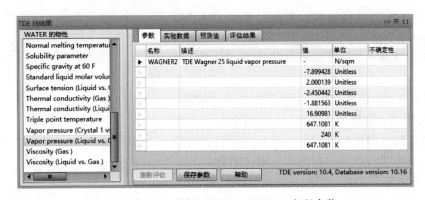

图 3.6　水的物性数据

"TDE 纯结果"还列出了纯组分的密度、黏度、热容、饱和蒸气压等性质的温度关联式参数、实验测定值及计算值。图 3.7 是关联水饱和蒸气压的 WAGNER25 方程的参数。WAGNER25 方程是饱和蒸气压的最佳关联式，详细信息可在帮助里检索"WAGNER25"查看。图 3.8 是实验测定的水的饱和蒸气压数据，NIST 数据库给出了数据源并进行了评价。水的饱和蒸气压收录了从 1779 年到 1995 年共 2172 个实验数据；Accept 表示数据质量较高，可采用，Reject 表示不建议采纳；单击 Citation 可查看来源。图 3.9 列出了采用

名称	描述	值	单位	不确定性
WAGNER2	TDE Wagner 25 liquid vapor pressure	-	N/sqm	
		-7.899428	Unitless	
		2.000139	Unitless	
		-2.450442	Unitless	
		-1.881563	Unitless	
		16.90981	Unitless	
		647.1081	K	
		240	K	
		647.1081	K	

图 3.7　水饱和蒸气压的 WAGNER25 方程参数

图 3.8　水饱和蒸气压的实验数据

图 3.9　水饱和蒸气压的 WAGNER25 方程计算结果

WAGNER25 方程计算得到的饱和蒸气压（"评估结果"，evaluated results 翻译为"计算结果"更恰当），单击下方的"重新评估"可调整计算范围、数据点的间隔等。

实验数据和计算值可通过"主页"菜单的"图表\物性与 T"作图，如图 3.10 所示。图的字体、刻度范围、刻度间隔、网格等内容可选择相应项目，然后在"格式"菜单进行调整。在图片上单击右键，可以"复制"绘图结果并粘贴到 Word、PowerPoint 等其他软件。由图 3.10 可以看出，WAGNER25 方程的计算结果与实验值相符程度很高。

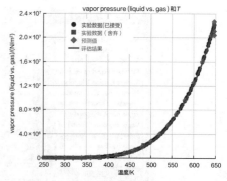

图 3.10　水饱和蒸气压的实验与
计算结果对比

3.1.2 二元混合物的物性

【例 3.2】检索乙醇-水混合物的物性数据，利用体系在 101.32kPa 下相平衡实验数据绘制 T-x(y) 相图和 y-x 相图，并对相平衡数据进行热力学一致性检验。

（1）数据检索

在例 3.1 的基础上，在"组分 ID"输入 ETHANOL 或 C2H5OH，将乙醇添加到组分列表。打开检索物性数据界面（如图 3.5），选择"二元混合物"，组分选择乙醇和水，单击"立即评估"进行检索，结果如图 3.11 所示。

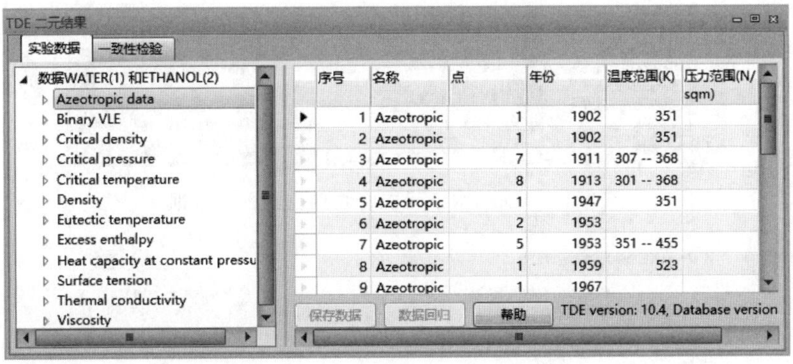

图 3.11　水-乙醇二元混合物的物性数据

乙醇-水二元体系的实验数据比较全面，有共沸数据（Azeotropic data）、二元汽液平衡数据（Binary VLE）、临界密度（Critical density）、临界压力（Critical pressure）、临界温度（Critical temperature）、密度（Density）、共熔点（Eutectic temperature）、超额焓（Excess enthalpy）、定压热容（Heat capacity at constant pressure）、表面张力（Surface tension）、热导率（Thermal conductivity）和黏度（Viscosity）等。绝大多数体系没有这么全面的实验数据。超额焓（Excess enthalpy）即第 2 章习题中的混合焓，反映水和乙醇等温条件下混合的热效应。

（2）汽液平衡数据及其作图

展开 Binary VLE，数据库收录了从 1899 年到 2017 年的 232 组乙醇-水汽液平衡数据，分为 Isobaric（等压数据）、Isothermal（等温数据）和 Others（其他）三类。"Isobaric \ Binary VLE331"是 Peng Yong 等于 2017 年测得的 101.32kPa 下平衡数据，如图 3.12 所示。

在数据界面，单击"主页"菜单"图表"功能区的 T-x(y) 和 y-x，可绘制乙醇-水体系的 T-x(y) 相图和 y-x 相图，如图 3.13 和图 3.14 所示。

（3）热力学一致性检验

Aspen Plus 可以完成相平衡数据的热力学一致性检验。选择"一致性检验"页面，单击下方的"运行一致性检验"，结果如图 3.15 所示。Passed 表示通过了一致性检验，Failed 表示未能通过一致性检验。

选择具体数据可以查看一致性检验的详细结果，并且可利用"主页 \ 图表"将一致性检验结果作图。图 3.16 是 Binary VLE 331 的一致性检验结果及"Herington"测试图。Herington 测试根据 Gibbs-Duhem 方程的积分形式进行一致性检验，详见帮助或化工热力学教材。

图 3.12　乙醇-水二元混合物的汽液平衡数据

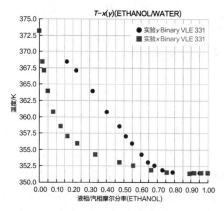

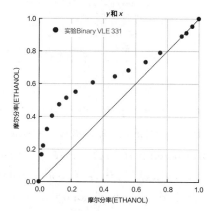

图 3.13　乙醇-水体系的 T-$x(y)$ 相图（101.32kPa）　　图 3.14　乙醇-水体系的 y-x 相图（101.32kPa）

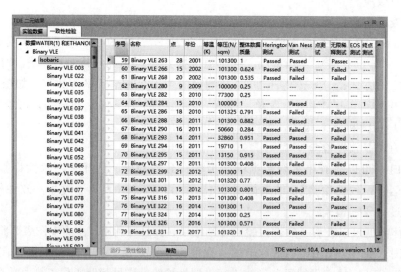

图 3.15　乙醇-水体系相平衡数据的一致性检验

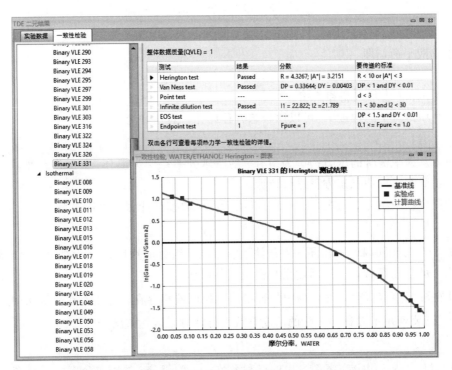

图 3.16　乙醇-水体系相平衡数据一致性检验的详细信息

除了纯组分和二元混合物的物性数据，Aspen Plus V12 新增了三元混合物的物性数据库，可检索三元混合物的实验数据。例如，在例 3.2 的基础上将甲醇和苯添加到组分列表中，数据库中可检索到水-乙醇-甲醇的三元汽-液平衡数据，也可检索到水-乙醇-苯的三元液-液平衡数据。

3.2　物性方法及其选取

尽管物性实验数据比较丰富，但由于化合物种类繁多，生产过程中的温度、压力和组成等条件都可能发生变化，实验数据远不能满足化工设计、计算的需要，计算任意条件下的物性数据尤为重要。物性计算中，一般先利用热力学模型进行相平衡计算，确定指定条件下的相态以及每个相态的组成，再根据纯组分性质、温度、压力和每个相的组成计算其他性质。准确的相平衡计算结果是保证其他物性计算精度的前提。并且，焓、热容、吉布斯自由能等热力学性质也是通过热力学模型计算得到的。因此，Aspen Plus 将计算各种物性的方法汇集成集合，并且总体上按照热力学模型命名物性方法，方便用户选择物性方法。

3.2.1　物性方法的分类

利用热力学关系计算相平衡时，基本的关系是体系中的组分在各相中的逸度相等，即

$$\hat{f}_i^{\alpha} = \hat{f}_i^{\beta} = \hat{f}_i^{\gamma} = \cdots \tag{3.1}$$

式中，$\hat{f}_i$ 为混合物中任意组分 i 的逸度；α、β、γ 表示相态。

对于汽液平衡，即

$$\hat{f}_i^v = \hat{f}_i^l \tag{3.2}$$

式中，v 和 l 表示汽相和液相。

混合物中组分 i 的逸度 $\hat{f}_i$ 可以用状态方程计算，表达式为

$$\hat{f}_i = p y_i \hat{\varphi}_i \tag{3.3}$$

式中，p 为平衡时的压力；y_i 为组分 i 的摩尔分率；$\hat{\varphi}_i$ 为组分 i 的逸度系数，汽、液两相的逸度系数都可以用状态方程进行计算。

液相混合物中组分 i 的逸度 $\hat{f}_i^l$ 也可以用活度系数模型计算，表达式为

$$\hat{f}_i^l = f_i^l x_i \gamma_i \tag{3.4}$$

式中，f_i^l 为相同温度、相同压力条件下液相纯 i 组分的逸度；x_i 为组分 i 的摩尔分率；γ_i 为组分 i 的活度系数，γ_i 用活度系数模型进行计算。

气体在液相中溶解时，混合物中的轻组分不能以液相存在，f_i^l 不存在。液相中这些组分的逸度 $\hat{f}_i^l$ 需要使用不对称归一化的活度系数进行计算，表达式为

$$\hat{f}_i^l = H_{i,\mathrm{S}} x_i \gamma_i^* \tag{3.5}$$

式中，$H_{i,\mathrm{S}}$ 为 i 组分在溶剂 S 中的亨利系数；x_i 为组分 i 的摩尔分率；γ_i^* 为组分 i 的不对称归一化活度系数，γ_i^* 用活度系数模型进行计算。实际应用中，计算温度下可以液化的轻组分也可以用式(3.5)计算组分逸度。

式(3.4)中的活度系数为对称归一化活度系数，以纯组分为参考态，组分浓度趋于 1 时，活度系数也趋于 1；式(3.5)中的活度系数为不对称归一化活度系数，以无限稀溶液为参考态，组分浓度趋于 0 时，无限稀活度系数趋于 1。

实际应用中，式(3.3)、式(3.4)和式(3.5)可以根据体系的温度、压力、组成等恰当组合和化简，用于实际体系的相平衡计算。Aspen Plus 提供了理想模型、状态方程模型、活度系数模型以及针对特殊体系提供了特殊模型。

（1）理想体系

理想体系包括理想气体、理想溶液和理想稀溶液。理想气体符合理想气体定律，用式(3.3)计算气相中组分的逸度，逸度系数 $\hat{\varphi}_i = 1$，即

$$\hat{f}_i^v = p y_i \tag{3.6}$$

理想溶液符合拉乌尔定律，用式(3.4)计算液相中组分的逸度，活度系数 $\gamma_i = 1$，即

$$\hat{f}_i^l = f_i^l x_i = p_i^s x_i \tag{3.7}$$

p_i^s 为相同温度下纯 i 组分的饱和蒸气压。

相平衡时

$$p y_i = p_i^s x_i \tag{3.8}$$

理想稀溶液符合亨利定律，用式(3.5)进行液相中组分的逸度计算，活度系数 $\gamma_i^* = 1$，即

$$\hat{f}_i^l = H_{i,\mathrm{S}} x_i \tag{3.9}$$

实际应用中，组分性质相近的非极性体系或稀溶液体系，在压力不太高、温度不太低的

情况下可看作理想体系。Aspen Plus 里理想方法为 IDEAL。

（2）状态方程法

状态方程法利用状态方程描述系统的 pVT 关系，利用状态方程计算汽、液两相组分的逸度系数，先利用式(3.3)计算相平衡，然后再计算其他物性。热力学性质的计算以理想气体为参考态。

常用的有立方型状态方程（PENG-ROB 方程、SRK 方程等）、多常数状态方程（如 virial 方程，Aspen Plus 里的 BWR 模型、BWRS 模型等属于 virial 方程）、对应状态原理（如 Lee-Kesler 方程）等。计算混合物时，状态方程有不同的混合法则，并且可根据实验数据回归二元交互作用参数，提高计算的准确性。

（3）活度系数法

活度系数法计算相平衡和热力学性质时，液相以理想溶液或理想稀溶液为参考态，利用活度系数模型计算；汽相以理想气体为参考态，利用状态方程计算。具体地说，相平衡计算中汽相用式(3.3)计算组分逸度（汽相看作理想气体时逸度系数为1），液相用式(3.4)或式(3.5)计算组分的逸度。

对于极性分子或性质相差大的分子构成的体系，例如醇类、酯类、羧酸、杂原子化合物等体系，一般选择活度系数法进行计算。活度系数模型有 NRTL、Wilson、UNIFAC、UNIQUAC 等。活度系数模型需要根据实验数据回归模型的参数，或利用基团贡献法估算模型参数。活度系数模型可以与不同的状态方程组合，如 NRTL-RK、NRTL-HOC 等。

（4）特殊物性模型

专门用于水蒸气以及石油、冶金、聚合物生产等过程的物性方法，例如用于水的 STEAM-TA、IAPWS-95 等。

3.2.2 物性方法的选取

物性方法种类繁多，没有可用于任意体系、任意条件的物性方法，使用不同的物性方法进行计算可能得到完全不同的结果。例如，计算 25℃ 条件下等质量水-乙醇绝热混合过程的出口温度，采用 IDEAL、PENG-ROB 和 NRTL 的结果分别是 25、−8.0 和 28.3℃（第 2 章习题）。因此，需要根据体系和生产过程的特点选择合适的物性方法，降低计算误差，使模拟结果与生产实际相符。

3.2.2.1 物性方法选取的一般原则

根据体系组成和生产条件的特点，物性方法选取的一般原则如图 3.17 所示。如果可获得实验数据，可将计算结果与实验数据比较，选择误差小的方法。

3.2.2.2 Aspen Plus 软件中的物性方法选取

（1）基本方法

Aspen Plus 软件中选择物性方法的界面如图 3.18 所示，图中各项目的含义如表 3.1 所示。单击图中的"方法助手"，按提示逐步操作，Aspen Plus 软件可以根据体系中组分和过程的特点推荐合适的物性方法。

"基本方法"栏的方法是后续计算中默认使用的方法。基本方法一般按热力学模型的名称命名，当前选择的"NRTL"方法，汽相用理想气体状态方程，液相用 NRTL 活度系数模型进行相平衡和热力学性质的计算。

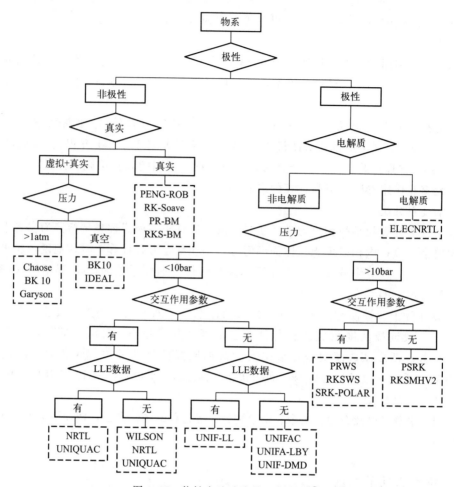

图 3.17　物性方法选取的一般原则❶

图 3.18　物性方法选择界面

---

❶　1atm＝101325Pa

表 3.1　物性方法选择界面的各项目含义

项目		含义(功能)
物性方法和选项	方法过滤器	用户可根据模拟体系的特点对物性方法进行筛选
	基本方法	选择模拟过程中使用的基本方法(可对基本方法进行修改)
	Henry 组分	设置 Henry 组分(基本方法为活度系数模型时可选,状态方程法不需要设置 Henry 组分)。新建 Henry 组分后,需要在导航区"组分\Henry 组分"进行设置
石油计算选项	自由水方法	根据有机相中水的溶解度计算是否会产生水相(油水分层),比严格的汽相-有机相-水相计算速度快,需要的物性数据少。自由水方法选择水相的物性方法
	水溶度	计算有机相中水溶解度的方法
电解质计算选项	化学反应 ID	化学反应的编号。新建或选择导航区"化学反应"中的电解质解离反应
	使用真实组分	以水为例,真实组分为 H_2O、$H^+(H_3O^+)$、OH^-,表观组分只有 H_2O
修改		可对基本方法进行修改。以图 3.18 为例,可修改汽相逸度系数、液相活度系数、液相摩尔焓、液相摩尔体积的计算方法等,可选择计算时是否利用 Poynting 因子进行校正(校正纯组分的逸度,高压、低温时通常需要)等

对于例 3.2 的水-乙醇体系,采用 NRTL、WILSON、UNIQUAC 等方法都能得到准确的相平衡计算结果,可以选择 NRTL 方法。

(2) 具体物性的计算方法

基本方法是系列物性计算方法的集合,具体物性的计算方法可在导航区"方法\所选方法"查看,如图 3.19 所示。如果有必要,可以进行修改;用户也可以创建自己的物性方法。

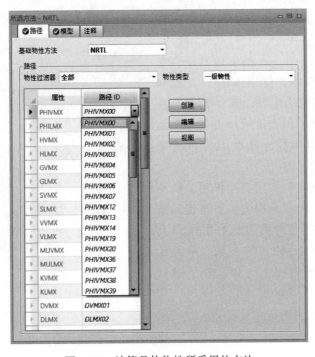

图 3.19　计算具体物性所采用的方法

属性列为物性的名称，例如，PHIVMX、HVMX、KVMX、MULMX 等分别表示汽相混合物中组分的逸度系数、汽相混合物的摩尔焓、汽相混合物的热导率、液相混合物的黏度等；路径 ID 表示物性的计算方法，例如，PHIVMX00、PHIVMX01、PHIVMX38 分别表示采用理想气体模型、Redlich-Kwong 方程和 PENG-ROB 方程计算组分的逸度系数。

（3）方法的参数

确定方法后，可以在"方法\参数"查看和修改物性方法的参数。当数据库中有组分间的二元交互作用参数时，可直接将数据导入到"方法\参数\二元交互作用"栏目下。水-乙醇的 NRTL 二元交互作用参数如图 3.20 所示，有 APV120 VLE-RK、APV120 VLE-LIT、APV120 VLE-HOC 和 APV120 VLE-IG 等 4 组不同的来源的参数。

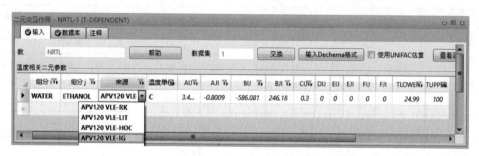

图 3.20　水-乙醇体系的 NRTL 方程二元交互作用参数

选择数据行，单击"查看回归信息"可查看回归参数时使用的实验数据及误差等信息，如图 3.21 所示。可以看到，来源为 APV120 VLE-IG 的 NRTL 参数，使用了温度范围在 25～100℃，压力范围在 23.73～760mmHg❶，乙醇摩尔分率 0.001～0.997 的实验数据；在这个温度、压力范围内，使用 NRTL 方程和 APV120 VLE-IG 来源的参数计算水-乙醇汽液平衡的误差会比较小；但温度、压力条件在此范围外时，使用这组参数计算水-乙醇汽液平衡可能会产生较大的误差。

很多时候，组分间的二元交互作用参数不存在。缺少参数时可能误差很大，甚至得到错误的计算结果。用户可利用实验数据回归参数，或者利用 UNIFAC 法估算参数，降低计算的误差，相关内容将在 3.5 和 3.6 节进行介绍。

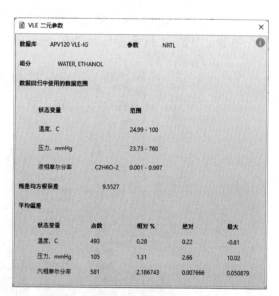

图 3.21　回归水-乙醇 NRTL 方程
二元交互作用参数的信息

---

❶　1mmHg＝133.322Pa

3.3 物性计算的通用方法

根据相律，不发生化学反应时

$$F = C - P + 2 \tag{3.10}$$

式中，F 为系统的自由度；C 为组分数；P 为相数。确定系统的 F 个强度性质，系统的其他性质也就确定了。Aspen Plus 的物性计算遵循这个原则，已知自由度个数的基本强度性质，可以计算其他性质。

【例 3.3】80℃、1bar 条件下，向 5kmol/h 乙醇中加入水，水的量为 0～10kmol/h，计算流股密度、黏度、表面张力和定压热容等随水流量大小的变化。物性方法选择 NRTL。

在例 3.2 的基础上物性方法选择 NRTL（图 3.18），导入默认的二元交互作用参数（图 3.20）。

（1）新建物性组

导航区"物性组"列出了换热器设计、热力学性质、传递性质、相平衡等物性组，如图 3.22 所示，每个物性组包含了相关的物性。

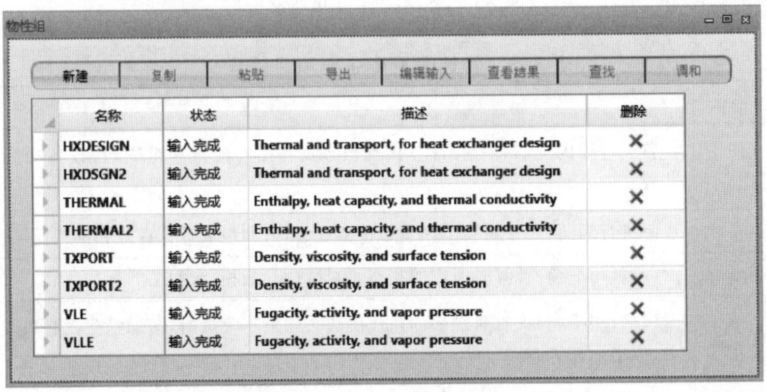

图 3.22　常规的物性组

用户可根据自己的需要新建物性组，例如本例题需要的密度、黏度、表面张力和定压热容。单击"新建"，采用默认名称新建物性组"PS-1"，搜索"density""viscosity""surface tension"和"heat capacity"（搜索时不用完整输入），选择混合物的这些性质及相应单位，如图 3.23 所示。

由于乙醇-水混合物可能以液相和汽相形态存在，"限定符"选项页的相态选择液相和汽相，如图 3.24 所示。

（2）设置物性分析

选择导航区的"分析"，单击"新建"，类型选择"GENERIC"，采用默认的名称新建物性分析"PT-1"，如图 3.25 所示，参数含义如表 3.2 所示。

"系统"页面设置相平衡计算的相关选项及体系的组成，将乙醇的摩尔流量设置为 5kmol/h。

图 3.23　新建物性组中包含的物性

图 3.24　物性计算时体系的可能相态

图 3.25　新建物性分析"PT-1"

表 3.2　物性分析中主要项目的含义

项目			含义
系统	生成	沿闪蒸曲线的点	首先进行闪蒸(相平衡)计算得到相态及各相的流量和组成,再按各相的流量和组成计算物性
		无闪蒸点	不进行闪蒸(相平衡)计算,直接按温度、压力和组成计算有效相的性质
	闪蒸选项	有效相态	闪蒸(相平衡)计算时考虑的相态,包括汽相、液相、水相
		最大迭代次数	闪蒸(相平衡)计算时最多的迭代次数。结果不收敛时,增加迭代次数可能会得到收敛的结果,但增加计算时间
		容许误差	迭代终止的判断条件
		闪蒸收敛算法	根据相平衡判据迭代求解相平衡的算法。其中 Inside-Out 算法采用 k 值法计算相平衡,Gibbs 算法采用 Gibbs 自由能最小计算平衡
		使用闪蒸保留	连续进行相平衡计算时,将前一个计算的结果作为下一个计算的初值。例如已经计算了乙醇在 1bar 下的沸点,接下来需要计算 1.5bar 下的沸点,以 1bar 的沸点作为初值进行计算
	组分流量		各组分的摩尔流量、质量流量或标准体积流量
变量	固定状态变量		根据计算目的(闪蒸计算、泡点计算、露点计算等),选择温度、压力和汽相分率中的两个
	调整变量		根据计算目的,选择温度、压力、质量流量、摩尔流量等变量中的一个或多个,不能与"固定状态变量"重复
	范围/列表		调整变量的范围或列表。选择"数值列表"时直接给出要计算的点;选择"指定范围"时,给出下限和上限,再给出区间数(在上限和下限间等间隔进行计算)或增量(由下限按增量增加到上限)
列表			要计算的物性(物性组)

"变量"页面设置已知的强度或广度性质，包括温度、压力、汽相分率、组分的流量等。根据已知条件，本例在"变量"选项页设定温度为80℃、压力1bar，"调整变量"选择水的摩尔流量。

然后单击"范围\列表"，设定水的流量范围0～10kmol/h（单位在图3.25已经指定），如图3.26所示。

图3.26　计算物性时的乙醇-水混合物的参数设置

注意：变量的设置满足相律的要求。单相时，乙醇-水混合物的自由度是3，变量温度和压力确定后，另一个变量是组成，随水的摩尔流量变化。两相时，乙醇-水混合物的自由度是2，变量温度和压力确定后，其他可自由变化的强度性质数量为0，平衡的两相组成不变，只是汽相分率和液相分率随水摩尔流量的改变而变化。

"列表"页面设置要计算的物性。将"PS-1"物性组加入"选定"框即可，如图3.27所示，可同时选择其他需要计算的物性组。选择的物性（或物性组）计算后在"结果"选项页中给出。

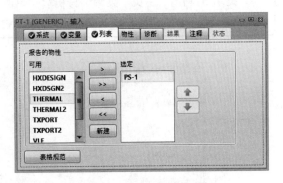

图3.27　需要计算的物性组

"物性"页面设置使用的物性方法，本例无需再进行调整。"诊断"页面可调整错误、警告等信息的等级，同样使用默认值即可。

（3）物性分析结果

运行模拟，计算结果如图3.28所示。水的摩尔流量为0～2kmol/h时，混合物为单一汽相；水的摩尔流量为3～6kmol/h时，混合物为汽液两相；水的摩尔流量为7～10kmol/h时，混合物为单一液相。

由图3.28数据可看出混合物性质随水摩尔流量增大的变化规律。单相时，液相摩尔热

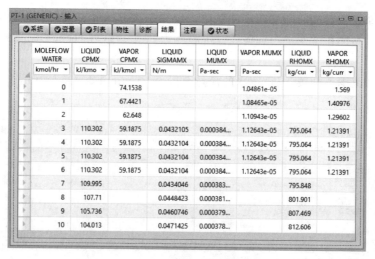

图 3.28　物性随水摩尔流量增加的变化

容、汽相摩尔热容、液相黏度和汽相密度等随水的摩尔流量增大而降低；液相表面张力、汽相黏度和液相密度等随水的摩尔流量增大而升高。两相时，由于平衡的汽液相组成没有变化，只是每一相的量发生了改变，这些性质并不随水摩尔流量的增大而变化。利用"主页"菜单的"图表"工具可将这些性质变化作图，得到更直观的变化规律。

> **提示 1**：例 3.3 是 Aspen Plus 计算纯组分和混合物性质的通用方法。
>
> **提示 2**：利用"主页"菜单"分析"工具的"纯分析"，可分析指定压力下纯组分性质随温度的变化。
>
> **提示 3**：利用"主页"菜单"分析"工具的"混合物分析"，同样可完成例 3.3 的混合物性质分析，参数设置如图 3.29 所示，设置参数后单击"运行分析"即可。

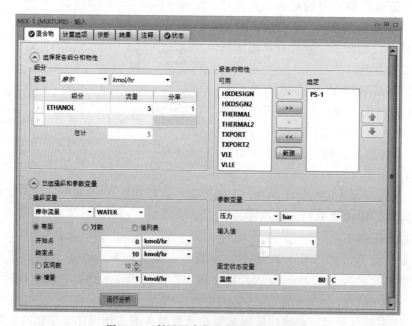

图 3.29　利用混合物分析进行物性计算

3.4 相平衡计算

例 3.3 的计算过程中，在物性组"PS-1"中加入摩尔分率，可完成任意组分数的相平衡计算。对于常规的相平衡计算，如二元汽液平衡、固体在溶剂中的溶解、pT 包络线、三元相图等，Aspen Plus 给出简捷的计算工具。

3.4.1 二元分析

两组分的汽液平衡、液液平衡和汽液液平衡可利用主页菜单的"分析\二元分析"完成，计算中可同时完成其他性质的计算。

3.4.1.1 汽液平衡计算

汽液平衡是精馏分离的基础，例 3.4 以乙醇-水的汽液平衡为例介绍 Aspen Plus 进行二元汽液平衡模拟的过程。

【例 3.4】采用 NRTL 方程计算乙醇-水混合物在 1.01325bar 下的相平衡，并与例 3.2 的实验数据进行比较。

（1）Txy 计算

在例 3.3 的基础上，单击主页菜单的"分析\二元分析"，参数设置如图 3.30 所示。分析类型有 Txy（恒压汽液平衡）、pxy（恒温汽液平衡）、液液平衡、汽液液平衡、吉布斯混合能等。

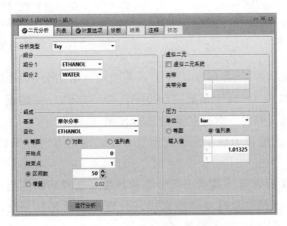

图 3.30 二元分析的参数设定

> 提示 1:两组分汽液平衡的自由度是 2，计算 Txy 时指定的基本强度为压力和饱和液相组成，通过计算得到平衡温度和饱和汽相组成。计算 pxy 时指定的基本强度性质为温度和饱和液相组成。
>
> 提示 2:计算 Txy 时可同时指定多个压力，得到多条等压线。

运行分析，得到 1.01325bar 下乙醇-水的 T-$x(y)$ 相图，如图 3.31 所示。

（2）与实验数据比较

图 3.31 为活动页面的条件下，选择设计菜单的"合并图表 \ Binary VLE，ETHA-NOL/WATER：T-$x(y)$"［实验点做得的 T-$x(y)$ 相图，如已关闭窗口可参考例 3.2 重作］，将计算结果与实验数据合并到同一个图进行对比，如图 3.32 所示。可以看出，计算结果与实验数据吻合很好。

> **提示 1**：合并前将图 3.31 的纵坐标单位调为 K，与实验数据的纵坐标单位统一。合并后在格式工具栏的"轴\ Y 轴图"中选择"单 Y 轴"，可合并得到同一个 Y 轴的图。如果纵坐标单位没有统一，合并后实验数据和计算结果不会重合。
>
> **提示 2**：选择图例、坐标刻度等，在"格式"菜单的相应项中可调整范围、间隔等。

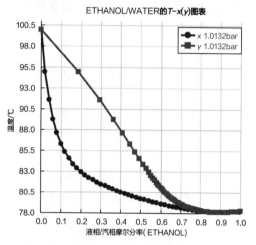

图 3.31　NRTL 方程计算乙醇-水 T-$x(y)$
相图的结果

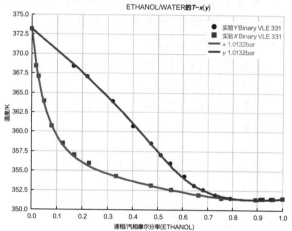

图 3.32　NRTL 方程计算结果与实验
数据的对比

更全面的计算结果如图 3.33 所示，除了平衡组成（摩尔分率，MOLEFRAC），还有组分的 K 值（TOTAL KVL）、活度系数（LIQUID GAMMA）等数据。图 3.33 为活动页面时，可通过主页菜单的"图表"对这些参数进行作图。

注意 1：二元分析的组成为摩尔分率或质量分率，通用方法的组成为组分的摩尔流量或质量流量（例 3.3）。

注意 2："列表"页面可选择其他需要计算的物性，选择的物性会在结果页列出。

注意 3：本例中，汽相组分逸度使用式(3.6)计算，液相组分逸度使用式(3.4)计算，式(3.4)的活度系数采用 NRTL 方程计算。

3.4.1.2　亨利组分及气液平衡计算

在吸收-解吸、气液相反应等过程中，组分的沸点相差很大，或者过程的温度在一些组分的临界温度以上。例如液相加氢过程中的氢气，液相甲醇合成过程中的一氧化碳和氢气等，吸收法脱除酸性气体过程中的 CO_2、H_2S、SO_2 以及惰性组分氧气、氮气、氢气、甲烷等。这时候，应该使用式(3.5)进行相平衡计算，需要将轻组分（低沸点组分）设置为亨利组分。例 3.5 以二氧化碳-水的相平衡为例介绍此类计算。

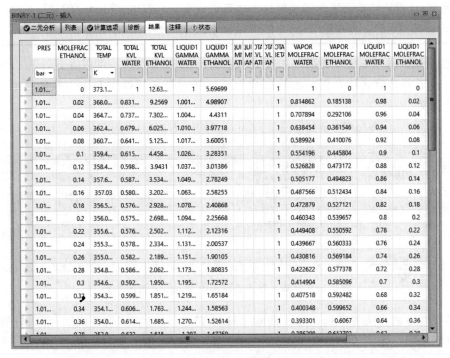

图 3.33　二元分析的详细数据

【例 3.5】计算 298K 和 323K 条件下，水溶液中二氧化碳的摩尔分率随压力的变化。物性方法选择 NRTL 是否合适？如不合适，请选择恰当的方法。

① 新建模拟，输入组分二氧化碳和水，如图 3.34 所示。

② 物性方法选择 NRTL，在"Henry 组分"新建"HC-1"，如图 3.35 所示。

③ 在导航区"组分 \ Henry 组分 \ HC-1"，将二氧化碳设置为 Henry 组分，如图 3.36 所示。

图 3.34　组分二氧化碳和水

图 3.35　新建 Henry 组分"HC-1"

图 3.36　设置 Henry 组分

提示:步骤②和步骤③可调换顺序,也可以先在导航区的"Henry组分"新建"HC-1"并设置相应组分,再在图3.35中的"Henry组分"选择"HC-1"。

④ 在导航区的"方法\参数\二元交互作用\HENRY-1",可以查看计算二氧化碳在水中 Henry 系数计算式的参数,如图 3.37 所示。通过帮助可得到 Henry 系数计算式(3.11)及参数的含义。

$$\ln H_{ij} = A_{ij} + B_{ij}/T + C_{ij}\ln T + D_{ij}T + E_{ij}/T^2 \tag{3.11}$$

图 3.37 计算二氧化碳在水中 Henry 系数的参数

参考例 3.3 的方法将亨利系数(搜索"Henry")设置为"物性组",可以计算不同温度下的亨利系数。图 3.38 为 0~40℃范围内二氧化碳在水中的亨利系数。

⑤ 单击主页菜单的"分析\二元分析",参数设置如图 3.39 所示。

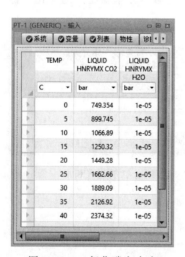

图 3.38 二氧化碳在水中
Henry 系数

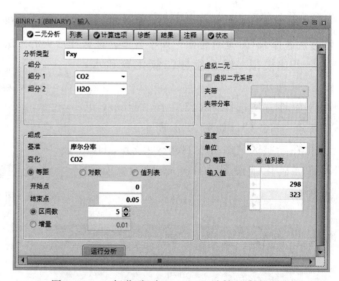

图 3.39 二氧化碳-水 p-$x(y)$ 计算的参数设定

⑥ 单击"运行分析",计算得到 298K 和 323K 下二氧化碳-水的 p-x(y)相图,具体数据如图 3.40 所示。

图 3.40 界面下,利用主页菜单的"图表\p-x"可得 p-x 相图,并与 NIST 数据库检索到的二氧化碳-水相平衡数据进行比较,如图 3.41 所示。可以看到,低压下计算结果与实验数据相符,但误差随着压力的升高而增大。

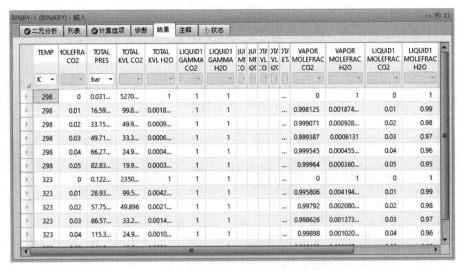

图 3.40 二氧化碳-水 $p\text{-}x(y)$ 计算结果

注意 1：图 3.41 中低压时计算值与实验值相符，这是因为低压时气相可看作理想气体，液相二氧化碳浓度低可看作理想稀溶液。但是，如果不将二氧化碳设置为亨利组分，低压下的结果也会误差很大。

注意 2：二氧化碳浓度较高时计算结果与实验数据误差大，主要是由于压力高时气相不能看作理想气体。将物性方法修改为 NRTL-RK（气相逸度用 RK 方程计算）可以减小计算误差，结果如图 3.42 所示。

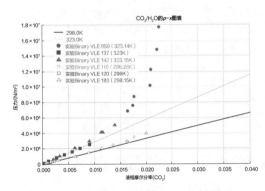

图 3.41 二氧化碳-水的 $p\text{-}x$ 相图
（NRTL 结果与实验数据比较）

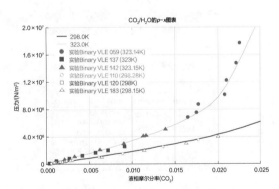

图 3.42 二氧化碳-水的 $p\text{-}x$ 相图
（NRTL-RK 结果与实验数据比较）

注意 3：基本方法"NRTL""WILSON""VANLAAR"等模型都没有二氧化碳和水的二元交互作用参数，他们计算得到的活度系数实际上是 1，与"IDEAL"模型计算的活度系数一样，相平衡结果也一样。

注意 4："UNIQUAC""UNIFAC"等模型中包含了分子表面积、分子体积等参数的影响，没有二元交互作用参数计算得到的活度系数也不是 1，结果与"IDEAL"有差异。

注意 5：298K 时，二氧化碳饱和蒸气压为 64.3bar，高于此压力时存在二氧化碳-水的液液平衡，计算得到的汽液平衡结果没有意义。

注意 6：物性方法选择 PENG-ROB 或 SRK，也可以得到计算结果，但是误差很大。

3.4.1.3 汽液液平衡

汽液液平衡是萃取分离的基础，例 3.6 以萃取分离芳烃过程中涉及的 N-甲基吡咯烷酮-己烷和 N-甲基吡咯烷酮-苯为例介绍汽液液平衡计算。

【例 3.6】芳烃和非芳烃可利用 N-甲基吡咯烷酮（CAS：872-50-4）进行萃取分离。计算 N-甲基吡咯烷酮-己烷和 N-甲基吡咯烷酮-苯混合物在 1bar 和 0.5bar 下的汽液液相平衡。物性方法选择 NRTL。

① 新建模拟，输入组分，如图 3.43 所示。N-甲基吡咯烷酮可通过查找 CAS 号输入。

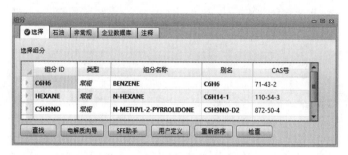

图 3.43　汽-液-液平衡的组分

② 物性方法选择 NRTL，己烷-N-甲基吡咯烷酮的 NRTL 方程参数的来源选择 NISTV120 NIST-HOC、NISTV120 NIST-RK 或 NISTV120 NIST-IG，如图 3.44 所示。如果选择 APV120 VLE 三个来源的参数，计算液液平衡时误差会很大。基本方法可相应修改为 NRTL-HOC、NRTL-RK，由于压力低，也可以保持为 NRTL。

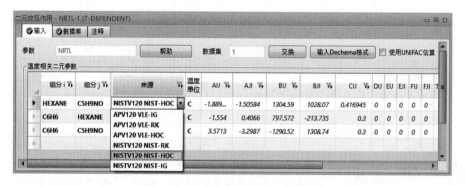

图 3.44　组分间的 NRTL 方程参数

③ 单击主页菜单的"分析\二元分析"，计算 N-甲基吡咯烷酮-己烷的汽液液平衡的参数设置如图 3.45 所示。相比汽液平衡的参数设定，右侧增加了"液液平衡"选项。"第二液相关键组分"选择两个组分中的一个，"温度下限"是计算液液平衡的最低温度。

④ 运行分析，N-甲基吡咯烷酮-己烷的汽-液-液相图如图 3.46 所示。汽、液、液三相共存温度大约为 68℃，低于此温度 N-甲基吡咯烷酮和己烷部分互溶，形成两个液相；68℃以上时，形成汽液两相。

如果压力降到 0.5bar，结果如图 3.47 所示，汽、液、液三相共存温度降到 49.64℃。

"状态"页面有一个错误：FLASH CALCULATIONS FAILED TO CONVERGE IN 30 ITERATIONS. FAILURE TO SOLVE 3-PHASE FIXED VFRAC PROBLEM AS TP SUB-PROBLEMS. $T=322.71$ $P=5.0000D+04$ $V=0.0$ VSPEC=0.0 PROPERTIES WILL

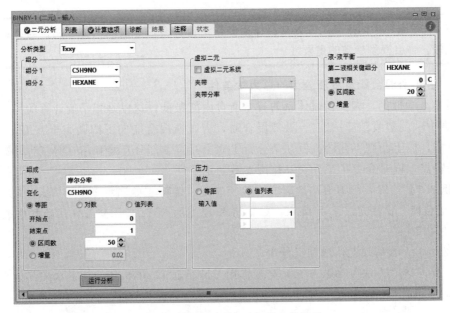

图 3.45　计算汽液液平衡的参数设置

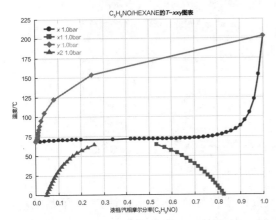

图 3.46　N-甲基吡咯烷酮-己烷的
汽-液-液相图（1bar）

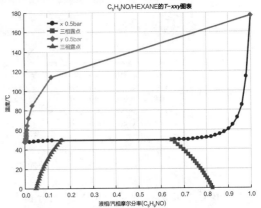

图 3.47　N-甲基吡咯烷酮-己烷的
汽-液-液相图（0.5bar）

NOT BE CALCULATED DUE TO FLASH FAILURE。这是由于汽液液三相时（322.71K，49.64℃），从汽相出现到两个液相中的一个消失，温度都保持不变，汽相分率（VFRAC）不是确定值，所以出现了错误提示。

⑤ 用相同的方法计算 N-甲基吡咯烷酮-苯的汽液液平衡，结果如图 3.48 所示。由于 N-甲基吡咯烷酮和苯完全互溶，结果只有汽液平衡，没有液液平衡。

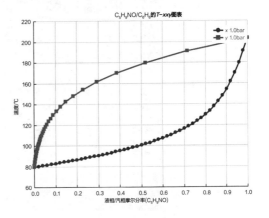

图 3.48　N-甲基吡咯烷酮-苯的汽-液相图

提示：可选择不同来源的二元交互作用参数进行计算，并检索实验数据，与计算结果进行比较，体会模型参数的重要性。

3.4.1.4 吉布斯混合能及液液分相的热力学条件

根据热力学理论，相平衡时体系的吉布斯自由能最低，这也是相平衡计算的另一种算法（见表 3.2 中"闪蒸收敛算法"）。液液混合时，吉布斯混合能向下凹则完全互溶，凹-凸-凹则部分互溶，向上凸则不互溶。例 3.7 分析了完全互溶、部分互溶和不互溶三种体系吉布斯混合能的特点，同时介绍了二元交互作用参数的重要性。

【例 3.7】 计算 *N*-甲基吡咯烷酮-苯、*N*-甲基吡咯烷酮-己烷和水-己烷在 1bar、25℃下的吉布斯混合能，物性方法采用 NRTL。如果将水-己烷的 NRTL 二元交互作用参数修改为 0，结果会怎样？

① 在例 3.6 的基础上，增加组分水。

② 在导航区"方法 \ 参数 \ 二元交互作用 \ NRTL-1"可看到增加了水和其他组分的交互作用参数，如图 3.49 所示。

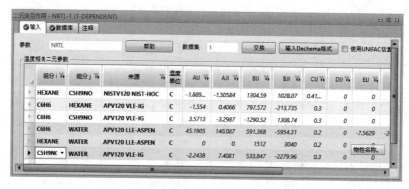

图 3.49　增加水后的二元交互作用参数

③ 单击主页菜单的"分析 \ 二元分析"，参数设置如图 3.50 所示，计算 *N*-甲基吡咯烷酮-苯的吉布斯混合能（"吉布斯混和能"应该翻译为"吉布斯混合能"）。

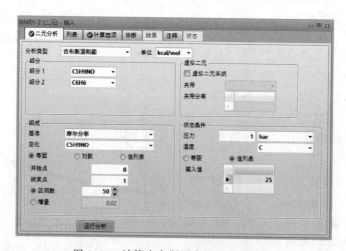

图 3.50　计算吉布斯混合能的参数设置

④ 运行分析，N-甲基吡咯烷酮-苯的吉布斯混合能如图 3.51 所示。由于 N-甲基吡咯烷酮-苯完全互溶，吉布斯混合能曲线向下凹。

⑤ 用同样的方法计算 N-甲基吡咯烷酮-己烷和水-己烷的吉布斯混合能，如图 3.52 和图 3.53 所示。

由图 3.52 可以看出，N-甲基吡咯烷酮-己烷（部分互溶）的吉布斯混合能在 0.1 和 0.8 附近各有一个极小值点，这两点间的曲线向上凸。实际上，互成平衡的两个液相的组成在这两个点附近，画一条

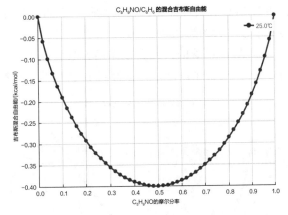

图 3.51　N-甲基吡咯烷酮-苯的吉布斯混合能

与吉布斯混合能曲线相切的直线，切点就是液液平衡的两个液相组成。

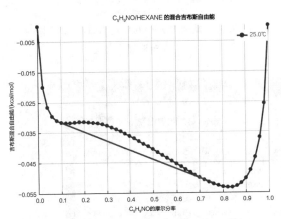

图 3.52　N-甲基吡咯烷酮-己烷的吉布斯混合能

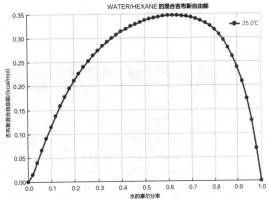

图 3.53　水-己烷的吉布斯混合能

由图 3.53 可以看出，水-己烷（不互溶）的吉布斯混合能曲线向上凸。实际上，绝对不互溶的体系不存在。将水的摩尔分率范围设置在 0～0.005（图 3.54）和 0.99998～1 范围，

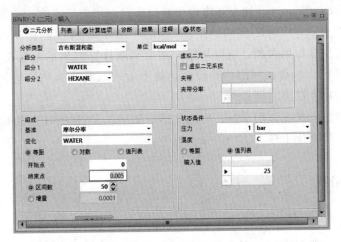

图 3.54　计算微量水与己烷混合时的吉布斯混合能的参数

利用 NRTL 方程可计算得到水在己烷中的摩尔分率大约为 0.0017 （图 3.55），己烷在水中的摩尔分率大约为 0.000006。

⑥ 将水-己烷的二元交互作用参数修改为 0（图 3.56，来源"USER"说明是用户给定的参数），或删除该行，计算得到水-己烷的吉布斯混合能如图 3.57 所示。

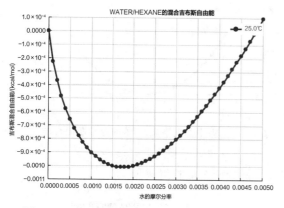

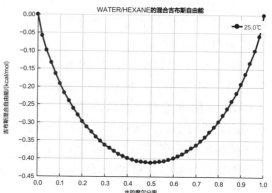

图 3.55　微量水与己烷混合时的吉布斯混合能　　　　图 3.57　缺失二元相互作用参数时水-己烷的吉布斯混合能

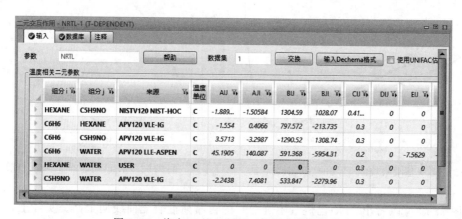

图 3.56　将水-己烷二元相互作用参数设置为 0

由图 3.57 可以看出，水-己烷交互作用参数缺失时（用户指定为 0），计算结果由不互溶变为完全互溶，得到了与实际不符的结果。实际上，Aspen Plus 数据库中很多非常规混合物组分间没有二元交互作用参数，这时候用户需要判断计算结果的可靠性，或者通过搜集、测定实验数据回归相关参数，利用估算模型估算参数，以及选择估算类的热力学模型（如 UNIFAC）来提高计算结果的可靠性。

此外，即使有二元交互作用参数，WILSON、VANLAAR 等方法也不能用于液液平衡，读者可自行尝试并结合化工热力学相关知识思考。

3.4.2　pT 包络线

二元分析可得到泡、露点温度或压力随组成的变化。对于定组成的混合物，泡点压力和泡点温度的函数关系即泡点线，露点压力和露点温度的函数关系即露点线，两者合起来即

pT 包络线；汽相分率一定时压力和温度的函数关系即等干度线，汽相分率 x 和 $1-x$ 合起来的曲线也是 pT 包络线。由 pT 包络线可直观获得定组成混合物形成汽液两相的温度、压力范围。在油气开采中，pT 包络线也可指导开采条件的确定。例 3.8 以天然气为例介绍 pT 包络线的计算。

【例 3.8】 某天然气中甲烷、乙烷、丙烷、正丁烷、正戊烷和正己烷的摩尔分率分别为 0.8、0.06、0.05、0.04、0.03 和 0.02，计算体系的泡点线、露点线以及汽相分率为 0.2 和 0.8 的等干度线。物性方法选择 PENG-ROB。

① 新建模拟，输入体系中的组分，如图 3.58 所示。

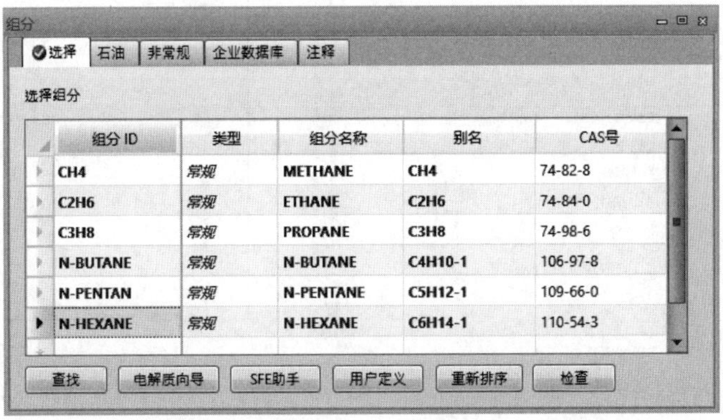

组分 ID	类型	组分名称	别名	CAS号
CH4	常规	METHANE	CH4	74-82-8
C2H6	常规	ETHANE	C2H6	74-84-0
C3H8	常规	PROPANE	C3H8	74-98-6
N-BUTANE	常规	N-BUTANE	C4H10-1	106-97-8
N-PENTAN	常规	N-PENTANE	C5H12-1	109-66-0
N-HEXANE	常规	N-HEXANE	C6H14-1	110-54-3

图 3.58　天然气中的组分

② 物性方法选择 PENG-ROB，组分间的二元交互作用参数如图 3.59 所示。

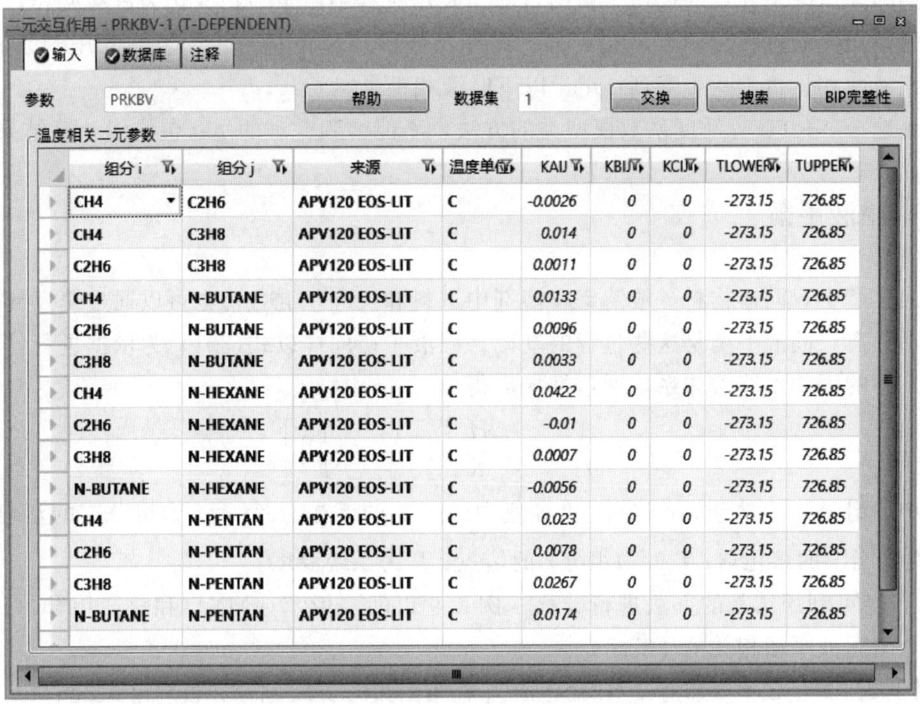

组分 i	组分 j	来源	温度单位	KAIJ	KBIJ	KCIJ	TLOWER	TUPPER
CH4	C2H6	APV120 EOS-LIT	C	-0.0026	0	0	-273.15	726.85
CH4	C3H8	APV120 EOS-LIT	C	0.014	0	0	-273.15	726.85
C2H6	C3H8	APV120 EOS-LIT	C	0.0011	0	0	-273.15	726.85
CH4	N-BUTANE	APV120 EOS-LIT	C	0.0133	0	0	-273.15	726.85
C2H6	N-BUTANE	APV120 EOS-LIT	C	0.0096	0	0	-273.15	726.85
C3H8	N-BUTANE	APV120 EOS-LIT	C	0.0033	0	0	-273.15	726.85
CH4	N-HEXANE	APV120 EOS-LIT	C	0.0422	0	0	-273.15	726.85
C2H6	N-HEXANE	APV120 EOS-LIT	C	-0.01	0	0	-273.15	726.85
C3H8	N-HEXANE	APV120 EOS-LIT	C	0.0007	0	0	-273.15	726.85
N-BUTANE	N-HEXANE	APV120 EOS-LIT	C	-0.0056	0	0	-273.15	726.85
CH4	N-PENTAN	APV120 EOS-LIT	C	0.023	0	0	-273.15	726.85
C2H6	N-PENTAN	APV120 EOS-LIT	C	0.0078	0	0	-273.15	726.85
C3H8	N-PENTAN	APV120 EOS-LIT	C	0.0267	0	0	-273.15	726.85
N-BUTANE	N-PENTAN	APV120 EOS-LIT	C	0.0174	0	0	-273.15	726.85

图 3.59　天然气组分间的二元交互作用参数

③ 单击"主页"菜单的"分析 \ pT 包络线",参数设置如图 3.60 所示。用已知条件的摩尔分率替代摩尔流量;"初始压力"和"初始温度"是分析露点线的下限,可选填 1 个或不填;"附加汽相分率"填写泡点线和露点线之外的其他干度线。

④ 运行分析,结果如图 3.61 所示,在结果页可查看详细的数据。

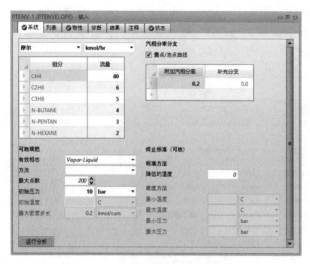
图 3.60 pT 包络线计算的参数设置

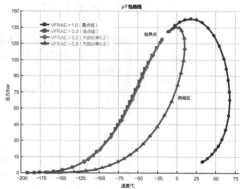
图 3.61 天然气的 pT 包络线

由图 3.61 可以直观看出形成两相的温度、压力范围,混合物的临界点在 $-20℃$、125bar 附近,并非最高温度点或最高压力点。天然气开采过程中温度变化一般不大,但压力由地层的高压降至井口的低压,由图可看出降压过程中由单一相变化为汽液两相,再到单一汽相的逆向冷凝过程。例如,50℃ 时、150bar 条件下是单相,相同温度降压到 125bar 以下出现汽液两相,再进一步降到 20bar 以下时液相消失。

如果选择 NRTL 等活度系数模型类的方法,不能得到合理的 pT 包络线计算结果。

3.4.3 固液平衡

化工生产中,固体物料一般溶解在溶剂中进料和反应,混合物也可以通过蒸发或降温的方法结晶分离,固液平衡是这些过程的基础。固液平衡同样以式(3.1)为依据进行计算。对于压力不高的固相不互溶体系,通过推导可得出

$$x_i = \frac{1}{\gamma_i}\exp\left[\frac{\Delta H_i^{\text{fus}}}{R}\left(\frac{1}{T_{mi}} - \frac{1}{T}\right)\right] \tag{3.12}$$

式中,组分 i 为溶质;x_i 为饱和溶液中组分 i 的摩尔分率;γ_i 为组分 i 的活度系数;ΔH_i^{fus} 为组分 i 的熔化焓;T_{mi} 为组分 i 的熔点;T 为系统温度。

C_8 芳烃可利用结晶的方法进行分离,例 3.9 以间二甲苯(MX)和对二甲苯(PX)体系为例介绍固液平衡相关的计算。

【例 3.9】间二甲苯和对二甲苯的固液平衡相图如图 3.62 所示,试利用 Aspen Plus 计算得到此图。物性方法选择 WILSON。

① 新建模拟,输入体系中的组分,间二甲苯和对二甲苯 CAS 号分别为 108-38-3 和 106-

42-3。

② 物性方法选择 WILSON，载入二元交互作用参数。实际上，本例物性方法影响较小，选择其他活度系数法也可以得到合理结果。

③ 由于溶解度计算结果只有溶质的摩尔分率，在导航区"物性组"中新建"PS-1"物性组，将摩尔分率"MOLEFRAC"加入 PS-1，具体方法参考例 3.3。

④ 图 3.62 中，左侧对应对二甲苯在间二甲苯中的溶解度，右侧对应间二

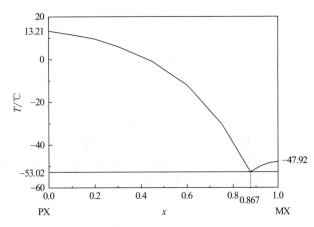

图 3.62　间二甲苯和对二甲苯的固液平衡

甲苯在对二甲苯中的溶解度，可先计算对二甲苯在间二甲苯中的溶解度。单击"主页"菜单的"分析 \ 溶解度"，参数设置如图 3.63 所示。

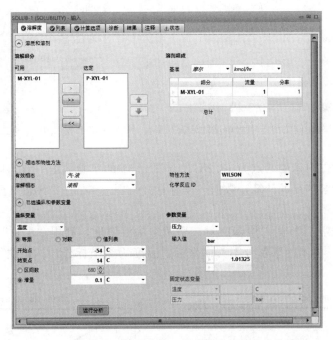

图 3.63　计算对二甲苯在间二甲苯中溶解度的参数设置

溶解组分即溶质，选定对二甲苯（P-XYL-01）；溶剂可以是多个组分，本例选择间二甲苯（M-XYL-01）；溶解相态可以是汽相或液相，超临界流体中组分的溶解可选择汽相，本例选择液相；操纵变量为计算溶解度时变化的参数，可以是温度、压力、溶剂组分的流量等参数，本例选择温度；参考图 3.62 中的互溶点温度和对二甲苯的熔点，开始点和结束点包含这个温度范围。

⑤ 在"列表"页面将"PS-1"加入选定列表。

⑥ 返回"溶解度"页面（图 3.63），单击"运行分析"，Aspen Plus 直接将单位溶剂中溶质的溶解量作图，详细数据如图 3.64 所示。

SSOLUB（溶剂组成基准选择"质量"时为 SSOLUBW）：单位溶液中的溶质，mol/mol（或 kg/kg）；

SSOLUBC（SSOLUBWC）：溶液中溶质的浓度，mol/L（或 kg/L）；

SOLUB（SOLUBW）：单位溶剂中的溶质，mol/mol（或 kg/kg），默认作图项；

SOLUBC（SOLUBWC）：单位体积溶剂中的溶质，mol/L（或 kg/L）；

SOLUBM：单位质量溶剂中溶质的物质的量，mol/kg；

MOLEFRAC："PS-1"中自定义的物性。

⑦ 作图。图 3.64 界面下，利用"主页"菜单的"图表\自定义"进行作图（也可以选择"参数"作图），X 轴为间二甲苯的摩尔分率，Y 轴选择温度，如图 3.65 所示。单击"确定"得到图 3.66。

图 3.64　对二甲苯在间二甲苯中溶解度的计算结果　　图 3.65　作对二甲苯-间二甲苯固-液相图的参数

计算得到的对二甲苯的熔点为 13.2℃，与图 3.61 的实验数据一致。13.2℃以上对二甲苯为液相，不进行溶解度的计算，数据点没有意义，图 3.64 的"状态"页中给出了相关警告信息。

⑧ 用同样的方法计算间二甲苯在对二甲苯中的溶解度，利用"主页"菜单的"图表\添加曲线"，以间二甲苯的摩尔分率为横坐标，温度为纵坐标作图，将曲线添加到图 3.66，得到图 3.67。

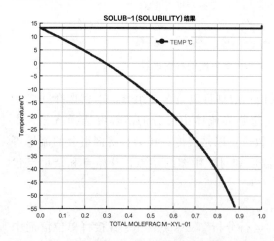

图 3.66　对二甲苯-间二甲苯固-液相图的一个分支

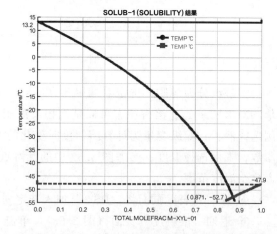

图 3.67　对二甲苯-间二甲苯的固-液相图

计算得到的互溶点为两条溶解曲线的交点，温度为－52.7℃，间二甲苯摩尔分率0.871，与实验数据相差很小。进一步对比不同温度下饱和液相的组成，计算结果与实验数据的误差也不大。

注意：13.2℃和－47.9℃附近的水平直线没有意义。

3.4.4 电解质体系

酸、碱、盐等电解质在溶解时发生解离，溶质在溶液中以离子和分子的形态存在。体系中真实组分（分子、离子）发生溶解、络合、沉淀等反应，应用式(3.1)时，需要使用真实组分，否则将得到错误的结果。例3.10和例3.11以碳酸钠溶液为例介绍计算电解质溶解度的方法和注意事项。

【例 3.10】 碳酸钠在水中溶解时，20℃的溶解度为21.5g/100g，35.4℃达到最大值49.7g/100g，温度进一步升高时溶解度下降。利用例3.9的方法计算0~100℃碳酸钠在水中的溶解度，判断结果是否正确。物性方法选择ELECNRTL。

① 利用模板"Electrolyse with Metric Units"新建模拟，已有默认组分"水"，输入组分碳酸钠（CAS号为479-19-8）。

② 默认物性方法ELECNRTL不需要修改，系统中没有水和碳酸钠的二元交互作用参数。

③ 参考例3.9的方法进行溶解度计算，参数设置如图3.68，溶剂组成以质量为基准。

④ 单击"运行分析"，计算得到碳酸钠在水中的溶解度如图3.69所示。

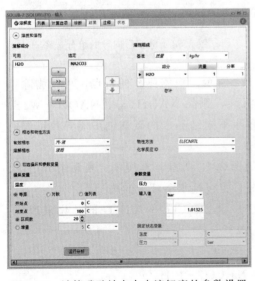

图 3.68　计算碳酸钠在水中溶解度的参数设置

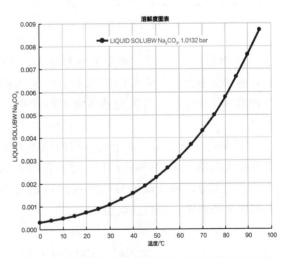

图 3.69　碳酸钠在水中的溶解度（不设置解离反应）

根据计算结果，碳酸钠在水中溶解度由0℃时的0.0003g/g升高到95℃时的0.0087g/g，远低于实际溶解度，随温度变化的规律也与实际情况不同。直接将碳酸钠当作分子计算将得到错误结果。

【例 3.11】 在例3.10的基础上，设置碳酸钠-水体系的解离反应，计算0~100℃碳酸钠在水中的溶解度，判断不同温度范围时过饱和溶液结晶析出的固相种类。

① 在"组分"页面单击"电解质向导"，如图 3.70 所示。离子组分的参考态选择非对称，即以理想稀溶液为参考态，利用不对称归一化活度系数计算组分的逸度。

提示：Aspen Plus 已将常规盐的解离反应存储到 APV120 REACTIONS 数据库。

② 单击"下一步"设置组分，如图 3.71 所示。由于碳酸钠溶液中的离子可能生成 $Na_2CO_3 \cdot H_2O$、$Na_2CO_3 \cdot 10H_2O$、$NaHCO_3$ 等盐，过饱和时溶解度最小的盐析出，因此需要选择"包含成盐作用"，相关的离子和盐在下一步会全部列出；由于碳酸钠解离过程中 H^+ 和 OH^- 参与反应，水的解离反应必须选上，否则 H^+ 和 OH^- 没有来源，会出现错误；如果需要计算水溶液的凝固点，可选择"包含成冰作用"，水的固液平衡将在下一步列出。

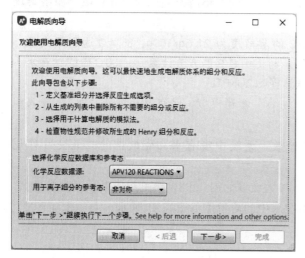

图 3.70　电解质向导的数据库及参考态

图 3.71　电解质向导的组分选择

③ 单击"下一步"，确定组分和反应，如图 3.72 所示。根据体系的特点，可以删除不必要的组分和反应。碳酸钠溶液不会生成 NaOH 沉淀，删除 NAOH(S)、NAOH * W(S) 及相关的反应不会影响碳酸钠溶解度的计算，但删除不同结晶水的碳酸钠可能导致错误的结果。

④ 单击"下一步"确定电解质的模拟方法，如图 3.73 所示。本例中，表观组分是水、二氧化碳和图 3.72 中的盐；真实组分包括表观组分，也包括水溶液中的离子。

真实组分法和表观组分法的区别可通过 Na_2CO_3 和 $Na_2CO_3 \cdot 10H_2O$ 的转化来理解。真实组分法由两个解离反应组成：

$$Na_2CO_3 \rightleftharpoons 2Na^+ + CO_3^{2-}$$

$$2Na^+ + CO_3^{2-} + 10H_2O \rightleftharpoons Na_2CO_3 \cdot 10H_2O$$

而表观组分法的反应为：

$$Na_2CO_3 + 10H_2O \rightleftharpoons Na_2CO_3 \cdot 10H_2O$$

复杂体系选择"真实组分法"更容易收敛。但是，涉及汽、液两相的过程，例如精馏、闪蒸等，由于汽相中不存在离子组分（常规化工领域，不考虑等离子体等特殊情况），需要使用表观组分法。

图 3.72 碳酸钠水溶液相关的组分和反应　　　　　图 3.73 设置电解质模拟方法

⑤ 单击"下一步"，出现警告"此更改将更新表单中的参数……"，单击"是"，再单击"完成"。组分列表中增加了相关的离子和盐，如图 3.74 所示。

图 3.74 完成电解质向导后的组分列表

同时，导航区的"Henry 组分"增加了"GLOBAL"组，内有二氧化碳组分（注意："Henry 组分"不是必然的，NaOH 溶液就不会有"Henry 组分"）；导航区的"化学反应"

也增加了"GLOBAL"组，内有相关的独立化学反应（解离反应），可查看反应的平衡常数。

⑥ 单击"下一步"，接受"HENRY-1"等二元交互作用参数以及电解质对参数。

⑦ 单击"主页"菜单的"分析\溶解度"，参数设置如图3.75所示。

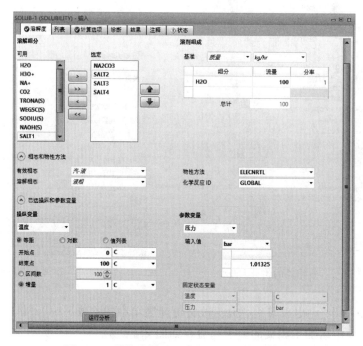

图 3.75　计算碳酸钠在水中溶解度的参数设置

⑧ 单击"运行分析"，结果如图3.76所示。上方三条线为不同结晶水 Na_2CO_3 的溶解度，最下方为 Na_2CO_3 的表观溶解度。20℃时碳酸钠在水中的溶解度 0.202g/g，36℃达到最大值 0.492g/g，计算结果与实际数据一致。

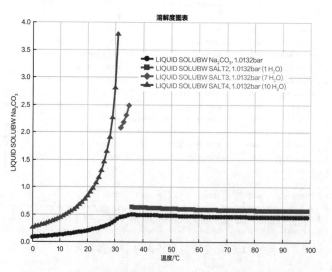

扫码获取高清彩图

图 3.76　不同结晶水碳酸钠在水中的溶解度 [g/g(水)]

⑨ 由于结晶水的存在，不能直接在图 3.76 判断过饱和溶液析出的固相的类型。不同结晶水碳酸钠溶液的摩尔浓度表达是一致的，因此，将图 3.75 中溶剂的基准修改为"摩尔"，利用自定义作图以温度为横坐标，碳酸钠的浓度为纵坐标作图，作图参数设置如图 3.77 所示，得到碳酸钠摩尔浓度随温度的变化如图 3.78 所示。

由图 3.78 可以看出，32℃以下过饱和溶液析出 $Na_2CO_3 \cdot 10\ H_2O$，$32 \sim 35℃$ 析出 $Na_2CO_3 \cdot 7\ H_2O$，35℃以上析出 $Na_2CO_3 \cdot H_2O$。如果在图 3.72 的步骤中删除这 3 个组分中的一个或几个，将得到错误的溶解度曲线。

图 3.77　碳酸钠摩尔浓度对温度作图的参数设置

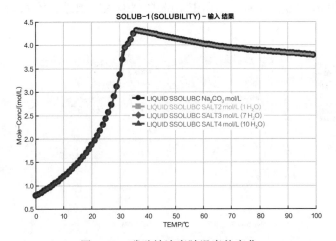

图 3.78　碳酸钠浓度随温度的变化

扫码获取高清彩图

3.4.5　三元相图和蒸馏合成

萃取、共沸精馏等分离过程涉及三个关键组分，用三元相图可方便地表达此过程。以三元相图为基础，Aspen Plus 提供的蒸馏合成在分析和设计共沸蒸馏中清晰、方便。例 3.12 以乙醇-水的共沸精馏为例进行介绍。

【例 3.12】水和乙醇在 78.1℃形成乙醇摩尔分率 90% 的共沸物，用常规精馏无法得到高浓度乙醇。可以用苯作为夹带剂，通过共沸精馏的方法生产高浓度乙醇。试根据三元相图的相平衡关系设计分离过程。物性方法选择 UNIQUAC。

① 新建模拟，添加组分苯、水和乙醇。物性方法选择 UNIQUAC，载入二元交互作用参数。可以看到，苯和水默认二元交互作用参数的来源是"APV120 LLE-LIT"，是用液液平衡数据回归得到的。

② 单击"主页"菜单的"分析 \ 三元图表（或残余曲线）"，如图 3.79 所示。蒸馏合成有详细了解 Aspen Distillation Synthesis、查找共沸物、使用 Distillation Synthesis 三元图和继续使用 Aspen Plus 三元图表等四个选项。

图 3.79　蒸馏合成的功能选择界面

详细了解 Aspen Distillation Synthesis：进入到帮助系统，了解蒸馏合成的功能、理论知识、参数设置等。

查找共沸物：计算指定压力下两组分的共沸温度及组成（不计算多组分的共沸点）。

使用 Distillation Synthesis 三元图：生成三元汽液液相图或三元液液相图，用于指导蒸馏和萃取设计，包含了查找共沸物的功能。参数调整后结果随之动态调整，不需要运行；关闭窗口后需要重新设置和计算。

继续使用 Aspen Plus 三元图表：计算共沸物汽液液平衡组成，绘制三元相图。只有 Distillation Synthesis 三元相图的部分功能，但可保存结果以便再次查看。

③ 单击"使用 Distillation Synthesis 三元图"，选择"输入"项进行参数设置，界面如图 3.80 所示。

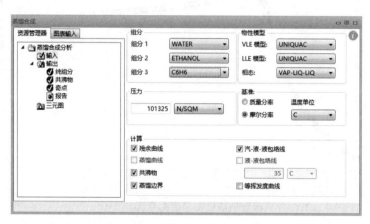

图 3.80　蒸馏合成的参数输入

组分：待分离的三个组分（含夹带剂，本例中苯为夹带剂）。

物性模型：需要在导航区"方法\基本方法"设定好，不能在此界面进行修改。常用的有 NRTL、UNIQAC 和 UNIFAC。相态可选择汽-液平衡（VAP-LIQ，VLE）或汽-液-液平衡（VAP-LIQ-LIQ，VLLE）。VLE 不判断液相是否会分相，只计算残余曲线或蒸馏曲线、共沸物、蒸馏边界和挥发度曲线；VLLE 计算汽-液-液包络线或液-液包络线。

基准：三元相图的组成基准，可选择质量分率或摩尔分率。

计算：选择需要计算的参数（或曲线）。

④ 蒸馏合成的结果不需要运行，在"输出"直接选择"纯组分""共沸物""奇点"直接得到体系的沸点（共沸点）、沸点类型、沸点的组成等信息，如图 3.81 所示。乙醇-水-苯体系有 3 个二元共沸物（点 4、6 和 7），1 个三元共沸物（点 5）。

⑤ 选择"三元图"或上部的"图表输入"，界面如图 3.82 所示。左侧是三元相图的选项和参数，可以进行选择和调整；右侧是修改和调整三元相图的工具，可选择相关图标后增加线、调整三元相图的形状和组分位置，结果在三元相图同步显示（A～G 是添加的标记，非原图上的符号）。

图 3.81　乙醇-水-苯体系的沸点（共沸点）

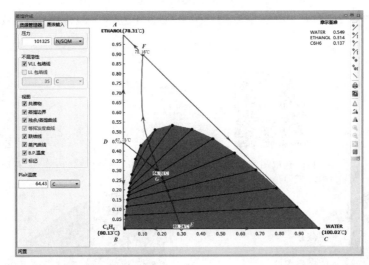

图 3.82　乙醇-水-苯三元汽-液-液相图

扫码获取高清彩图

VLL 包络线：汽-液-液平衡时液相组成的连线，即蓝色区域的边界。边界上各点的压力相同，温度不同。

LL 包络线：指定温度下液-液平衡时液相组成的连线，即蓝色区域的边界。液-液平衡的自由度比汽-液-液平衡多 1，所以液-液平衡需要指定温度，边界上的点温度、压力都相同。详见第⑥步。

共沸物：乙醇-水-苯体系 3 个二元共沸点 D、E、F，1 个三元共沸点 G。

蒸馏边界：蒸馏区的边界（AD、DB、BE、EC、CF、FA、DG、EG、FG），它们将三元相图分为 $ADGF$、$DBEG$、$EGFC$ 三个蒸馏区。蒸馏过程中，釜残液的组成不会超出进料所在的蒸馏区的边界。

残余/蒸馏曲线：残余曲线是全回流精馏过程中釜残液组成（两个液相时为总组成）的变化曲线，蒸馏曲线是馏出物组成的变化曲线。残余曲线和蒸馏曲线的起点是蒸馏区的最低沸点，终点是蒸馏区的最高沸点。通过图 3.80 界面选择残余曲线或蒸馏曲线，利用 ✎ 在蒸馏区单击或 ✎ 直接输入组成可以画出相应曲线。图 3.83 在 $ADGF$、$DBEG$、$EGFC$ 三个区域分别给出了 1、2 和 3 条残余曲线。残余曲线不会跨过蒸馏边界，蒸馏曲线可能跨出蒸馏边界。

等挥发度曲线：各组分挥发度相等的液相组成对应的曲线，需要在图 3.80 界面选择。

联结线：成平衡的两个液相组成的连线。汽-液-液平衡（VLLE）时每条联结线两端点的温度相同，但不同联结线的温度不同；液-液平衡（LLE）时，所有联结线的温度相同。

蒸汽曲线：汽-液-液平衡（VLLE）时，曲线 EGD 附近"＋"表示的汽相组成，与液相呈平衡。每个汽相组成对应两个液相组成（一条联结线），单击"＋"后对应的联结线高亮显示。液-液平衡（LLE）时没有此项。

B. P. 温度：勾选时显示沸点（共沸点）温度，本例有 A~G 共 7 个点（图 3.82）。

标记：勾选时显示右边栏"添加标记"功能添加的标记。

Plait 温度：液相分相的最高温度，高于此温度时任意组成的液相都互溶。

其他：右上角显示鼠标所在点的组成；右边工具添加联结线、曲线、标记，调整三元相图的显示方式和方向，增加网格等；画图区单击右键，显示快捷菜单。

⑥ 图 3.80 中"计算"选项去掉"汽-液-液包络线"，选择"液-液包络线"，得到三元液-液平衡相图，如图 3.84 所示。由于温度固定为 35℃，不互溶区的范围比汽-液-液平衡时大一些。

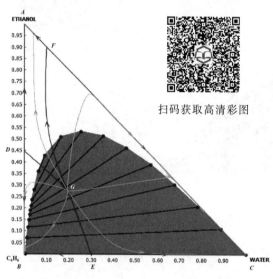

扫码获取高清彩图

图 3.83　乙醇-水-苯三元汽-液-液相图（残余曲线）

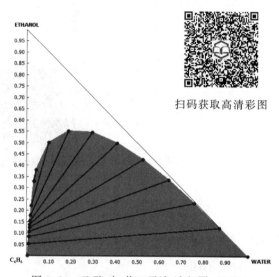

扫码获取高清彩图

图 3.84　乙醇-水-苯三元液-液相图（35℃）

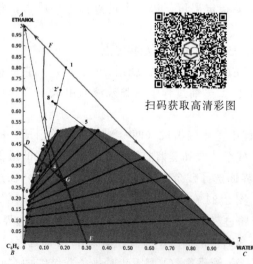

扫码获取高清彩图

图 3.85　共沸精馏分离乙醇-水的过程分析

⑦ 共沸蒸馏分离乙醇-水的过程分析。共沸蒸馏分离乙醇-水的过程分析如图 3.85 所示。假设乙醇-水混合物的组成为 1 点，加入夹带剂后混合物的组成在 1-B 线上，可能是 2、2′ 或 2″。假设混合物组成为 2′，由于 EGFC 区域内水的沸点最高，可以在塔底得到高纯度水。根据物料衡算，塔顶馏出物组成在 2′ 上方，但最高在蒸馏边界线 GF 附近（可以画蒸馏曲线看出），因此，加入夹带剂后混合物组成在 2′ 得不到高纯度乙醇。假设混合物组成为 2″，则蒸馏塔底得到苯，塔顶组成在蒸馏边界线 DG 附近，将分相后的两相再进行蒸馏也不能得到高纯度乙醇。因此，

加入夹带剂后混合物组成在 $2''$ 同样不合适。混合物组成在 2 时，在塔底可得到高纯度乙醇（3），塔顶馏出物（4）的组成在 DG 附近，冷凝分相后得到富水相（5）和富苯相（6），富水相进一步蒸馏在塔底得到水（7）和混合物（8），可以有效分离乙醇和水，富苯相（6）和混合物（8）循环。因此，加入夹带剂后（含循环的富苯相及脱水后的物料），共沸精馏塔进料的总组成在 $ADGF$ 蒸馏区内。

⑧ 共沸蒸馏分离乙醇-水的工艺流程。根据以上分析，共沸蒸馏分离乙醇-水的工艺流程如图 3.86 所示，流股和相图上相同数字代表组成相同。

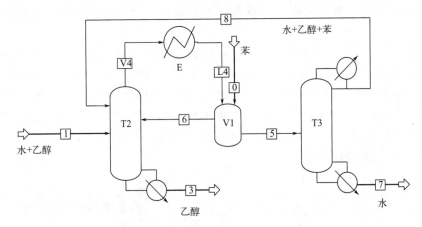

图 3.86　共沸精馏分离乙醇-水的流程

3.5　参数回归

纯组分的物性一般用理论方程或关联式表示，例如计算水饱和蒸气压的 WAGNER25 方程、Antoine 方程等，这些方程或关联式中的参数需要确定。混合物的物性利用纯物质的性质、混合物的组成结合混合法则计算，或者通过状态方程和活度系数模型计算，需要二元交互作用等参数来提高计算的准确性。这些参数（包括 Aspen Plus 数据库中已有的参数）通常利用实验数据进行回归得到。例 3.13～例 3.15 介绍利用实验数据回归相关参数。

3.5.1　纯组分物性方程参数回归

【例 3.13】利用 NIST 数据库中水的饱和蒸气压实验数据，回归 Antoine 方程的前三个参数，比较计算结果与实验值的相符程度。

① 新建模拟，添加组分水，选择任意物性方法（模板有默认物性方法时忽略）。

② 在组分页面单击组分列表下方的"检查"，导航区"方法 \ 参数 \ 纯组分 \ PLX-ANT-1"可查看 Aspen Plus 数据库中水的扩展 Antoine 方程的参数，如图 3.4 所示。

扩展 Antoine 方程如下式

$$\ln p_i^s = C_{1i} + \frac{C_{2i}}{T + C_{3i}} + C_{4i}T + C_{5i}\ln T + C_{6i}T^{C_{7i}} \quad (C_{8i} \leqslant T \leqslant C_{9i}) \qquad (3.13)$$

式中，p_i^s 为纯组分 i 的饱和蒸气压；T 为温度；$C_{1i} \sim C_{7i}$ 为方程参数；$C_{8i} \sim C_{9i}$ 为温度上限和下限；$C_{4i} \sim C_{7i}$ 为 0 时即 Antoine 方程。

③ 单击"主页"菜单的"运行模式\回归"，导航区增加了"回归"项，且"数据"和"回归"的输入不完整。

④ 导航区的"数据"即回归时使用的实验数据，可以是 AspenPlus 数据库中的数据，也可以是自己测定或文献中查阅到的数据。本例使用 NIST 数据库中纯水的饱和蒸气压数据。

单击"主页"菜单的"数据源\NIST"，检索水的物性，找到饱和蒸气压数据（详见例3.1，图3.8）。单击"实验数据"下部的"保存数据"并确定，在导航区"数据"中新增了数据集"D-1"。数据集"D-1"的设置页面如图3.87，使用自测或文献数据时，"类别""物性"和"组分"根据实际选择。具体数据点如图3.88所示，"用量"（Usage，翻译成"用途"或"类型"更合理）可选"STD-DEV"（标准偏差，非必需的数据）或"DATA"（数据点），自测或文献数据按实际输入。

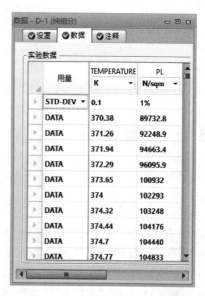

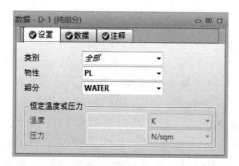

图3.87 数据集"D-1"的设置

图3.88 数据集"D-1"中的数据

⑤ 在导航区的"回归"新建"DR-1"，如图3.89所示。"数据集合"是回归参数时使用的实验数据，可以是多个数据集合，不同数据集合可以有不同的权重，混合物的数据可以进行一致性检验，舍弃不能通过一致性检验的数据。"方法"是物性计算中使用的方法，本例可选择任意方法；其他参数根据实际情况选择，本例采用默认值。

⑥ 在"参数"页设置需要回归的参数，如图3.90所示。

类型：参数（纯组分参数）、二元参数（二元交互作用参数）、基团参数、化学反应平衡常数等。

名称和元素：物性关联式、数学模型的参数名称及序号，一般可在帮助文档的"Aspen Plus Reference/Physical Property Methods and Models"目录下查询。本例的扩展 Antoine

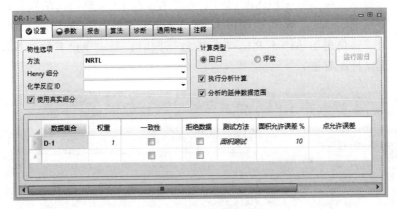

图 3.89　参数回归的基本设置

方程的参数名称和元素搜索"General Pure Component Liquid Vapor Pressure"即可找到，如图 3.91 所示。参数名称为 PLXANT，元素 1~9 分别对应式(3.13) 中的参数 C_{1i}~C_{9i}。根据本例题要求，回归 C_{1i}~C_{3i} 三个参数（元素 1~3），其他参数采用原有的值（或默认值），如图 3.90 所示。

组分或组 ["组（Group）"翻译成"基团"更合适]：组分或基团 i (j)。纯组分参数只需要设置 1 个组分。

用量（Usage，翻译为"用途"或"目的"更合理）：回归、不回归或直接设置参数值。

初始值：给要回归的参数赋初始值。初始值不合理可能导致不收敛。

设置 Aji＝Aij：根据实际情况进行设置。NRTL、WILSON、UNIQAC 等默认 Aji≠Aij 的模型可设置为"是"或"否"。

图 3.90　设置需要回归的参数

Parameter Name/ Element	Symbol	Default	MDS	Lower Limit	Upper Limit	Units
PLXANT/1	C_{1i}	—	x	—	—	PRESSURE, TEMPERATURE
PLXANT/2	C_{2i}	—	x	—	—	TEMPERATURE
PLXANT/3, . . ., 7	$C_{3i}, ..., C_{7i}$	0	x	—	—	TEMPERATURE
PLXANT/8	C_{8i}	0	x	—	—	TEMPERATURE
PLXANT/9	C_{9i}	1000	x	—	—	TEMPERATURE

图 3.91　Aspen Plus 中 Antoine 方程参数的定义

⑦ 返回设置页面（图 3.89），单击"运行回归"；或单击标题栏的"运行"，将"DR-1"加入运行框并确定。系统提示"参数 PLXANT 早已存在……"，选择"全是"替代现有参数。

在"方法＼参数＼纯组分＼PLXANT-1"可看到参数1~3被回归结果替代，如图3.92所示。原来的参数见图3.4，来源为DB-PURE38，当前来源变为R-DR-1，但参数4~9还保持原来的数值。这是由于 Aspen Plus 进行参数回归时，系统里已有的参数如果没有设置为需要回归，将保持原有值。

图 3.92　回归后的 Antoine 方程参数（参数 4~9 保持原值）

⑧ 修改图 3.90 的设置，按 Antoine 方程将参数 4~7 设定为固定值 0，重新回归，结果如图 3.93 所示。

图 3.93　回归后的 Antoine 方程参数（参数 4~7 保持为 0）

在"DR-1＼结果"得到参数、残差、分布（Profile，翻译为"曲线"更恰当）等数据。利用"主页"菜单的"图表＼物性与温度"作图，实验值与计算结果如图3.94所示。可以看出，使用三参数的 Antoine 方程时，高温段计算结果与实验值有较大误差。在步骤⑦同样可以作图，由于参数 5~7 不为 0，误差很小，可自行作图比较。

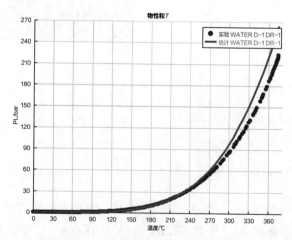

图 3.94　三参数 Antoine 方程计算的饱和蒸气压与实验值的比较

3.5.2　状态方程参数回归

【例 3.14】 利用 NIST 数据库中二氧化碳-正丁烷体系在 273.15K 下的相平衡（Binary VLE 017），回归 PENG-ROB 方程的二元交互作用参数，比较使用 $k_{ij}=0$、$k_{ij}=0.133$（Aspen 系统 k_{ij}）和回归得到 k_{ij} 计算的 p-$x(y)$ 相图与实验数据的相符程度。

注意： 本例题实验数据与参考文献［3］的例 5.2 一致，该教材对比了 PENG-ROB 方程 $k_{12}=0$ 和 $k_{12}=0.12$ 的计算值与实验值。

① 新建模拟，添加组分二氧化碳和正丁烷（CAS 号：106-97-8）。

② 物性方法选择 PENG-ROB，Aspen Plus 软件中 PENG-ROB 方程二元交互作用参数的表达式为

$$k_{ij}=k_{ij}^{\mathrm{A}}+k_{ij}^{\mathrm{B}}T+\frac{k_{ij}^{\mathrm{C}}}{T} \tag{3.14}$$

$$k_{ji}=k_{ij} \tag{3.15}$$

式中，$k_{ij}^{\mathrm{A}}\sim k_{ij}^{\mathrm{C}}$ 对应回归时的参数 PRKBV/1～PRKBV/3。对于二氧化碳-正丁烷体系，在"方法 \ 参数 \ 二元交互作用 \ PRKBV-1"可看到 Aspen Plus 数据库中 $k_{ij}^{\mathrm{A}}=0.133$，如图 3.95 所示。

注意： 以"化学品""用户"等模板新建模拟时，不会直接导入 PENG-ROB 方程的二元交互作用参数，但可以在图 3.95 界面选择组分和参数来源。

图 3.95　二氧化碳-正丁烷的 PENG-ROB 方程二元交互作用参数

③ 在 NIST 数据库中检索二氧化碳-正丁烷体系的数据（参考例 3.2），选择"Binary VLE 017"，单击下方的"保存数据"将数据添加到导航区的"数据"，数据集名称为"BVLE017"。

④ 利用"Binary VLE 017"作 p-$x(y)$ 相图（参考例 3.4）。

⑤ 分别以 $k_{ij}=0.133$ 和 $k_{ij}=0$（删除图 3.95 的二元交互作用参数行；或直接将 KAIJ 修改为 0，参考例 3.7，图 3.56）进行二元分析（pxy，参考例 3.4），将结果图合并到实验数据的相图，合并前注意统一单位，如图 3.96 所示。可以看出，$k_{ij}=0$ 时，计算得到的露点线误差很大，泡点线在二氧化碳浓度高时误差也很大；$k_{ij}=0.133$ 时，计算结果与实验数据的误差较小。

⑥ k_{ij} 回归。单击"主页"菜单的"运行模式 \ 回归"，新建回归"DR-1"，"设置"页面的"数据集合"选择"BVLE017"，"参数"页面如图 3.97 所示。

注意： 由于式(3.15)已经规定了 PENG-ROB 方程的 $k_{ji}=k_{ij}$，实际上只有一个二元交互作用参数，再将"设置 Aji＝Aij"选为"是"会出现错误。

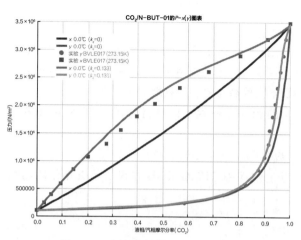

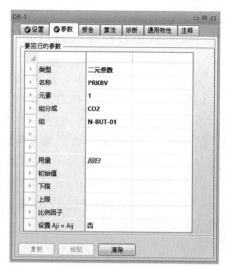

图 3.96 实验数据与 $k_{ij}=0.133$ 和 $k_{ij}=0$ 计算的 p-$x(y)$ 相图比较

图 3.97 PENG-ROB 方程二元交互作用参数回归的参数设置

⑦ 运行回归，得到 $k_{ij}=0.117419$。利用"DR-1\结果"的数据，作 p-$x(y)$ 相图如图 3.98 所示。可以看出，计算的误差比 $k_{ij}=0.133$ 时更小。

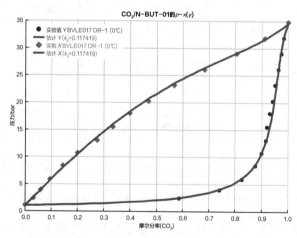

图 3.98 实验数据与回归的二元交互作用（$k_{ij}=0.117419$）计算结果的比较

注意：$k_{ij}=0.117419$ 是仅用一组数据回归得到的，对于本组数据误差小，但对于其他数据和其他条件下的计算误差未必小。实际应用中，可以选择与过程条件相近的实验数据回归参数，以便降低模拟计算的误差。

3.5.3 活度系数模型参数回归

【例 3.15】 Aspen Plus 系统中，水-乙醇体系 NRTL、WILSON、UNIQUAC 等活度系数模型的参数丰富，计算误差较小，但缺少 VANLAAR 方程的参数。试利用 NIST 数据库中乙醇-水体系在 101.3kPa 下的相平衡数据（如 Binary VLE 068、082、091、170 等），回归 VANLAAR 方程的二元交互作用参数，比较回归参数前后计算值与实验值的误差。

① 新建模拟，添加组分水和乙醇。

② 物性方法选择 VANLAAR（"方法过滤器"需要选择"ALL"），在"方法 \ 参数 \ 二元交互作用 \ VANL-1"可以看到，没有乙醇-水体系 VANLAAR 方程的二元交互作用参数。

③ 新建二元分析，利用 VANLAAR 方程计算乙醇-水在 101.3kPa 下的 T-$x(y)$ 相图，结果如图 3.99 所示。计算结果与例 3.2 的实验数据明显不一致，计算结果是错误的。如果 NRTL、WILSON 等活度系数模型没有二元交互作用参数，也将得到与图 3.98 相同的计算结果。这是因为缺少实际上二元交互作用参数时，液相实际是按理想溶液进行计算。

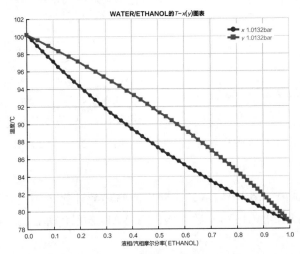

图 3.99　缺少二元交互作用参数时 VANLAAR 方程计算的乙醇-水 T-$x(y)$ 相图（101.3kPa）

④ 在 NIST 数据库中检索乙醇-水体系的相平衡数据（参考例 3.2），将"Binary VLE 068""Binary VLE 170"等多组实验数据添加到导航区的"数据"项目下。

⑤ 单击"主页"菜单的"运行模式 \ 回归"，新建回归"DR-1"，"设置"页面如图 3.100 所示。

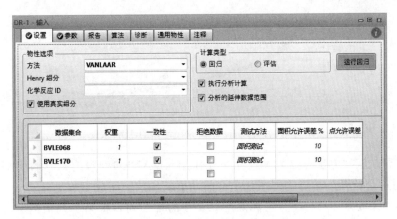

图 3.100　回归 VANLAAR 方程参数的"设置"页面

⑥ "参数"页面如图 3.101 所示。第 1 列和第 2 列为 VANLAAR 方程的 a_{ij} 和 a_{ji}，第 3 列和第 4 列为 VANLAAR 方程的 b_{ij} 和 b_{ji}。

⑦ 运行回归，参数的回归结果如图 3.102 所示。

图 3.101 回归 VANLAAR 方程参数
的"参数"页面

图 3.102 VANLAAR 方程参数的回归结果

单击"主页"菜单的"图表 \ T-xy"，利用回归参数计算得到的乙醇-水 T-$x(y)$ 相图如图 3.103 所示。可以看出，回归参数后 VANLAAR 方程计算乙醇-水 T-$x(y)$ 相图的误差很小。

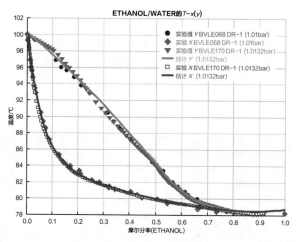

图 3.103 回归参数后 VANLAAR 方程计算的乙醇-水 T-$x(y)$ 相图

注意 1：导航区"方法 \ 参数 \ 二元交互作用 \ VANL-1"没有默认参数时，不会自动将参数更新到这个位置，需要单击图 3.102 的"更新参数"完成参数更新。

注意 2：如果要求 $a_{ji}=a_{ij}$，可删除图 3.101 的第 2 列，将第 1 列最后一行的"否"修改为"是"，但这样修改后计算的误差会增大。

注意 3：本例中，第 3 列和第 4 列的 b_{ij} 和 b_{ji} 可以删除，误差增大不多。

3.6 物性和参数估算

3.6.1 纯组分物性的估算

对于数据库中没有的组分，或缺少物性的实验数据以及关联式参数时，Aspen Plus 提供了根据分子结构估算物性及关联式参数的方法。例 3.16 假设乙醇的性质未知，介绍利用估算获取物性数据的方法。

【例 3.16】 假设乙醇的性质未知，通过估算获得其性质。

① 新建模拟，添加组分 C_2H_6O（或其他"组分 ID"名称，不被 Aspen Plus 识别为数据库中已有的组分即可），组分名称、别名和 CAS 号空白，如图 3.104 所示。

② 选择 C_2H_6O 行，单击下方"用户自定义"，进入"用户定义组分向导"。首页可不作设置，单击"下一步"，进入输入常规组分的基本数据界面，如图 3.105 所示。Aspen Plus 可以根据分子结构估算组分的性

图 3.104　组分输入

质，如果提供分子量、常规沸点（即常压沸点、标准沸点）、密度、理想气体生成焓、理想气体生成吉布斯能等数据，可以提高估算的准确性。

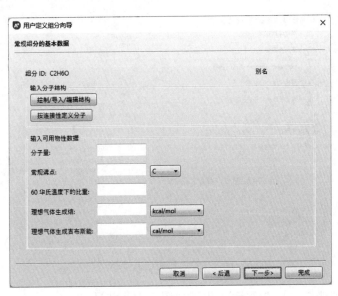

图 3.105　常规组分的基本数据

③ 单击"绘制/导入/编辑结构"，如图 3.106 所示，可直接绘制和编辑分子结构，也可导入 ChemDraw 等软件保存的"*.mol"分子结构文件。编辑好后关闭图 3.106 窗口。

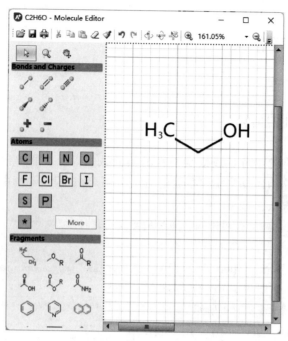

图 3.106　绘制分子结构

④ 单击"下一步"，如图 3.107 所示，可进一步补充实验获得的 1～5 这几类数据，提高估算的准确性。

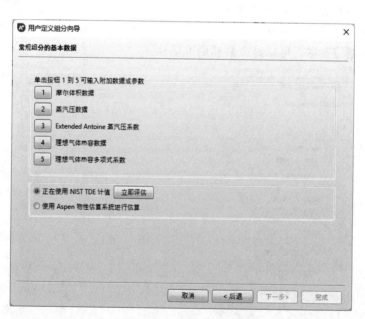

图 3.107　补充已有数据

⑤ 单击"立即评估"并"确定"，得到如图 3.108 结果。

检索乙醇的性质数据，可发现估算值与实际值有一定误差。例如，乙醇的实际常压沸点 351.44K，估算值是 340.5K；实际临界温度 514K，估算值是 509K。

返回"组分"（图 3.104），单击"检查"，可看到导航栏"方法 \ 参数 \ 纯组分"下增

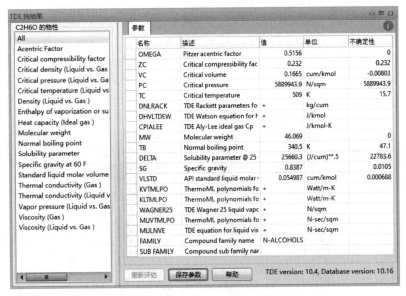

图 3.108　纯组分性质估算结果

加了组分 C_2H_6O 的理想气体热容、汽化焓等温度关联式。

⑥ 图 3.107 中，还可以选择"使用 Aspen 物性估算系统进行估算"，或者将导航区"估计值＼输入"的估算选项修改为"估算所有遗失的参数"或"仅估算所选参数"进行参数估算。估算前，需要在导航区"组分＼分子结构"选择相应分子，在"结构和官能团"页面单击"计算化学键"，在"常规"页面得到分子的化学键信息，如图 3.109 所示。单击"计算化学键"前没有图中的信息，也可以直接输入这些化学键信息。

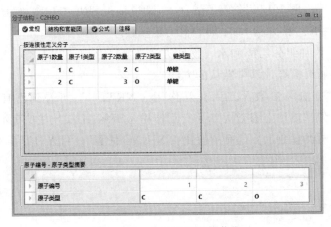

图 3.109　分子的化学键信息

然后单击菜单栏的运行，在导航区的"估计值＼结果"得到物性的估算值（如图 3.110）及温度关联式的参数等。

注意 1：步骤⑤中 NISTTDE 和步骤⑥中 Aspen 物性估算系统估算物性时使用的具体方法存在差异，得到的物性结果可能不同。

注意 2：使用 Aspen 物性估算系统时，可以在导航区"估算值＼输入"的"纯组分"页面选择要估算的参数及具体的估算方法。

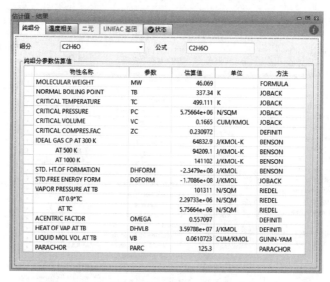

图 3.110　在"估计值 \ 结果"得到物性的估算值

3.6.2　二元交互作用参数的估算

计算混合物性质尤其计算相平衡时，如果缺少二元交互作用参数，计算的误差可能很大，甚至得到错误结果。当 Aspen Plus 数据库中没有二元交互作用参数，也没有实验数据用于参数回归时，部分模型的参数可以使用 UNIFAC 基团贡献法估算，如 SRK、NRTL、WILSON、UNIQUAC 等热力学模型的参数。有的模型 Aspen Plus 没有提供参数估算方法，如 PENG-ROB、VANLAAR 等。例 3.17 以估算乙醇-水的 NRTL 和 SRK 方程参数为例进行介绍。

【例 3.17】估算乙醇-水的 NRTL 和 SRK 方程参数。

① 新建模拟，添加组分乙醇和水，物性方法选择 NRTL 和 SRK（选择一次方法即可，最后选择的方法是后续模拟计算中默认的方法）。

② 在导航区"方法 \ 参数 \ 二元交互作用 \ NRTL-1"可看到已有丰富的水-乙醇的 NRTL 方程参数，但"方法 \ 参数 \ 二元交互作用 \ SRKKIJ-1"并没有水-乙醇的参数，如图 3.111 所示。这两类参数上方都有"使用 UNIFAC 估算"，可以进行参数估算。

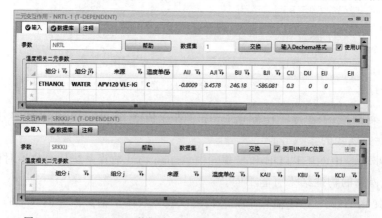

图 3.111　Aspen Plus 数据库中乙醇-水的 NRTL 和 SRK 方程参数

③ 勾选"使用 UNIFAC 估算"，运行模拟，NRTL 方程的参数没有变化，但增加了 SRK 方程的 KIJ，如图 3.112 所示。数据来源为"R-PCES"，说明是由物性常数估算系统 (Property Constant Estimation System，PCES) 估算得到的参数。

图 3.112　估算得到的乙醇-水的 SRK 方程参数

④ 在导航区"估计值\结果"的"二元"页面，可以看到也估算了 NRTL 方程的参数，如图 3.113 所示。由于数据库中有 NRTL 方程的参数，估算参数的计算精度一般低于使用实验数据回归得到的参数，所以 Aspen Plus 不会用估算值替代已有参数。单击图中 NRTL 右侧的"＞"可查看估算得到的 SRK 方程的参数。

⑤ 在导航区"估计值\输入"的"二元"页面，可以选择估算交互作用参数的方法，如图 3.114 所示。设置并运行后，"估计值\结果"中可得到不同方法估算得到的参数值，可以自行查看。

图 3.113　估算得到的乙醇-水的 NRTL 方程参数

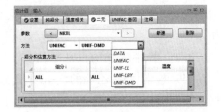

图 3.114　在"估计值\输入"的"二元"页面，可选择估算交互作用参数的方法

注意 1：一般来说，使用估算参数进行计算的准确性低于使用实验数据回归得到的参数，但比缺失参数时准确性高。

注意 2：对于两组分混合物，利用估算得到的二元交互作用参数计算相平衡时，结果的准确性不会高于 UNIFAC 基团贡献法。

注意 3：对于部分二元交互作用参数已知的多组分混合物，已有参数结合估算的缺失参数一般比直接使用基团贡献法计算的准确性高。

本章总结

物性是化工过程模拟计算的基础，是模拟结果可信的保障，Aspen Plus 提供了丰富的物性方法及方法参数供用户选择。实际设计计算中，可以从以下几方面提高结果的可靠性：

① 结合体系的特点选择合适的物性方法。例如高压汽相不能看作理想气体，应该选择合适的状态方程进行计算；WILSON、VANLAAR 模型不能计算液-液平衡；模拟电解质体系时，不仅需要使用 ELECNRTL 等适合电解质的物性方法，还必须考虑体系中实际组分的平衡等。

② 充分认识模型参数的重要性。再好的物性模型，缺少合理的参数时也可能产生大的计算误差，甚至得到错误的结果。Aspen Plus 数据库中有不同参数时，可以将模拟结果与实验数据或实际生产数据相比较，选择误差小的参数；没有模型参数但可获得实验数据时，可以用实验数据回归参数来降低误差；没有模型参数也缺少实验数据时，选择估算方法估算参数，一般来说利用估算参数计算比没有参数误差小。

③ 充分利用可获取的实验数据。实验数据既可以用于回归物性关联式和物性计算模型中的参数，也能用于检验模拟结果的准确性。

④ 根据理论知识和实践经验判断结果的可靠性。

习题

3.1 查询乙烷的临界温度、临界压力、偏心因子、常压沸点等物性；$-20℃$ 条件下，饱和液相乙烷的密度、黏度、表面张力和蒸气压分别为多少？将饱和液体密度与温度的关系作图。

3.2 甲烷-乙烷的汽液平衡。

（1）检索甲烷-乙烷的汽-液平衡数据，选择数据点较多、同时具有泡点和露点的等温数据，作图对比 180K 以下和 200K 以上 p-$x(y)$ 相图的差异。

（2）物性方法选择 PENG-ROB 方程，查看甲烷-乙烷的交互作用参数，利用二元分析计算实验数据相同温度条件下的 p-$x(y)$ 相图并进行比较。温度在 200K 以上的计算有些点会出现错误，为什么？

（3）用 IDEAL、NRTL 或其他活度系数模型计算实验数据相同温度条件下的 p-$x(y)$ 相图，与 PENG-ROB 方程相比，哪个误差大？为什么？

（4）选择 1～2 组甲烷-乙烷汽液平衡数据，重新回归甲烷-乙烷的 PENG-ROB 方程二元交互作用参数。

3.3 采用 PENG-ROB 方程计算乙烯-乙烷不同压力下（如 2bar、5bar、10bar、20bar 等）的 T-$x(y)$ 和 x-y 相图，分析压力对乙烯-乙烷分离过程的影响。

提示：压力越高，T-$x(y)$ 的泡点线和露点线越近，x-y 相图离对角线越近，乙烯-乙烷越难分离。

3.4 浓盐酸的质量分率大约为 37%。利用二元分析计算 25℃ 条件下盐酸浓度（摩尔分率 0～0.5）和压力的关系，同时计算盐酸的质量分率。对比不将盐酸设置为亨利组分和将盐酸设置为亨利组分的差异。物性方法选择 IDEAL。

提示：需要先在物性组新建一个包含 MASSFRAC（质量分率）的物性集，并在二元分析的"列表"选项页中选定这个物性集；计算可得 1bar 时盐酸的质量分率为 40.3%，略高于市售浓盐酸的浓度。

3.5 水-正丁醇（CAS 号为 71-36-3）体系的汽液液平衡。

（1）检索水-正丁醇体系的液液平衡和汽-液平衡数据，利用常压相平衡数据画出 T-$x(x)$ 相图和 T-$x(y)$ 相图，观察相图特点。

（2）物性方法选择 WILSON、NRTL 和 UNIQUAC，查看三种物性方法的二元交互作用参数来源（提示：NRTL 和 UNIQUAC 有利用 LLE 数据回归的参数）。

（3）分别用三种方法计算 1bar 条件下水-正丁醇的汽液平衡，对比结果的差异（提示：NRTL 和 UNIQUAC 计算结果的饱和液相线有一个水平段，WILSON 计算结果没有）。

（4）分别用三种方法计算 1bar，50℃条件下水-正丁醇的吉布斯混合能，对比结果的差异（提示：NRTL 和 UNIQUAC 计算结果的有一段向上凸，WILSON 计算结果在整个浓度范围内向下凹）。

（5）分别用三种方法计算 1bar 条件下水-正丁醇的汽液液平衡（T-xxy），温度下限从 0℃开始，对比结果的差异［提示：NRTL 和 UNIQUAC 可得到 T-xxy 结果，WILSON 只能得到 T-$x(y)$ 结果］。

（6）使用不同来源的 NRTL 二元交互作用参数，计算 1bar 条件下水-正丁醇的汽液液平衡，对比结果的差异。

3.6 计算 0～100℃碳酸氢钠在水中的溶解度，物性方法选择 ELECNRTL 模型。

3.7 计算 20bar，0～150℃条件下硫酸铜（CAS 号为 7758-98-7）溶解度，分析过饱和硫酸铜溶液析出的晶体的结晶水数量，物性方法选择 ELECNRTL 模型。

提示：90℃以下、90～115℃和 115℃以上分别析出含有 5 个、3 个和 1 个结晶水的硫酸铜。

3.8 常压下水和异丙醇在 80.3℃形成共沸物，其中异丙醇 87.4%（质量分率），因此用低浓度异丙醇水溶液不能直接精馏得到高纯度异丙醇。苯共沸精馏法是生产高纯度异丙醇的传统方法，流程图如图 3.115 所示，试根据三元相图的相平衡关系分析流程的原理。物性方法选择 UNIQUAC 模型。

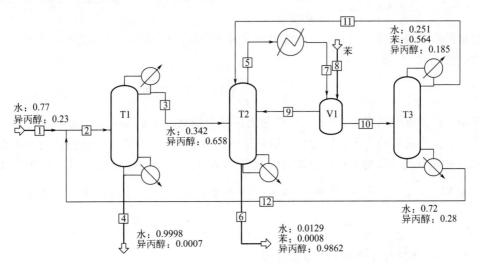

图 3.115　苯共沸精馏生产异丙醇的工艺流程

第4章
流体输送过程模拟

化工生产中，流体输送用于满足反应、分离等过程对流量和压力的要求。流体输送在其他领域也得到广泛应用，例如油、气的集输，城市的供水、供气、供暖等。典型的流体输送过程由管路、泵（压缩机）、阀门、管件等设备和部件组成，如图 4.1 所示。

流体输送过程模拟计算的主要依据是物料衡算（连续性方程）、能量衡算（伯努利方程）和能量损失计算。物料衡算式为

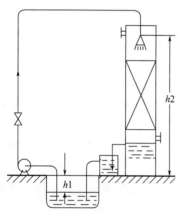

图 4.1　典型的流体输送过程

$$w = uA\rho \tag{4.1}$$

式中，w 为流体的质量流量；A 为管路任意截面处的面积；u 为流体在 A 截面的平均流速；ρ 为流体在 A 截面的密度。

能量衡算体现位能、动能、静压能的相互转化及流动过程中与外界交换的功和克服的流动阻力，表达式为

$$g\Delta Z + \frac{\Delta u^2}{2} + \int_{p_1}^{p_2} V\mathrm{d}p = W_{\mathrm{e}} - \sum h_{\mathrm{f}} \tag{4.2}$$

式中，g 为重力加速度；ΔZ 为下游与上游截面的高度差；Δu^2 为下游与上游截面的流速平方差；p 为流体的压力；V 为单位质量流体的体积；W_{e} 为单位质量流体与外界交换的有效功，外界对流体做功为正，流体对外界做功为负；$\sum h_{\mathrm{f}}$ 为上、下游截面间单位质量流体的能量损失。$g\Delta Z$、$\Delta u^2/2$ 和 $\int_{p_1}^{p_2} V\mathrm{d}p$ 分别为单位质量流体的位能、动能和静压能。

$\int_{p_1}^{p_2} V\mathrm{d}p$ 一项对不可压缩流体可简化为 $V\Delta p$ 或 $\Delta p/\rho$，对可压缩流体应根据过程的不同（等温、绝热等），选择合适的热力学方法处理。

能量损失计算通式为

$$\Sigma h_{f}=\left(\lambda\frac{l+l_{e}}{d}+\xi\right)\frac{u^{2}}{2} \tag{4.3}$$

式中，λ 为摩擦系数，与管段的粗糙度及流体在管内的流动状态有关；l 为所有直管段的长度之和；l_{e} 为按当量长度法计算的管件、阀门的当量长度之和；ξ 为按阻力系数法计算的阻力系数之和。根据管路系统的特点和流体流动的状态，λ、l_{e}、ξ 可以通过适当的方法计算得到。

流体输送过程模拟可以确定管内流体的流动状态、泵或压缩机的有效功率（选泵或压缩机）、管的直径（管设计）、泵的安装高度、阀门的操作参数等，也可以核算泵和管路是否能满足生产的要求。本章介绍流体输送过程相关的设计、计算，同时结合流体输送过程中物理量之间的关系，初步介绍灵敏度分析和设计规范的原理和使用方法。

4.1　管内流体流动

管内流体的基本参数有温度、压力、组成、流量等流体的参数，管长、内径、出口和入口高度差、粗糙度等管段参数，阀门、弯头等管件，以及管内流体的流速、雷诺数、压头、压头损失等参数。这些参数是紧密联系的，管内流体流动计算就是根据它们之间的关系，由已知参数确定未知参数的过程。

4.1.1　管内流体流动的基本计算

管内流体流动的基本计算是已知进料流股和管路的参数，计算流体在管内和管出口的状态以及能量损失。Aspen Plus 用 Pipe（管段）模块完成此类计算。

【例 4.1】内径 70mm、长 50m 的管线，用于输送 30℃的水，流量为 10m³/h，入口压力为 10bar，出口高度为 20m，管粗糙度采用默认值。管内水的流速、雷诺数分别是多少？出口压力是多少？管线阻力引起的压降是多少？管径是否合适？假设要求出口压力为 10bar，入口压力应该是多少？物性方法选择 IAPWS-95。

① 新建模拟，输入组分水，方法过滤器选择"WATER"或"ALL"，然后选择 IAPWS-95 方法。

② 单击导航区的"模拟"进入模拟环境，在"模型选项版＼压力变送设备"（Pressure Changers，翻译为"变压设备"或"流体输送设备"更合理）分类选择 Pipe，在"主工艺流程"窗口画一个管段，命名为 PW-1（表示工艺水，也可其他命名）；然后选择"物料"，连接管段的进料和出料流股，流程图如图 4.2 所示。

图 4.2　管段的流程图

③ 在"主工艺流程"窗口双击流股 S1（或在导航区选择"流股＼S1"），设置好温度 30℃、压力 10bar、体积流量 10m³/h 及组成，如图 4.3 所示。

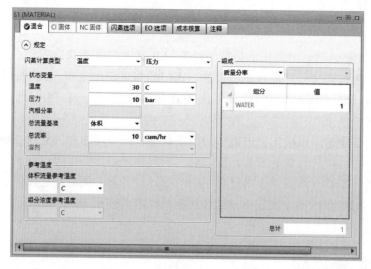

图 4.3　进料流股 S1 的参数设置

> **提示 1**："状态变量"根据实际情况在温度、压力和汽相分率中选择 2 个。
>
> **提示 2**："总流量基准"的"标准体积"和"体积"不同。"标准体积"指 1atm，60° F（15.56℃）下的液相体积；"体积"指实际体积，但如果指定参考温度，则是 1atm，参考温度下的液相体积。
>
> **提示 3**：组成可以使用分率或流量，分率之和不为 1 或使用流量时进行归一化处理；组成按流量给出时，如果同时给出总流量，则总流量为实际流量。

④ 在"主工艺流程"窗口双击管段 PW-1（或在导航区选择"模块 \ PW-1"），参数设置如图 4.4 所示。

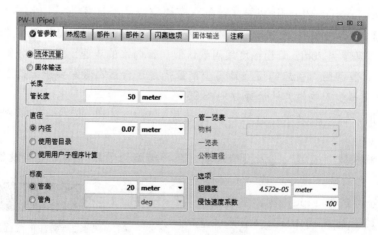

图 4.4　管段的参数设置

管参数：设置管段用途、管长、内径，出口和入口的高度差及粗糙度。管段的用途可选择流体流量（Fluid Flow，翻译为"流体流动"或"流体输送"更合适）或固体输送（通过稀相输送或密相输送进行固体物料的输送）；管内径可直接指定或使用管目录选择标准管；标高可直接指定出口和入口的高度差（出口高为正，出口低为负），或根据管段的长度和倾角计算。

热规范：管段与外界的换热情况，可以是恒温、温度沿管段线性变化、绝热或者按传热方程与环境换热。

部件1（Fittings，翻译为"管件"更合适）：设置管段的连接方式（法兰或螺纹）、各类管件（阀门、弯头等）的数量以及其他当量长度值和阻力系数值。

部件2：指定管段入口和出口的形式、是否有孔板以及孔板的参数。

闪蒸选项：设置可能的相态、相平衡计算参数以及需要计算的物性。

固体输送：管段用于固体输送时，设置固体输送的类型及计算方法。

⑤ 运行，提示有一个**警告**（计算结果有叹号），内容为"WARNING：THERMAL OPTION IS REQUIRED FOR SINGLE COMPONENT MODEL，UNLESS NPHASE＝1 IS SPECIFIED. CALCULATIONS WILL CONTINUE WITH NPHASE＝1，PHASE＝LIQUID"，即"单组分计算时，除非是单一相态，应该指定传热参数，计算中采用单一液相进行计算"。这是由于默认的热规范是"等温"，管段可以与环境换热；而单组分的泡点温度和露点温度相同，管段物料的汽相分率在0～1范围都满足泡点下的等温条件，不能确定唯一的出口参数。

根据管段内流体及管段与外界换热的实际情况，在"模块＼PW-1＼设置"的"闪蒸选项"页面将有效相态改为"仅液相"，如图4.5所示，或者在"热规范"页面将与外界换热修改为绝热或其他可计算热负荷的条件，可以消去警告。

⑥ 管段计算结果。在"模块＼PW-1＼结果"的摘要页面可查看管段的计算结果，如图4.6所示。"摩擦压降"即压头损失；"提升压降"即位压头变化；"加速"即动压头变化，管径变化或体积流量变化时，动压头会有明显改变；管段从外界吸热$3.4×10^{-5}$Gcal/h维持恒温（"模块＼PW-1＼设置＼热规范"为恒温）；"弯头长度（Equivalent length）"翻译为"当量长度"更准确，如果在"部件"里设置了出口、入口和管件，则当量长度是管长加上管件的当量长度。

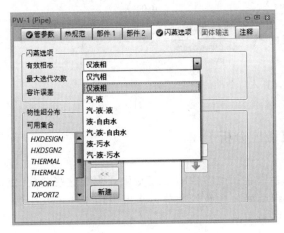

图4.5　管段的闪蒸选项

图4.6　管段的计算结果

"流股"页面如图4.7所示，可查看管段入口、出口流股的参数。"混合物速度"是入口和出口截面处流体的平均速度；"侵蚀速度"是流体对管壁尤其是弯头产生冲蚀的临界速度，是管段允许的最高速度，与"侵蚀速度系数"（见图4.4）成正比。由于水是不可压缩液体，出口和入口的速度、雷诺数等参数相差不大；如果流股是气体，温度和压力对流股的性质影响大，出口和入口速度、雷诺数等参数可能相差较大。

"平衡"页面是入口、出口的物料衡算和能量衡算；"分布"页面是流体流动相关参数沿管长的变化；"物性"页面是物性参数沿管长的变化，在"模块\PW-1\设置"的"闪蒸选项"页面设置了需要计算的物性组会有相关的结果。

根据水在管道中的经济速度一般为 $1.5\sim3.0\text{m/s}$，本例管内的实际流速为 0.72m/s，管径略偏大，可以适当减小；当然，如果考虑产能扩大的需求，管径合适。

⑦ 由出口条件计算入口条件。生产上，有时候管段出口的条件已知，需要计算入口的条件。可以在"模块\PW-1\高级"，将"压力计算"修改为"计算管道进口压力"，并输入出口的条件，如图 4.8 所示。

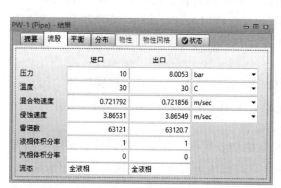

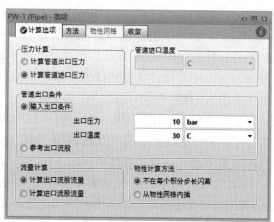

图 4.7　管段入口、出口的结果　　　　图 4.8　由出口条件计算入口条件的设置

运行得到入口压力为 11.99bar 时，出口压力为 10bar，如图 4.9 所示。

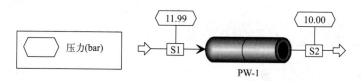

图 4.9　由出口条件计算入口条件的结果

4.1.2　管内流体流动参数间的关系（灵敏度分析）

化工生产过程中，一个或多个参数的变化会引起其他参数的相应变化。明确这些变化之间的关系既可以指导生产装置的设计和生产过程中操作参数的调节，也可以用于生产发生波动时进行原因分析。参数间的关系可以用数学函数表示

$$y = f(x) \tag{4.4}$$

式中，x 为操纵变量（自变量，引起变化的参数）；y 为因变量（因 x 的变化而变化）。一个操纵变量可以引起多个因变量变化，例如，流量增大会引起流速、雷诺数、摩擦压降等参数的同时增大；一个因变量也可能受多个操纵变量的影响，例如，流量和管径都影响流速。

不可压缩流体在管内流动时，流速、雷诺数和摩擦压降与管径、流量的关系如下：

$$u \propto Q \qquad (4.5) \qquad\qquad u \propto 1/d^2 \qquad (4.8)$$
$$Re \propto Q \qquad (4.6) \qquad\qquad Re \propto 1/d \qquad (4.9)$$
$$\Delta h_f \propto Q^2（完全湍流时）\qquad (4.7) \qquad\qquad \Delta h_f \propto 1/d^4（完全湍流时）\qquad (4.10)$$

式中，Q 为流量；u 为管截面流体的平均流速；Re 为雷诺数；Δh_f 为摩擦压降。

本节利用这些关系介绍 Aspen Plus 的灵敏度分析。

【例 4.2】在例 4.1 的基础上（入口条件已知，计算出口压力），水的流量在 5000～20000kg/h 范围变化时，流速、雷诺数、摩擦压降怎么变化？水的流量恒定，管内径在 30～80mm 范围变化，这些因变量怎么变化？水的流量在 5000～20000kg/h 范围变化，并且管内径在 30～80mm 范围变化，又是什么情况呢？

① 在例 4.1 的基础上，在"模块\PW-1\高级"将"压力计算"修改为"计算管道出口压力"。

② 在"模型分析工具\灵敏度"新建灵敏度分析"S-1"。

③ 在"变化"页面设定操纵变量。新建变量"1"，在"编辑已选变量"区域将操纵变量定义为流股"S1"的流量，变化范围为 5000～20000kg/h，增量 1000 表示操纵变量"1"的数据点之间的间隔，如图 4.10 所示。

图 4.10　灵敏度分析的操纵变量

提示 1：操纵变量是计算中设置的参数。本例可以是 S1 流股的温度、压力和流量，也可以是管长、管内径、管高和粗糙度等。不能是设置中没有选择的参数，例如本例流股 S1 的汽相分率不能作为操纵变量。

提示 2：去掉"激活"前面的对号，灵敏度分析不会执行。

④ 在"定义"页面设定因变量。新建因变量 U（样品变量，可自行命名，表示流速），然后在"编辑已选变量"进行参数设置，如图 4.11 所示。"Block-Var"和"PW-1"表示流速是模块"PW-1"的变量；变量"PROF-VELOC"表示管段内的流速，可搜索"velocity"快速找到；"ID1"为 1～11 的整数（V12 之前的版本为 0～10），表示相对管入口的位置，1 表示入口截面，11 表示出口截面。

用同样的方法定义因变量 RE（雷诺数，可搜索"Reynold"找到 PROF-REYNO）和 HF（摩擦压降，可搜索"friction"找到 DP-FRIC）。

图 4.11　设定灵敏度分析中的因变量（流速、雷诺数和摩擦引起的压力降）

⑤ 在"列表"页面设定需要分析的因变量或因变量的表达式。单击"填充变量"可以将步骤③定义的因变量自动列出，也可以直接填写因变量及其表达式（使用 FORTRAN 语言格式，例如 U*U），如图 4.12 所示。

图 4.12　设定需要分析的因变量和因变量表达式

⑥ 运行，"模型分析工具 \ 灵敏度 \ S-1 \ 结果"如图 4.13 所示。可以看出，U、RE、HF 和 U*U 都随变量 1（流股 S1 的流量）的增大而增大。

Row/Case	Status	Description	VARY 1 S1 MIXED TOTAL MA SSFLOW KG/HR	U M/SEC	RE	HF BAR	U*U
1	OK		5000	0.362327	31685.6	0.0116338	0.131281
2	OK		6000	0.434792	38022.7	0.0162127	0.189044
3	OK		7000	0.507257	44359.9	0.0214959	0.25731
4	OK		8000	0.579723	50697	0.0274759	0.336078
5	OK		9000	0.652188	57034.1	0.0341472	0.425349
6	OK		9960.5	0.721791	63120.9	0.0412017	0.520983
7	OK		10000	0.724653	63371.2	0.0415053	0.525122
8	OK		11000	0.797119	69708.4	0.0495468	0.635398
9	OK		12000	0.869584	76045.5	0.058269	0.756176
10	OK		13000	0.942049	82382.6	0.0676695	0.887457
11	OK		14000	1.01451	88719.7	0.0777465	1.02924
12	OK		15000	1.08698	95056.8	0.0884984	1.18153

图 4.13　灵敏度分析结果

⑦ 结果作图。单击主页菜单"图表"工具分类的"结果曲线"，X 轴选择流股 S1 的质量流量，Y 轴选择流速 U 和雷诺数 RE（要作图的曲线），如图 4.14 所示。单击确定得到流速和雷诺数随流量的变化曲线，如图 4.15 所示。可以看出，流速和雷诺数与流量成正比，与式(4.5) 和式(4.6) 相符。

用同样的方法作出摩擦压降 HF 和流速平方 U*U 随流量的变化曲线，如图 4.16 所示。可以看出摩擦压降与流量的平方近似成正比关系（完全湍流时为正比关系），符合式(4.7)。

图 4.14　灵敏度分析结果的作图设定

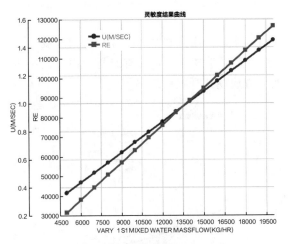

图 4.15　流速和雷诺数随流量的变化

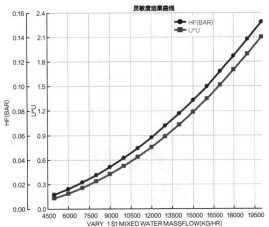

图 4.16　摩擦压降和速度平方随流量的变化

⑧ 在"变化"页面将操纵变量修改为管内径，参数设置如图 4.17 所示；在"定义"页面将管内径设置为因变量 D［相当于 $y = x$，用于对比式(4.8) 到式(4.10) 的反比关系］，参数设置如图 4.18 所示；在"列表"页面列出 $1/D$、$1/D^2$ 和 $1/D^4$，如图 4.19 所示。

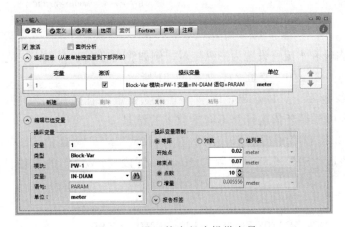

图 4.17　设置管内径为操纵变量

图 4.18　管内径为操纵变量时的因变量　　　　图 4.19　管内径为操纵变量时的因变量列表

　　运行，利用灵敏度分析 S-1 的结果作图，得到流速、雷诺数和摩擦压降随管内径变化的趋势如图 4.20 所示。可以看出，雷诺数与管内径成反比 [式(4.9)]，流速与管内径的平方成反比 [式(4.8)]，流动阻力近似与管内径的四次方成反比 [式(4.10)]。

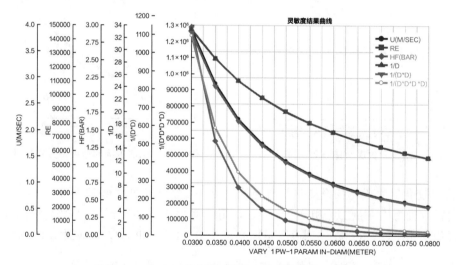

图 4.20　流速、雷诺数、摩擦压降随管内径的变化

　　⑨ 同时将管内径和水流量设置为操纵变量，例如管内径在 30～80mm 范围变化（变量 1），水流量在 5000～20000kg/h（变量 2），如图 4.21 所示。

　　结果如图 4.22 所示。可以看出，以第 1 个操纵变量（管内径）为外层循环，第 2 个操纵变量（流量）为内层循环依次计算不同参数下的结果。

　　图 4.22 的第 3 行和第 4 行显示，在小内径（0.03m）、大流量（15000 和 20000kg/h）时计算出错。将流股"S1"的流量设置为 20t/h，管段"PW-1"的内径设置为 0.03m，得到错误提示：

　　＊＊ERROR

　　　PIPELINE INTEGRATION FAILED AT ITERATION 28998

IRET = 0 KFLAG = -8 KSTOP = 0 ISTOP = 0

CURRENT LENGTH = 1.213616D + 02 FT TOTAL LENGTH = 1.640420D + 02 FT

PRES = 2.154243D-06 PSIA TEMP = 8.600001D + 01 F MACH # = 5.159210D-03

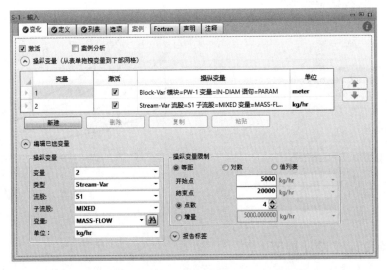

图 4.21 对多个操纵变量进行灵敏度分析的参数设置

Row/Case	Status	Description	VARY 1 PW-1 PARAM IN-DIAM METER	VARY 2 S1 MIXED TOTAL MASSFLOW KG/HR	U M/SEC	RE	HF BAR	1/D	1/(D*D)	1/(D*D*D *D)
1	OK		0.03	5000	1.97284	73932.8	0.788258	33.3333	1111.11	1.23457e...
2	OK		0.03	10000	3.94569	147866	3.00041	33.3333	1111.11	1.23457e...
3	Errors		0.03	15000	5.91853	221798	0	33.3333	1111.11	1.23457e...
4	Errors		0.03	20000	7.89137	295731	0	33.3333	1111.11	1.23457e...
5	OK		0.035	5000	1.44944	63370.9	0.361341	28.5714	816.327	666389
6	OK		0.035	10000	2.89887	126742	1.36029	28.5714	816.327	666389
7	OK		0.035	15000	4.34831	190113	2.98691	28.5714	816.327	666389
8	OK		0.035	20000	5.79774	253484	5.24168	28.5714	816.327	666389
9	OK		0.04	5000	1.10972	55449.6	0.184756	25	625	390625
10	OK		0.04	10000	2.21945	110899	0.688425	25	625	390625
11	OK		0.04	15000	3.32917	166349	1.50445	25	625	390625
12	OK		0.04	20000	4.4389	221798	2.63136	25	625	390625

图 4.22 多自变量灵敏度分析的结果

即：迭代计算 28998 次后未能收敛，在距管入口 121.4 英尺（约 37m）的压力为 2.154×10^{-6} PSIA（约 0.08Pa）。这是由于管径 30mm，流量 20t/h 的条件下，在管入口后 37m 的压力已经降到 0Pa，不能完成输送任务，所以出现了错误。

两个操纵变量时，可以将一个操纵变量设置为横坐标，另一个操纵变量为参数变量进行作图。图 4.23 是不同流量下流速随管径变化的作图参数，X 轴为管径，参数变量为流量，纵坐标为流速。作图结果如图 4.24 所示，得到了流量为 5000kg/h、10000kg/h、15000kg/h 和 20000kg/h 4 个流量下流速随管径的变化曲线。

由例 4.2 可以看出，灵敏度分析本质上是对操纵变量的值进行调整，获得其他变量随操纵变量的变化关系。

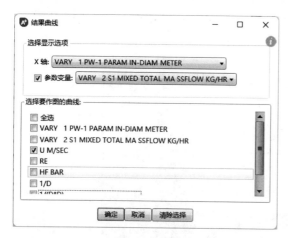

图 4.23　两个操纵变量灵敏度分析的作图设置

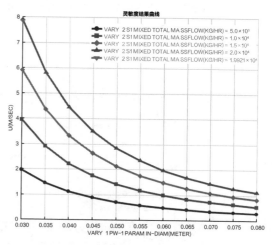

图 4.24　不同流量下流速随管径的变化

4.1.3　管径设计（设计规范）

在设计和生产过程中，很多时候一些参数有目标值（期望值），需要调整其他参数使其满足目标值。例如，流体输送有合理的流速范围，需要合适的管径满足输送流量的要求，或者管径一定时需要确定最大允许流量；精馏分离过程中，需要合适的回流比等参数来满足塔顶、塔底产物的纯度要求。这类计算本质上是已知函数关系式(4.4)的因变量 y，求解自变量 x。Aspen Plus 软件通过设计规定来完成这类计算。

【例 4.3】假设管内水流速度设计值为 1.5m/s，确定完成例 4.1 输送任务的合理管内径。

① 在例 4.1 的基础上，在"工艺流程选项 \ 设计规范"（Design specification，Aspen Plus 软件中有"设计规定"和"设计规范"两种翻译）新建设计规范"DS-1"。在"定义"页面新建变量"U"表示管内流速，如图 4.25 所示。

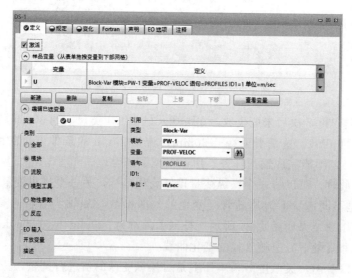

图 4.25　设计规范中期望参数的定义

提示：如果在例 4.2 的基础上进行，可以去掉灵敏度分析"激活"前面的对号。否则，每个灵敏度分析的点都会进行设计规范计算，灵敏度分析结果没有意义，并且可能出现一些警告和错误。

② 在"规定"页面设置参数（或参数表达式）的目标值，如图 4.26 所示。"规定"项是目标参数 U（或参数的表达式），"目标"为期望值，1.5；Tolerance 为允许误差，比如 0.01（流量在 1.49 和 1.51 之间满足要求）。

③ 在"变化"页面定义操纵变量（可调参数），本例为管内径，如图 4.27 所示。

④ 运行，在"工艺流程选项 \ 设计规范 DS-1 \ 结果"得到管内径为 0.0485m，此时流速为 1.50m/s，如图 4.28 所示。根据管子规格，实际生产中可选择外径 57mm，壁厚 3～4mm 的热轧钢管（还需要考虑介质、温度、压力等因素）。

图 4.27 设计规范中的可调参数

图 4.26 设计规范中参数的期望值

图 4.28 设计规范的计算结果

提示 1：设置设计规范并运行后，计算得到的可调变量参数（管内径 0.0485m）将替代原设定值（管内径 0.07m），从 PW-1 结果的流速等数据可以看出。

提示 2：如果操纵变量的上、下限内不能得到目标参数的目标值，会给出警告并使用最接近目标值的操纵变量值。例如，将图 4.27 中的管径下限修改为 0.05m，将警告"EITHER SOLUTION OUTSIDE BOUNDS OR SPEC FUNCTION IS NOT MONOTONIC."，如图 4.29 所示。管内径为 0.05m 时，流速为 1.415m/s，最接近目标参数值。

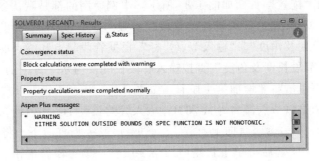

图 4.29 不能满足设计规范要求时的警告

提示 3：操作变量的改变必需影响目标参数。例如，将管的长度、粗糙度作为操纵变量时，也将出现警告"EITHER SOLUTION OUTSIDE BOUNDS OR SPEC FUNCTION IS NOT MONOTONIC."。

提示 4：同时存在设计规范和灵敏度分析时，设计规范的样品变量和操纵变量不能是灵敏度分析的操纵变量的函数。这是因为灵敏度分析需要改变操纵变量（自变量），获得样品变量（因变量）的变化规律；设计规范是已知样品变量（因变量，或样品变量表达式）的目标值，求操纵变量（自变量）的值。

4.1.4 管线

管段（Pipe）是一段等径的直管，可以水平、竖直或以一定角度倾斜。实际管线有不同的走向，并且管径可以变化。Aspen Plus 软件使用 Pipeline（管线）模块来完成这种类型的模拟计算。给定入口条件，可以计算出口压力；给定出口条件，可以计算入口压力。此外，汽液两相共存的输送过程中，Pipeline 模块可计算持液量、流动类型等。化工生产中，汽液两相流一般出现在换热器、反应器等设备中，其他情况下一般用罐设备分离成两个单相再进行输送。但是，化工生产中涉及气固两相的过程与此类似，例如流化床催化裂化过程中的反应器及催化剂循环。此外，油气开采过程中，两相流很普遍。例 4.4 利用空气和水共存时的流动同时介绍 Pipeline 模块和两相流动的状态。

【例 4.4】1000kg/h 的水 100kg/h 的空气混合物进入到恒温管线，进料压力为 5bar，进料和管线的温度均为 30℃。管线由 6 段长度均为 1m 的管段连接而成，第 1～3 段管的内径分别为 0.02m、0.1m 和 0.5m，竖直向上；第 4～6 段管的内径分别为 0.2m、0.05m 和 0.02m，水平方向。请设置管线参数并计算管内的流动参数。物性方法选择 IDEAL。

① 新建模拟，输入组分空气（在组分 ID 输入 AIR 并回车确认，CAS 号为 132259-10-0）和水，物性方法选择 IDEAL。

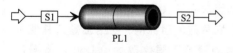

图 4.30 管段的流程图

② 模拟环境下，在"模型选项版＼压力变送设备"选择"Pipeline"，在"主工艺流程"窗口画一个管段，命名为 PL1，连接流股，流程图如图 4.30 所示。

③ 根据已知条件，设置入口流股 S1 的温度为 30℃，压力为 5bar，水和空气的质量流量分别为 1000kg/h 和 100kg/h。

④ 管段 PL1 的"配置"页面如图 4.31 所示，本例使用的都是默认参数。其中"链段几何尺寸"（Segment Geometry，翻译为"管段尺寸及方向"更合适）可选择"输入节点坐标"或"输入节段长度及角度"。"输入节点坐标"根据管段起点和终点的三维坐标确定管段长度及走向，"输入节段长度及角度"直接输入管段长度及与水平方向的夹角。

在"连接"页面单击新建增加第 1 段管，如图 4.32 所示。节段以数字进行编号，本例将第 1 段管的入口和出口节点命名为 A 和 B；输入管的长度 1m 和内径 0.02m；管段的角度默认值 0°表示水平，90°表示竖直向上，270°（-90°）表示竖直向下，将第 1 段管的角度设置为 90°。设置完第 1 段管后再单击新建增加第 2 段管，第 1 段管的出口节点自动作为第 2

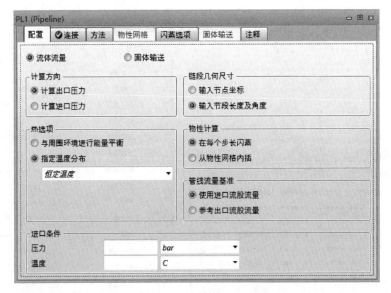

图 4.31　管段的配置页面

图 4.32　第 1 段管的参数设置

段管的入口节点。

完成 6 段管的设置后，"连接"页面如图 4.33 所示。

"方法"页面设置不同方向上两相流动的计算方法及不同倾角的摩擦阻力和滞留量关联式，"闪蒸选项"页面设置管线中的有效相态及相平衡计算的相关参数，本例使用默认值。

⑤ 运行。"模块 \ PL1 \ 结果"的"摘要"页面如图 4.34 所示。该管线的总持液量为 $0.211\mathrm{m}^3$。

> 提示："储罐气""储罐油"和"储罐水"翻译不准确，应为气相、油相（单一液相时指液相）和水相（两个液相时的水相）的标准体积流量，标准状态指 1atm，60° F（15.56℃）。

图 4.33　6 段管连成的管线　　　　　　　　图 4.34　管线的计算结果

"分布"页面的部分数据如图 4.35 所示。管段 1（节点 $A\text{-}B$）内径小（0.02m），气速快（14m/s），气夹着液向上流动（流态为 MIST）。管段 2（节点 $B\text{-}C$）内径增大到 0.1m，气速降低到 0.58m/s，液相成为连续相，但大的气泡能充满管截面，形成段塞流（SLUG）。管段 3（节点 $C\text{-}D$）内径进一步增大到 0.5m，气速降低到 0.024m/s，管段内充满液相（占 0.999 的体积分数），气体鼓泡通过管段（BUBBLE）。管段 4（节点 $D\text{-}E$）内径 0.2m，管内流体水平流动，由于气液相流速小，两相分别在管段的上部和下部水平流动（STRATIFY）。管段 5（节点 $E\text{-}F$）内径减小到 0.05m，管内气液相流速增大，尽管两相分别在管段上部和下部的水平方向流动，但相互影响增强，液面类似风吹浪（WAVE）。管段 6（节点 $F\text{-}G$）内径减小到 0.02m，管内气液相流速进一步增大，再次形成水平方向气夹液的流动状

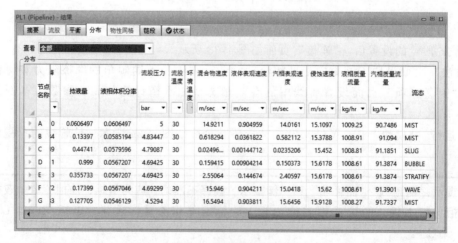

图 4.35　各管段的参数

态（MIST）。更多气液两相流状态可在帮助的"Using the Simulation Environment/Unit Operation Models Reference Manual/Pressure Changers/Pipeline Reference/Flow Regimes"目录下查看。

4.2 阀门

生产过程中通过改变阀门的开度可改变阀门的局部阻力，从而影响管路的特性方程，实现流量和阀前、阀后的压力调节；生产过程还利用阀门的等焓节流效应进行制冷。Aspen Plus 软件中，Valve（阀门）模块可以计算指定出口压力的绝热闪蒸，已知出口压力和阀门参数计算阀门开度，以及已知阀门开度和阀门参数计算出口压力。例 4.5 和例 4.6 介绍阀门的计算。

【例 4.5】某工业装置采用丙烯节流进行制冷，节流阀入口饱和液相丙烯的压力为 16bar，绝热节流到 9bar，阀前和阀后温度分别是多少？阀后压力为 5bar、2.6bar 和 1.4bar 时，阀后温度又将降到多少？物性方法选择 PENG-ROB。

① 新建模拟，输入组分丙烯，物性方法选择 PENG-ROB（也可选择专门用于制冷过程的 REFPROP）。

② 模拟环境下，在"模型选项版\压力变送设备"选择"Valve"，在"主工艺流程"窗口画一个阀门，并连接流股，流程图如图 4.36 所示。

③ 根据已知条件，设置入口流股 S1 的压力为 16bar，汽相分率为 0（饱和液相），丙烯流量可设置为任意值，比如 10kmol/h。

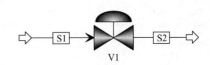

图 4.36 阀门模拟的流程图

④ 阀门 V1 的参数设定如图 4.37 所示。其中"作业"（Operation）也可翻译为"计算类型"或"模拟类型"。绝热闪蒸计算时，可以指定出口压力或压降。本例设置出口压力为 9bar，或设置压降为 7bar（16－7＝9，二者是等价的）。

⑤ 运行，结果如图 4.38 所示，阀后温度为 15.4℃，汽相分率 0.183。

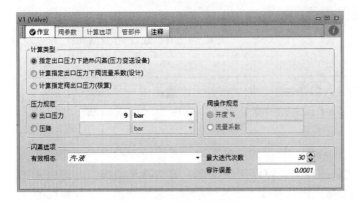

图 4.37 阀门的参数设定

图 4.38 节流阀的计算结果

⑥ 将阀后压力设置为 5bar、2.6bar 或 1.4bar，可得到节流后的温度分别为 −5.1℃、−24.6℃和 −40.5℃。可以看出，通过控制阀后压力，可以得到不同温度级的冷量。

> 提示:阀的出口压力不能高于入口流股的压力，否则出错；阀的压降也不能高于入口流股的压力，否则忽略阀压降（阀后压力设置为与阀前相同），同时给出警告。

【例 4.6】丙烯的流量使用 Neles-Jamesbury 公司生产的 V810 Linear Flow 截止阀控制，阀的当量直径为 0.5in（1in＝0.0254m），丙烯流量为 10kmol/h、温度 25℃、阀前压力 16bar，要求阀后压力为 15bar，阀的开度是多少？如果指定阀门开度为 50%，阀后压力是多少？物性方法选择 PENG-ROB。

① 在例 4.5 的基础上，设置流股 S1 的流量 10kmol/h、温度 25℃、压力 16bar。

② 将阀 V1 的"作业"页面的计算类型设置为"计算指定出口压力下阀流量系数（设计）"，"出口压力"设置为 15bar。

在"阀参数"页面选择数据库中的阀，得到阀的参数（或直接输入阀门参数），如图 4.39 所示。Cv、Xt 和 FI 分别为指定阀门开度的流量系数、压降比率系数和压力恢复系数。

"计算选项"页面可进一步选择"检查阻塞流量"和"计算汽蚀指数"，本例使用默认值。

③ 运行，计算结果如图 4.40 所示。阀后压力为 15bar 时，阀的开度为 19.68%。

图 4.39　阀参数设定

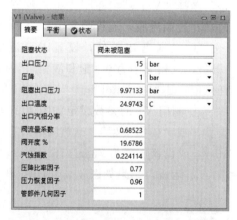

图 4.40　阀参数设定运行后的计算结果

> 提示 1:"阻塞出口压力"是固定入口条件下，增大压差，流量不进一步增大的状态。本例中将阀的出口压力设置到 9.97bar 以下，"阻塞状态"将变为"阀被阻塞"并出现警告。
>
> 提示 2:"汽蚀指数"反映汽蚀的程度。与泵的汽蚀类似，液相经过阀时汽化产生气泡，在阀后流通截面增大时气泡破裂的现象，可以产生噪音、震动甚至使阀门、管线破裂。汽蚀指数应该小于允许的汽蚀指数。流体在阀入口为汽相或汽液两相时，不计算汽蚀指数。

提示 3： 如果阀门全开时不能满足流量和压降的要求，例如将流量增大到 100kmol/h，开度 100％也不能满足压降要求，计算结果的开度将设置为 100％，并给出警告。此时可更换阀门类型或增大阀门的尺寸来满足压降的要求。

④ 将阀 V1 的"作业"页面设置为"计算指定阀出口压力（设计）"，"开度"设置为 50％。运行，得到阀开度为 50％时的出口压力为 15.89bar。

提示： 如果计算的出口压力低于要求的最小出口压力（在"计算选项"页面设置），将出现错误。

4.3 流体输送设备

流体输送设备有泵和压缩机，泵用于液体的输送，压缩机用于气体的输送。泵和压缩机都可以根据出口压力计算所需要提供的功，或者根据提供的功计算设备出口的压力，或者根据性能曲线进行计算，计算的基本依据都是能量衡算方程式(4.2)。

4.3.1 泵

取泵的入口和出口截面为上、下游截面，由于高度和速度差可以忽略，液体不可压缩，式(4.2)可简化为

$$W_e = \Delta p / \rho \tag{4.11}$$

在式(4.11)的基础上，泵的计算主要涉及流量、扬程（压头）、功率、效率以及汽蚀等。

【例 4.7】 将 30℃、1bar 的水加压到 8bar，流量为 10m³/h，泵的效率为 0.8，电机的效率为 0.9，求泵的有效功率、轴功率及电机功率。物性方法使用 IAPWS-95。

① 新建模拟，输入组分水，方法过滤器选择"ALL"或"WATER"，物性方法选择 IAPWS-95。

② 在"模型选项版 \ 压力变送设备"分类下选择"Pump"，在"主工艺流程"窗口画一个泵 P1，连接泵的进料和出料，如图 4.41 所示。

③ 设置入口流股 S1 的温度 30℃、压力 1bar、体积流量 10m³/h。

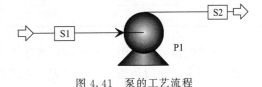

图 4.41 泵的工艺流程

④ 在"模块 \ P1"，设置泵的出口压力（排放压力）为 8bar，泵的效率和驱动器（Driver，可以是电机或其他动力来源）的效率分别设置为 0.8 和 0.9，如图 4.42 所示。

注意： 选择"涡轮机"可利用高压液体的静压能对外输出功。

⑤ 运行，结果如图 4.43 所示。流体功率（Fluid Power，流体获得的功率，翻译为"有效功率"更合适）为 1.94kW，制动功率（BrakePower，翻译为"轴功率"更合适）为

2.43kW（1.94/0.8＝2.43），电（Electricity，翻译为"电机功率"更合适）为 2.70kW（2.43/0.9＝2.70），可用汽蚀余量为 9.8m。

图 4.42　泵的参数设置

图 4.43　泵的计算结果

4.3.2　特性曲线及工作点

泵工作时，提供的压头应该满足管路的要求。例 4.8 介绍泵和管路的特性曲线及工作点。

【例 4.8】用特性曲线如表 4.1 的离心泵将 30℃、1bar 的清水从贮水池输送到某设备。输水管线出口高度 20m，内径为 50mm，管长 50m（含阀门以外的管件的当量长度），其他参数为 Aspen Plus 默认值。泵和管线之间有一个调节流量的线性阀门，阀 100% 开度下的 Cv 为 50，压降比率因子和压力恢复因子分别为 0.7 和 0.9。物性方法使用 IAPWS-95。

（1）阀门开度为 36%，水流量为 $10m^3/h$ 时，管线出口压力是多少？

（2）利用灵敏度分析作出泵和管路的特性曲线。

（3）如果阀门开度调为 50%，设备压力为 5.5bar，根据泵和管路的特性曲线估计实际流量，然后用设计规范求出实际流量。

表 4.1　离心泵的特性数据

流量/(m³/h)	0	2	4	6	8	10	12	14	16	18
扬程/m	77.6	77	76.4	75.9	74.7	72.6	69.6	64.4	56.7	45.5

① 新建模拟，输入组分水，物性方法选择 IAPWS-95。

② 利用泵、阀门和管段，在"主工艺流程"建立图 4.44 所示工艺流程。

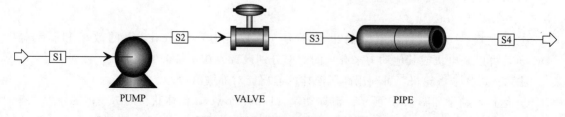

图 4.44　水输送过程的工艺流程

③ 设置入口流股 S1 的温度 30℃、压力 1bar、体积流量 10m³/h。

④ 根据已知条件，设置管段 PIPE 的长度 50m，管内径 0.05m，管出口高度 20m。在"闪蒸选项"页面将有效相态选择为仅液相，避免出现警告。

⑤ 根据已知条件，在"模块\PUMP\设置"的"规定"页面将"泵出口规范"设置为"使用性能曲线确定排放条件"。

在"模块\PUMP\性能曲线"进行性能曲线的具体设置。"曲线设置"页面设置曲线的格式、数量等，如图 4.45 所示。根据已知条件，本例的性能和流量变量选择压头和体积流量。在"曲线数据"页面设置流量与扬程的关系，如图 4.46 所示。

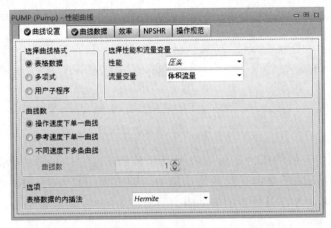

图 4.45 泵性能曲线的格式、数量和物理量

图 4.46 泵的性能曲线

提示 1：可以设置不同转速下的多条曲线。

提示 2：曲线格式为多项式时，"曲线数据"页面设置多项式的系数。

提示 3："效率""NPSHR"和"操作规范"页面可进一步设置其他参数。

提示 4：泵性能曲线第 1 个点的流量设为接近 0 的正值，不能设置为 0。

⑥ 根据已知条件，在"模块 \ VALVE \ 设置"的"作业"页面将"计算类型"设置为"计算指定阀出口压力（核算）"，阀门开度为 36%。在"阀参数"页面设置阀的特性参数，如图 4.47 所示。

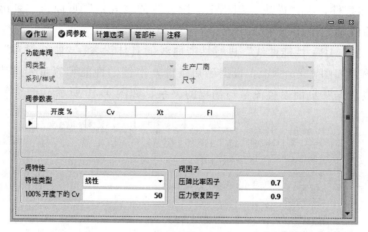

图 4.47 阀的特性参数设置

⑦ 运行，得到各流股的压力如图 4.48 所示。流股 S1 到 S2 的压力升高是由于泵的升压作用，S2 到 S3 的压力降低是由于阀的流动阻力（调节作用），S3 到 S4 的压力降低是由于管段出口和入口的高度差以及管段的流动阻力。流股 S4 的压力是 5.5bar。

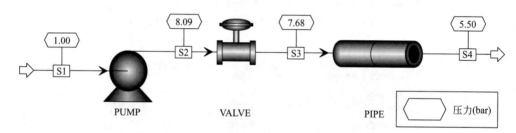

图 4.48 正常生产时各流股的压力

以下通过灵敏度分析得到特性曲线及操作点。

⑧ 泵和管路的特性曲线。泵的特性曲线可直接用表 4.1 数据作出，或以流量为操纵变量，泵的压差（或扬程）为因变量进行灵敏度分析得到。

管路的特性方程为

$$H_e = \Delta Z + \Delta p/\rho g + \Delta u^2/\rho g + H_f \tag{4.12}$$

式中，H_e 为流体获得的有效压头；ΔZ 为管路入口和出口的位压头变化；$\Delta p/\rho g$ 为管路入口和出口的静压头变化；$\Delta u^2/\rho g$ 为管路入口和出口的动压头变化，可根据实际情况忽略或进行计算，本例忽略 $\Delta u^2/\rho g$；H_f 为管路的压头损失，本例为阀门和管段两部分。

根据第⑦步计算结果，位压头变化为 19916.4mm 水柱（PIPE 结果的提升压降，$1\text{mmH}_2\text{O} = 9.80665\text{Pa}$），静压头变化为 45913.4mm 水柱（S4 和 S1 的压差），忽略动压头变化，则

$$H_e = 19916.4 + 45913.4 + H_{f,\text{valve}} + H_{f,\text{pipe}} \tag{4.13}$$

式中，$H_{f,\text{valve}}$ 为阀门的压头损失，是阀门开度和流量的函数；$H_{f,\text{pipe}}$ 为管路的压头损

失，是流量的函数。一定阀门开度下，$H_{\mathrm{f,valve}}$ 和 $H_{\mathrm{f,pipe}}$ 与流量的关系可以通过灵敏度分析得出。

在"模型分析工具 \ 灵敏度分析"新建灵敏度分析"S-1"，操纵变量为流量，参数设置如图 4.49 所示。

图 4.49　计算泵和管路的特性曲线的操纵变量

计算泵和管路的特性曲线涉及的因变量如图 4.50 所示，HF1 为管段的压头损失，HF2 为阀门的压头损失，DPPUMP 为泵的压头，单位统一使用 mm 水柱。

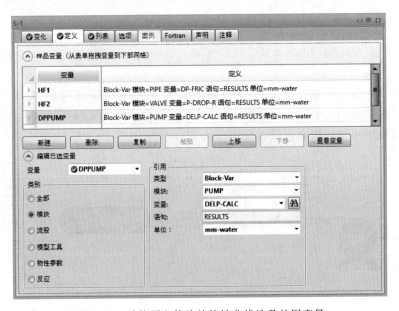

图 4.50　计算泵和管路的特性曲线涉及的因变量

泵和管路的特性曲线的表达式设置如图 4.51 所示。

⑨ 运行，利用灵敏度"S-1"的结果，作图得到泵和管路的特性曲线，操作点大约在 10000kg/h，72500mm 水柱，如图 4.52 所示。

图 4.51　泵和管路的特性曲线的表达式

⑩ 在"模块\VALVE\设置"的"作业"页面将阀门开度修改为 50%，运行后利用灵敏度结果作图，如图 4.53 所示。可以看出，增大阀开度后操作点流量大约为 11000kg/h，泵的扬程降低到 71000mm 水柱左右（图 4.52 中约 72500mm 水柱）。

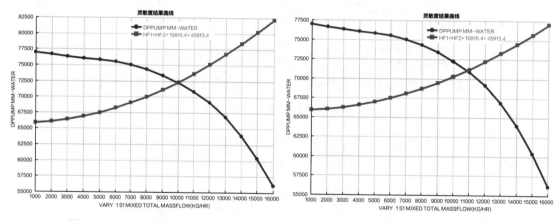

图 4.52　泵和管路的特性曲线　　　　　　图 4.53　调整阀门开度后的特性曲线

阀门开大后，假设流量还是 $10m^3/h$，则流股 S4 的压力会提高到 5.7bar，如图 4.54 所示，高于实际生产时的设备压力（5.5bar）。实际过程中，阀门流量会增大到图 4.53 中操作点的值，操作点的流量可以通过设计规范来计算。

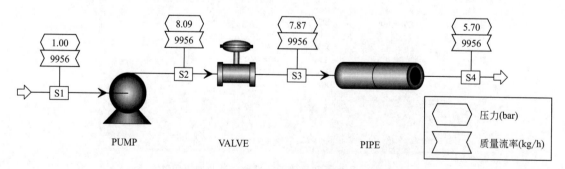

图 4.54　阀门开度为 50% 时各流股的压力

⑪ 阀开大后的操作点（流量）计算。

在"工艺流程选项\设计规范"新建设计规范"DS-1"，目标变量为出口流股 S4 的压力，如图 4.55 所示。

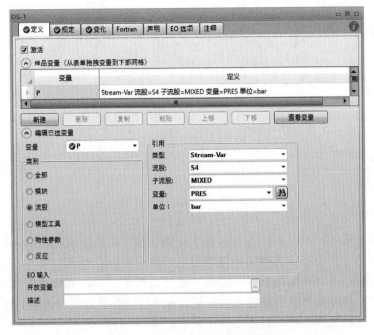

图 4.55　设计规范的目标变量设置

在"规定"页面设置目标变量"P"的目标值为 5.5，允许误差 0.01（或其他允许误差值）。

在"变化"页面将入口流股"S1"的流量设置为操纵变量，如图 4.56 所示。

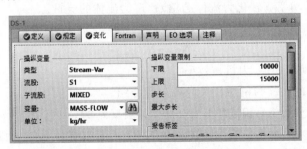

图 4.56　设计规范的操纵变量设置

⑫ 运行，得到流量和各流股的压力如图 4.57 所示，阀开度为 50% 时的质量流率为 10887kg/h。

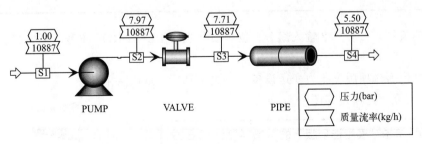

图 4.57　阀开度为 50% 时的流量和压力结果

如果指定流量求阀门的开度，同样可以用设计规范实现。

4.3.3 压缩机

压缩机用于气体的输送。计算与泵类似，但由于气体可压缩，体积变化大，式(4.2) 简化为

$$W_e = \int_{p_1}^{p_2} V \mathrm{d}p \tag{4.14}$$

式中，W_e 为按压头计算得到的功。假设压缩过程中气体满足

$$pV^n = 常数 \tag{4.15}$$

进行积分，得到

$$W_e = \frac{p_1 V_1}{(n-1)/n} \left[\left(\frac{p_2}{p_1} \right)^{(n-1)/n} - 1 \right] \tag{4.16}$$

式中，n 为压缩指数，$n = k = C_p/C_V$ 时为等熵压缩（绝热可逆压缩），$n=1$ 时为等温可逆压缩，多变压缩采用适当方法得到 n 值再进行计算。

实际压缩过程中，流体的内摩擦、湍流等使得过程不可逆，部分功转化为流体的内能，实际消耗的功高于按压头计算得到的功。压缩过程中的消耗功转化为流体的焓，压缩计算中以 W_e 占焓变 ΔH 的比例表示等熵或多变压缩的效率

$$\eta = W_e / \Delta H \tag{4.17}$$

式中，ΔH 为单位流体的焓变；η 为等熵或多变压缩的效率。

压缩机的指示功率为

$$N = F \Delta H \tag{4.18}$$

式中，N 为指示功率（转化为流体的焓）；F 为流体的流量。

压缩机的轴功率为

$$N_s = N / \eta_m \tag{4.19}$$

式中，N_s 为轴功率；η_m 为机械效率。

例 4.9 以裂解气的压缩为例对相关内容进行介绍。

【例 4.9】 裂解气预分馏后组成如表 4.2 所示，温度为 30℃、压力 1bar、流量 100t/h。采用单级压缩机加压到 20bar，压缩机的等熵效率为 0.72，机械效率为 0.9。计算压缩机的功率。物性方法使用 PENG-ROB 方程。

表 4.2　裂解气的组成

组分	氢气	甲烷	乙烯	乙烷	丙烯	1-丁烯	水
摩尔分数/%	34	4	32	24.8	1	0.7	3.5

① 新建模拟，按表 4.2 输入组分，物性方法选择 PENG-ROB 方程，载入二元交互作用参数。

② 在"模型选项版\压力变送设备"分类下选择"Compr"，建立工艺流程如图 4.58 所示。

> **提示:**单击"模型选项版"的"物料"流股右方箭头，可以选择"功"流股，为压缩机设置输入和输出的功。

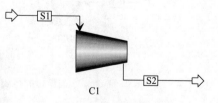

图 4.58　压缩机的工艺流程

③ 在"流股\S1"输入进料的参数,如图4.59所示。

图4.59 待压缩流股的参数

④ 在"模块\C1\设置",按已知条件设置压缩机的参数,如图4.60所示。等熵效率的默认值为0.72,不填写也可以得到相同的结果;如果等熵效率是其他值必须填写。

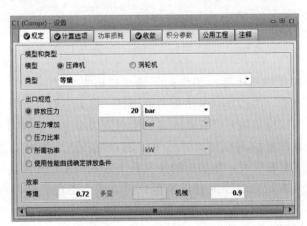

图4.60 压缩机的参数

> 提示:"类型"还可以选择"多变""容积"等;"模型"选择"涡轮机"可利用高压流体的膨胀对外做功。

⑤ 运行,压缩机计算的主要结果如图4.61所示。指示功率(指示马力)为20168kW,轴功率(制动马力)和净功要求为22408.9kW,功率损耗为2240.89kW(机械效率0.9,损失0.1)。如果在第②步设置了功流股,净功要求为轴功率(制动马力)加上输入功。

> 提示:泵输送过程需要避免汽蚀,压缩机输送过程需要避免产生液相。如果入口流股或压缩过程中产生液相,例如将进料流股中水的摩尔分率增大到4%(降低任意其他组分分率),将警告"FEED STREAM IS BELOW DEW POINT"(进料在露点以下)。

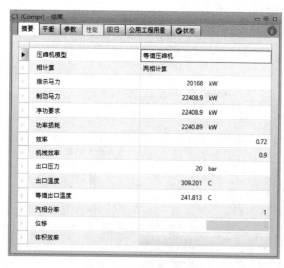

图 4.61　压缩机的计算结果

由图 4.61 还可看出，"出口温度"高于"等熵出口温度"，这是因为过程不可逆（等熵效率低于 1），消耗的功（转化为流体的焓）比绝热可逆过程高。等熵效率为 1 时"出口温度"等于"等熵出口温度"。

此外，由 1bar 单级压缩到 20bar，出口温度高达 309.2℃，用于实际裂解气压缩时会增加压缩机的功耗，加速二烯烃等组分的聚合，高温也对压缩机的材料提出了更高的要求。实际生产中压缩机的出口温度一般在 100℃ 以下，压缩比较高时一般使用多级压缩，级间降温的方法来实现，相关内容在第 6 章进行介绍。

本章总结

Aspen Plus 软件根据物料衡算、能量衡算和能量损失公式进行管线、阀门、泵和压缩机等流体输送模块的计算，并初步判断结果的合理性，结果不符合实际生产中的逻辑时给出错误提示。例如，管内（设备内）任意点流体的绝对压力小于零，阀门的出口压力高于入口压力等情况。用户设置的参数不合理或者结果可能对生产产生影响时会给出警告提示。例如，阀门出口压力低于阻塞压力，压缩机的流股低于露点温度，等温输送过程中可能出现两相的单组分，设计规范在给定的操纵变量范围内没有解（不能达到目标变量的目标值）等情况。

流体输送过程模拟需要用户掌握相关理论知识及一定的工程应用经验，研究流体输送过程的相关规律时尤其需要扎实的理论知识。例如，不同流体在管内的经济流速不同，需要根据经济流速确定管径；弯头等管件会增加流动阻力，管线布置既要缩短当量长度，但也需要考虑安全要求、施工和操作的便捷性等因素；流体输送过程可通过调整管路或泵的特性曲线来控制；节流膨胀和可逆膨胀的理论知识等。

习题

4.1　毫秒炉的炉管内径 25mm，长 10m，丙烷流量为 110kg/h，由上向下流经炉管并发生裂解反应，温度保持在 900℃，炉管的出口压力为 1bar。物性方法选择 PENG-ROB。

（1）假设不发生反应，入口压力为_____bar（提示：在管段的高级设置里，由出口压力计算入口压力，或使用设计规范进行求解）。

（2）假设在入口处已经完全转化生成甲烷和乙烯，入口压力又是_____bar。

（3）为什么质量流量相同，压降相差很大？

4.2 管内径为 20mm 时，闸阀的当量长度为_____m，90°弯头的当量长度为_____m，齐平管入口（$R/D=0.04$）的当量长度为_____m。

4.3 利用内径为 50mm，长度 60m 的管线将 1bar、30℃的水输送到 15m 高的设备入口，设备压力为 12bar，输水量为 $8m^3/h$，管线上有一个阀门。泵的效率为 0.8，电机的效率为 0.9。物性方法选择 IAPWS-95。

（1）完成如下流程图，对泵、管线和阀门进行设定，合理设置阀门或泵的参数，使出口压力为 12bar，阀压降不要太大，没有警告。将压力（bar，两位小数）、质量流量（kg/h，1 位小数）显示在流程图上。

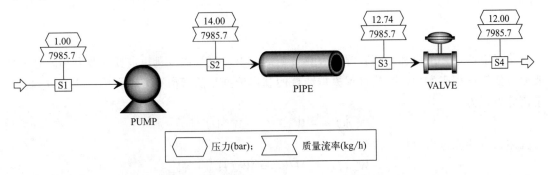

（2）查看泵、管线和阀门的计算结果。

（3）按步骤（1）设定的泵、管段和阀门参数，最大允许流量是_____m^3/h？（提示：以流股"S3"压力或管段出口压力略大于 12bar，流量为操纵参数进行设计规范。思考为什么目标值要略大于 12bar。）

（4）删除设计规范（或去掉设计规范因变量定义页面"激活"前面的对号），在 0.1~1 倍最大流量范围内，用灵敏度分析泵的有效功率（FLUID-POWER）、流量管线的摩擦压降（DP-FRIC）和阀的压降（P-DROP-R）随流量的变化，结果作图，将图的尺寸、坐标信息等调到合适大小。思考为什么是这样的规律。

4.4 对比将 100℃、5bar 条件下空气绝热可逆膨胀到 1bar 和绝热节流膨胀到 1bar，出口状态的差异。

（1）物性方法选择 IDEAL。

（2）物性方法选择 PENG-ROB。

> 提示 1：组分输入时，空气可直接输入 AIR；绝热可逆膨胀的模块选择"Compr"，设置参数时"模型和类型"选择"涡轮机"，等熵效率设置为 1；绝热可逆膨胀的模块选择"Valve"；设置入口流股参数时，流量可任意设定。
>
> 提示 2：物性方法选择 IDEAL 时，绝热可逆膨胀出口温度降至 −37.9℃，绝热节流膨胀出口温度保持 100℃。
>
> 提示 3：物性方法选择 PENG-ROB 时，绝热节流膨胀出口温度略微降低到 99.29℃。

第5章
换热过程模拟

化工生产中，反应和分离有温度和热负荷的要求，热量或冷量也需要回收利用，这些需要通过换热过程来实现。换热过程模拟计算的基本依据是热量衡算方程和传热速率方程。热量衡算方程为

$$dQ = -W_h dH_h = W_c dH_c \tag{5.1}$$

由流体入口到流体出口积分得到

$$Q = W_h(H_{h1} - H_{h2}) = W_c(H_{c2} - H_{c1}) \tag{5.2}$$

式中，Q 为换热过程中传递的总热量；W_h 和 W_c 为热流体和冷流体的流量；H_h 和 H_c 为单位热流体和冷流体的焓值；1 和 2 表示入口和出口处流体的状态。

传热速率方程为

$$dQ = K(T - t)dS \tag{5.3}$$

式中，K 为总传热系数，是换热器材料、结构、换热流股性质及流量等参数的函数；T 和 t 为热流体和冷流体的温度；S 为传热面积。在逆流或并流传热过程中，假设 K 为常数，T-Q 和 t-Q 为直线，积分可得

$$Q = KS\Delta t_m \tag{5.4}$$

式中，Δt_m 为对数平均传热温差。错流、折流等过程需要对 Δt_m 进行修正。

式(5.1)～式(5.4) 是换热过程模拟的基本方程，根据已知条件和求解目标的不同，可以完成热负荷计算、换热面积计算、换热器结构设计以及模拟换热效果等设计、核算和模拟任务。

5.1 热负荷

Aspen Plus 根据式(5.2)，使用 Heater 模块完成物料加热和冷却过程的热量衡算。即已知流股流量及入口、出口的状态，计算热负荷；或已知热负荷、流股的入口状态和流量，计

算出口状态。例 5.1 介绍此类计算，并通过灵敏度分析对比潜热和显热。

【例 5.1】丙烯塔塔顶汽相摩尔分率为乙烷 0.2%、丙烯 99%、丙烷 0.8%，压力 20bar，流量 3000kmol/h，忽略换热器的压降，将 90% 汽相冷凝、全凝及换热到过冷 5℃ 分别需要移出多少热量？以换热器出口温度为操纵变量进行灵敏度分析，温度范围 47~50℃，获得移热量随温度的变化关系。物性方法选择 PENG-ROB 方程。

① 新建模拟，输入组分乙烷、丙烯和丙烷，物性方法选择 PENG-ROB，载入默认的二元交互作用参数。

② 在"模型选项版\换热器"分类选择"Heater"，在"主工艺流程"完成工艺流程，如图 5.1 所示。

③ 在"流股\S1"设定入口流股压力 20bar，汽相分率 1（塔顶汽相蕴含了饱和汽相这个条件），摩尔流量 3000kmol/h，摩尔分率：乙烷 0.2%、丙烯 99%、丙烷 0.8%。

图 5.1　换热器（Heater）的
工艺流程

④ 在"模块\E1"设置换热器的压降为 0（正值表示实际出口压力，0 或负值表示压降），出口汽相分率为 0.1（90% 冷凝为液体），如图 5.2 所示。

图 5.2　换热器（Heater）的参数设置

提示 1：换热器出口温度、压力和汽相分率三个物理量中的两个已知时，出口状态是确定的，可以由式（5.2）计算换热器的热负荷；

提示 2：温度、压力和汽相分率三个物理量中的一个及换热器的热负荷已知时，可以由式（5.2）计算出口流股的状态；

提示 3：温度可以是出口温度、温度变化（出入口的温差）、出口的过热度（比饱和汽相高多少度）或出口的过冷度（比饱和液相低多少度）；

提示 4：压力可以是出口压力（0 或负值表示压降）或压降关联式的系数。

---

⑤ 运行，换热器主要结果如图 5.3 所示。热负荷为正时表示加热的热负荷，为负时表示移热的热负荷。本例出口降温到 48.5943℃（入口温度为 48.669℃，见流股"S1"的结果），需要移出 32.0489GJ/h 的热量。

⑥ 在"平衡"页面（图 5.4），可以看到出口和入口流股的焓分别为 22.8604GJ/h 和 54.9093GJ/h，二者之差为换热器的热负荷−32.0489GJ/h。

图 5.3　换热器的计算结果

图 5.4　换热器的物料和能量平衡

⑦ 将出口汽相分率降到 0（在图 5.2 中设置），出口降温到饱和液相温度 48.5757℃，移出 35.612GJ/h 的热量；出口过冷度设置为 5℃（图 5.2 中"汽相分率"修改为"过冷度"再设置），出口降温到 43.5757℃（比饱和液相低 5℃），移出 37.6556GJ/h 的热量。可以看出，将饱和汽相冷凝为饱和液相的温差很小 [48.669−48.5757=0.0933(℃)]，但热负荷很大（35.612GJ/h）；饱和液相进一步降温 5℃的热负荷不大 [37.6556−35.612=2.0436(GJ/h)]。

⑧ 在"模型分析工具 \ 灵敏度"新建灵敏度分析"S-1"，操纵变量为换热器"E1"的出口温度，47~50℃，数据点可适当多取，如图 5.5 所示；因变量为换热器"E1"的热负荷，如图 5.6 所示；在"列表"页面填写定义的因变量"Q"。

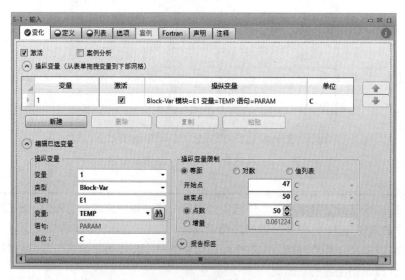

图 5.5　操纵变量换热器的出口温度

> 提示：换热器的参数"DUTY"和"QCALC"不一样。"DUTY"是指定的热负荷，用于计算出口参数，可以设置为操纵变量（自变量），不能设置为样品变量（因变量）；"QCALC"是已知出口参数，计算得到的换热器热负荷，可以设置为样品变量（因变量），不能设置为操纵变量（自变量）。

图 5.6　样品变量换热器的热负荷

⑨ 运行，提示"处理输入规范时遇到错误"，具体内容为"ERROR WHILE CHECK-ING INPUT SPECIFICATIONS FOR VARIED VARIABLE IN SENSITIVITY BLOCK：'S-1'. THIS VARIABLE IS NOT SPECIFIED IN THE BLOCK. YOU CAN PROVIDE AN INITIAL VALUE IN THE BLOCK OR USE ANOTHER VARIABLE. VARY SEN-TENCE NUMBER 1"。这是由于灵敏度分析的操纵变量必须是输入已知数据时选择的物理量。前面计算中，"E1"选择的物理量是"汽相分率"或"过冷度"，与操纵变量"温度（出口温度）"不一致，因此出错。

在"模块＼E1"将换热器的已知参数换成温度和压力，温度设置为 47～50℃间的任意值（也可在这个范围外），重新运行。

⑩ 灵敏度分析结果作图如图 5.7 所示。48.5757℃以下的液相和 48.669℃以上的汽相为显热，热负荷随温度变化很小；48.5757～48.669℃区间为汽化潜热，热负荷在这个温度范围内很大。

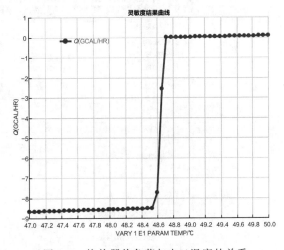

图 5.7　换热器热负荷与出口温度的关系

5.2　公用工程

化工生产中，通用的加热、冷却介质一般全厂统一提供，被称作公用工程（Utilities），用来提供和移出热量。常用的公用工程有不同压力的蒸汽（放热冷凝成液态水，用于加热；吸热汽化生成蒸汽，用于移热）、不同温度的制冷剂、冷却水、空气、加热炉和电等。Aspen

Plus 可以计算公用工程的用量、成本、碳排放等。公用工程同样使用 Heater 模块进行计算，例 5.2 和例 5.3 介绍公用工程相关知识。

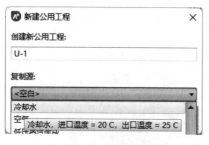

图 5.8　新建公用工程

【例 5.2】例 5.1 中，丙烯塔塔顶物料冷凝的温度在 48.6℃ 附近，公用工程可提供入口温度 30℃，出口温度 35℃ 的冷却水，计算将 90% 的丙烯冷凝时公用工程的用量。

① 参考例 5.1 新建模拟，输入组分，选择物性方法，建立工艺流程，输入进料流股和换热器的参数，换热器出口汽相分率为 0.1。

② 在导航栏"公用工程"新建公用工程"U-1"，界面如图 5.8 所示，复制源选择"冷却水"。由于组分中没有水，Aspen Plus 提示向组分列表中添加水，选择"是"。

> 提示：如果数据库中有水和其他组分的二元交互作用参数，需要在"物性"环境下导入二元交互作用参数。

③ 公用工程的参数如图 5.9 所示。公用工程的"加热/冷却值"用于热量衡算中计算公用工程的用量；"公用工程成本"是单价，乘以用量或热负荷得到公用工程的总成本，是换热网络优化的重要参数。

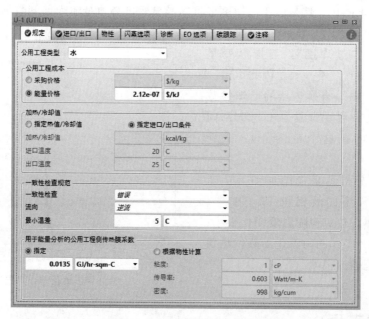

图 5.9　公用工程"U-1"的参数

由于可获得的冷却水参数与系统自带的进口/出口温度不同，在"进口/出口"页面进行调整（图 5.10）。压力可以修改，也可以保留原来的 1atm。

二氧化碳排放已成为化工生产中关注的热点，可以在"碳跟踪"页面设置二氧化碳排放量的计算方法。

④ 在"模块 \ E1 \ 输入"的"公用工程"页面将"U-1"设置为换热器"E1"的公用

图 5.10　修改公用工程的进口/出口参数

工程，如图 5.11 所示。

⑤ 运行，在"模块 \ E1 \ 结果"列出了换热器"E1"的公用工程用量，在"公用工程 \ U-1 \ 结果"列出了公用工程"U-1"的总体使用情况，后者如图 5.12 所示。可以看出，完成此换热任务需要 1536t/h 的冷却水。

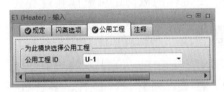

图 5.11　公用工程设置

图 5.12　公用工程"U-1"的使用情况

> **提示 1:**对降温（移热）过程，必须使用冷公用工程（入口温度比出口温度低），且逆流时公用工程出口温度比待降温物料的入口温度低，并流时公用工程出口温度比待降温物料的出口温度低，否则将出现错误。例如，本例将"低压蒸汽生成"设为公用工程将出现错误。
>
> **提示 2:**压缩机、闪蒸罐、反应器等有热负荷的模块也同样可以设置公用工程。
>
> **提示 3：**Heater 模块只进行换热负荷计算，不计算换热器的面积、传热系数等结构参数。
>
> **提示 4:**换热网络优化使用 Heater 模块的计算结果即可（见第 9 章）。

5.3　换热器设计、校核及模拟

换热器设计是根据换热任务的要求，设计换热器的结构和尺寸，核算总传热系数 K 和传热面积 S，核算换热器是否能完成换热任务以及模拟实际换热效果的过程。

5.3.1 简捷法

冷、热流体进口状态及换热任务明确，用户能够给出总传热系数时，可以用简捷法设计、核算和模拟换热器。例 5.3～例 5.5 分别介绍换热器的简捷法设计、核算和模拟。

【例 5.3】例 5.1 的丙烯塔塔顶汽相冷凝过程（90％冷凝为液相）采用 30℃ 的冷却水进行换热，水的流量为 1000t/h。换热器的总传热系数为 1kW/(m² · K)，冷、热流股逆流流动，忽略换热器的压降，计算换热面积等参数。假设水流量只有 400t/h，是否能够完成换热任务？丙烯流股的物性方法选择 PENG-ROB 方程，水的物性方法用 IAPWS-95。

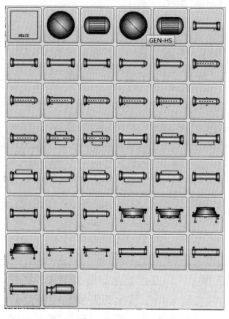

图 5.13　两股流体换热器的类型

① 新建模拟，输入组分乙烷、丙烯、丙烷和水，物性方法选择 PENG-ROB 方程（在此可先不选 IAPWS-95），载入默认的二元交互作用参数。

② 建立流程。在"模型选项版 \ 换热器"的"HeatX"分类下提供了两流股换热器的不同形式，如图 5.13 所示。每个形式规定了冷、热流股的出入口，冷、热流体的流向，热流体在管程还是壳程等参数。鼠标在换热器上停留可得到提示信息，如"GEN-HS""E-HT-1CN""F-HT-2CO"等。"GEN""E""F"等表示换热器的类型，包括常规、浮头、列管、U 形管、多管程、强制空冷等类型；"HS"和"HT"分别表示热流体走壳程和热流体走管程，设置流股参数时不能错误，不能在后续换热器参数设置中进行修改；CN 和 CO 分别表示逆流和并流，实际模拟中默认为逆流，可修改为并流、多壳程、多管程等。

本例热流股是 20bar、48℃ 左右的饱和汽相，冷流股为冷却水。热流股压力不是太高，走壳程有利于冷凝液的排出，外壳也能起到换热的作用，因此可选择热流股走壳程。选择"GEN-HS"在"主工艺流程"画一个换热器"E1"，如图 5.14 所示。"E1"的四个流股分别是冷流股入口、热流股入口、冷流股出口和热流股出口。

按图 5.15 连接流程，为避免流股参数设置错误，用 HOT-IN、HOT-OUT、COLD-IN 和 COLD-OUT 表示入口热流股、出口热流股、入口冷流股和出口冷流股。

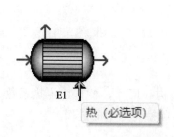

图 5.14　GEN-HS 换热器的流股

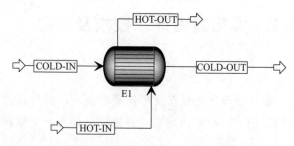

图 5.15　换热器（HeatX）的工艺流程

③ 设置流股参数。在"流股 \ HOT-IN"设定热流股参数 20bar，汽相分率 1（饱和汽相），摩尔流量 3000kmol/h，摩尔组成乙烷 0.2%、丙烯 99%、丙烷 0.8%；在"流股 \ COLD-IN"设定冷流股为 30℃、3bar、1000t/h 的水。

> 提示：如果热流股和冷流股入口连接反了，得到错误提示"'COLD' STREAM IS HOTTER THAN 'HOT' STREAM. BLOCK BYPASSED"，这是因为冷流股温度比热流股高了，换热模块不会进行计算，出口流股参数与入口相同。

④ 设置换热器参数。

在"模块 \ E1 \ 设置"的"规定"页面设置换热器的结构、流体流向及热量衡算的已知条件，如图 5.16 所示。

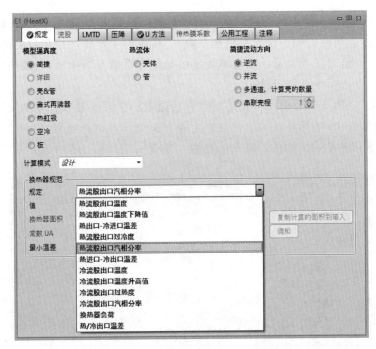

图 5.16　换热器（HeatX）的参数设置

模型逼真度（Model fidelity，翻译为"模型类别"或"模拟精度"更合适）：使用简捷法进行计算或选择具体的换热器类型进行设计模拟。可以先按简捷法大致计算换热面积，再转换为具体类型的换热器。本例选择简捷法。

热流体：热流体走管程还是壳程，在第②步已经确定，在这里选择无效。

简捷流动方向：逆流或并流等，影响传热温差计算结果。

设计模式：设计、核算、模拟或最大污垢计算，本例选择设计。

换热器规范：已知的换热参数。"规定"是利用式（5.2）进行热量衡算的参数选择，可以是热流股出口参数、冷流体出口参数、换热器热负荷及冷热流体出口温差；"换热器面积"和"常数 UA（总传热系数乘以传热面积）"用于简捷法的核算和模拟。本例在"规定"选择热流股出口汽相分率，并将数值设为 0.1。

在"U 方法"页面设置换热器的总传热系数，如图 5.17 所示。

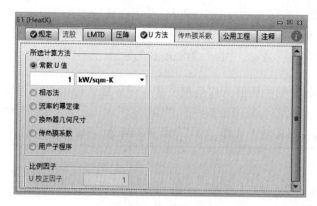

图 5.17　换热器的总传热系数

"常数 U 值"是将换热器的总传热系数看作常数,根据已知条件设置为 $1kW/(m^2 \cdot K)$;"相态法"根据冷、热侧的相态设定总传热系数;"流率的幂定律"按流量的幂指数函数计算总传热系数,需要给出参考流量、参考流量下的总传热系数及幂指数;"换热器的几何尺寸"和"传热膜系数"法用于详细设计。

在"LMTD""压降"等页面可设置对数传热温差、压降等参数,本例采用默认值。

⑤ 用 PENG-ROB 法计算水的物性会产生较大误差(可自行比较),可在"模块 \ E1 \ 模块选项"选择 IAPWS-95 方法计算水的物性(冷侧),如图 5.18 所示。

图 5.18　冷、热流股选择不同的物性方法

⑥ 运行,在"模块 \ E1 \ TQ 曲线""模块 \ E1 \ 热结果"等项目下可查看计算结果。

a. 换热器计算结果。"模块 \ E1 \ 热结果"的"摘要"页面是冷、热流体进口和出口情况,如图 5.19 所示。热流股汽相分率由 1 降到 0.1(已知条件),温度由 48.669℃ 降到 48.5934℃;冷流股温度由 30℃ 升到 37.6693℃,由于冷却水量比公用工程的少,温升增大了 2.7℃;换热器热负荷为 32.0489GJ/h,与例 5.1 计算结果一致。

换热器详细信息如图 5.20 所示,需要 $615.411m^2$ 换热面积来完成换热任务,对数平均传热温差为 14.4659℃。如果在第④步选择"并流",对数平均传热温差为 14.4523℃,面积要求为 $615.989m^2$,与逆流相差不大,这是因为热流股入口和出口温度基本相同。当冷、热流股的入口和出口温度相差都较大时,并流的对数平均温差会明显降低,换热面积增大。

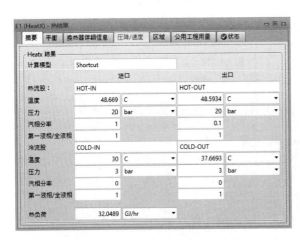

图 5.19　换热器流股参数及热负荷

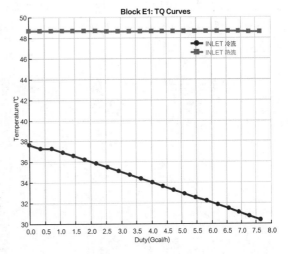

图 5.20　换热器详细信息

b. TQ 曲线。利用"模块 \ E1 \ TQ 曲线"的数据可做得 TQ 曲线,如图 5.21 所示。由于热流股是混合物,负荷全部是潜热,温度随换热的进行略有降低;冷流股是液相的水,热量为显热,温度明显升高。

⑦ 将流股"COLD-IN"的冷却水流量调整为 400t/h,将得到错误提示"TEMPERATURE CROSSOVER DETECTED, RE-CALCULATING WITH MINIMUM APPROACH TEMP. SPEC"。这是因为将 400t/h 的冷却水升温到 47.6℃(热流股温度减去最小传热温差),也不足将热流股冷凝 90%。Aspen Plus 将按最小传热温差计算实际换热情况。

图 5.21　TQ 曲线

【例 5.4】例 5.3 的换热任务,假设换热器的总传热系数为 1kW/($m^2 \cdot$ K),换热面积为 800m^2,换热面积有多大设计余量?

① 在例 5.3 的基础上,在"模块 \ E1 \ 设置"的"规定"页面将"计算模式"修改为"核算","换热器面积"设置为 800m^2(或在"常数 UA"输入 800kW/K),如图 5.22 所示。

② 运行,在"模块 \ E1 \ 热结果"的"换热器详细信息"页面,得到实际换热面积比要求换热面积高 30%,如图 5.23 所示,说明可以完成换热任务。如果换热面积小于 615.411m^2,则换热面积不够。

【例 5.5】假设例 5.3 的换热任务由总传热系数为 1kW/($m^2 \cdot$ K),换热面积为 800m^2 的换热器完成,计算冷、热流股的实际出口参数。

① 在例 5.4 的基础上，在"模块 \ E1 \ 设置"的"规定"页面将"计算模式"修改为"模拟"，此时规定的热量衡算参数（热流股出口汽相分率）无效，如图 5.24 所示。

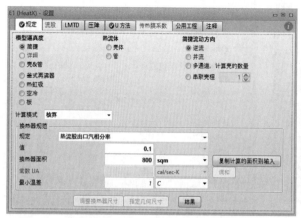

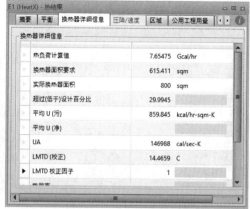

图 5.22　换热器核算参数设置　　　　图 5.23　换热器核算的结果

② 运行，在"模块 \ E1 \ 热结果"的"摘要"页面，得到流股的实际出口参数。热流股完全冷凝为液相（汽相分率为 0），并进一步降温到 46.0542℃，实际热负荷也增大，如图 5.25 所示。

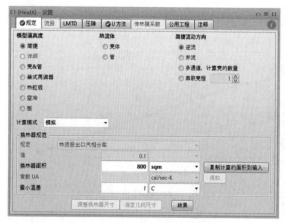

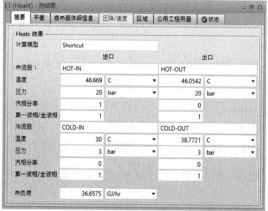

图 5.24　换热器模拟参数设置　　　　图 5.25　换热器模拟结果

由例 5.3 到例 5.5 可以看出，设计是已知换热任务，获得完成任务所需的设备参数；核算是换热任务明确并且有完成任务的设备，确定设备有多大的设计余量或者还差多少（确定能否完成任务）；模拟是用已有的设备去完成换热任务，确定实际换热的效果。换热器的详细设计、核算和模拟与此类似，只是换热面积、平均传热温差和总传热系数由更严格的数学模型进行计算。

简捷法不能进行最大污垢热阻计算。

5.3.2　换热器详细设计、核算和模拟

简捷法计算中，总传热系数根据经验或实验数据给出，平均传热温差也是在逆流的基础

上进行校正，一般不能得到精度较高的结果。换热器的总传热系数和平均传热温差还可以根据换热器结构和换热器内流体流动状态计算得出。换热器详细设计是根据简捷法计算的初步结果，对换热器的结构、尺寸进行设计，计算换热面积、总传热系数、传热温差等参数，并结合实际换热任务进行核算和模拟。

【例 5.6】例 5.3 的换热任务用管壳式换热器完成，试对该换热器进行设计。

① 在例 5.3 第④步的基础上，在 "模块 \ E1 \ 设置" 的 "规定" 页面的 "模型逼真度" 选择 "壳 & 管"（Shell & Tube，翻译为 "管壳式换热器" 更合适），弹出如图 5.26 所示换热器转换窗口，可以利用简捷法的结果进一步设计换热器结构。

图 5.26　转换成换热器严格模型

选择 "调整换热器尺寸" 可以进入换热器设计界面，以互交模式进行换热器结构和尺寸参数的设计；选择 "指定传热器几何尺寸" 时，在 "模块 \ E1 \ EDR 浏览器" 将给出换热器的结构参数选项，用户可以直接进行换热器结构和尺寸设计；用户还可以选择已有的模板或导入已经在 Aspen EDR（Aspen Exchanger Design and Rating V12）软件设计好的换热器。本例选择 "调整换热器尺寸"。

② 单击 "转换"，进入 "EDR 尺寸计算控制台"。"Geometry" 页面为换热器的结构和尺寸参数，如图 5.27 所示。在 Location of hot fluid 将默认的热流体走管程修改为热流体走壳程。

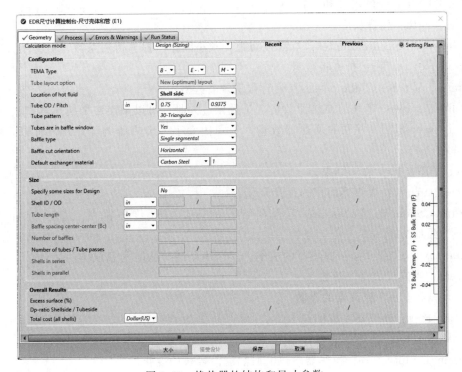

图 5.27　换热器的结构和尺寸参数

"Geometry"页面换热器结构和尺寸参数如下。

Calculation mode：计算类型。选择 Design（Sizing）进行换热器结构和尺寸设计，选择 Rating/Checking 进行换热器的核算，选择 Simulation 进行换热效果模拟，选择 Find Fouling 进行结垢热阻计算。

Configuration：对换热器结构参数进行设计。

TEMA Type：设计换热器的封头和壳程形式，含进出口的位置、连接方式等。

Location of hot fluid：设计热流体的流径。本例为热流体走壳程。

Tube OD/Pitch：设计管外径和管心距。根据国内标准，管外径可取 19mm 或 25mm，此处选默认值 19.05mm（0.75 英寸）；管心距随管子与管板的连接方法不同而异，通常胀管法取 1.3～1.5 倍管外径，且管外壁间距不小于 6mm，焊接法取 1.25 倍管外径，此处取 23.81mm（1.25×19.05，0.9375 英寸）。管心距影响壳程传热系数和壳程压降。

Tube pattern：设计管子在管板上的排列方式，包括管子与壳程流向的夹角。有 30°等腰三角形、60°等边三角形、90°正方形（直列）和 45°正方形（错列）。排列方式也影响壳程传热系数和管程压降。

Tubes are in baffle window：设计折流板缺口是否有换热管。

Baffle type：设计折流板的类型。

Baffle cut orientation：设计折流板的切口方向。

Default exchanger material：设计换热器的材料。

Size：对换热器的尺寸进行设计。

Specify some sizes for Design：选择是否指定部分尺寸。选择"Yes"可自主设置一些尺寸。

Shell ID/OD：壳的内径和外径。

Tube length：列管长度。

Baffle spacing center-center：折流板间距。减小间距可提高传热系数，但会增大压降。

Number of baffles：折流板数量。

Number of tubes/Tube passes：列管数量及管程数。

Shells in series：串联的换热器数量。长径比过大时，可以采用多个换热器串联。

Shells in parallel：并联的换热器数量。长径比太小（换热器太胖）时，可以采用多个换热器并联。

Overall Results：总体结果。

Excess surface：换热器面积的设计余量。

Dp-ratio Shellside/Tubeside：壳程和管程的压降与允许压降的比值。允许压降在"Process"页面设置。

Total cost（all shells）：换热器的成本。多个串联或并联时为总成本。

Recent：当前换热器的参数。

Previous：上一个换热器的参数。

Setting Plan：换热器主视图。

Tube Lay Out：换热器的列管布置。

Stream Temperature：换热器冷热流股温度沿管长的变化。

"Process"页面是换热任务及限制条件，包括进料状态、热负荷、允许压降和污垢热阻等，数据来源于简捷法，也可直接输入，如图 5.28 所示。

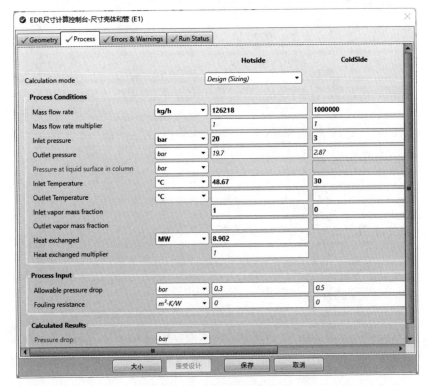

图 5.28　换热器的过程参数

③ 单击"大小"（Size，翻译为"尺寸设计"更合适），AspenPlus 按选择的换热器结构、已经指定的尺寸参数及换热任务，自动设计和优化的换热器尺寸，过程中出现优化进度窗口，如图 5.29 所示。

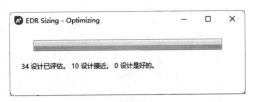

图 5.29　换热器尺寸优化过程

计算结束后，在"Run Status"页面可以查看 Aspen Plus 计算过的换热器尺寸及核算结果，如图 5.30 所示。本次一共计算了 113 个尺寸的换热器，其中 101 个进行了详细核算，11 个满足换热任务的要求（最后一列有 OK）。图 5.30 的参数从左到右为图 5.27 中"Size"和"Overall Results"的内径、管长等参数。符合要求的设计（OK）满足换热负荷，并且压降比允许压降小。

Aspen Plus 在符合要求的设计中推荐一个最佳设计，主要参数如图 5.31 所示。如果没有符合要求的换热器，"Geometry"页面不会有结果数据。当前尺寸换热器面积设计余量为 2%（需要进一步核算或模拟），壳程和管程的压降分别为最大允许压降的 0.9783 倍和 0.4479 倍，费用为 52.41 万元（按系统内部的成本核算数据计算）。

④ 单击"接受设计"，回到 Aspen Plus 主界面。"模块 \ E1 \ 设置 \ 规定"的计算模式转为"模拟"，可以模拟实际换热效果。

运行，有 1 个**警告**"A POSSIBLE VIBRATION PROBLEM HAS BEEN IDENTI-FIED"，提示换热器可能出现振动。

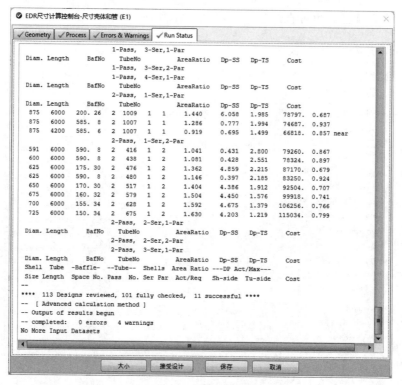

图 5.30 计算过的换热器尺寸

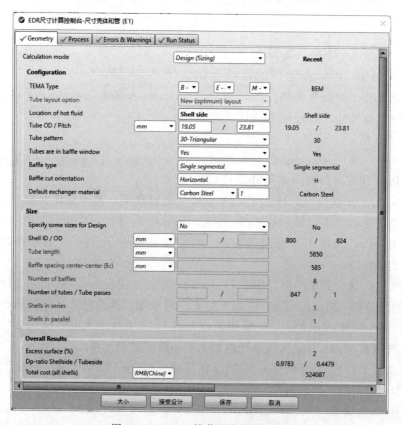

图 5.31 Aspen 推荐的换热器尺寸

⑤ 在"模块 \ E1 \ EDR 浏览器"可以查看详细的换热器设计参数及结果。其中"Results \ Thermal/Hydraulic Summary"是与传热和换热器流体力学有关的计算结果，在"Vibration & Resonance Analysis"查看流动不稳定和共振（Resonance Analysis 页面）的详细数据，如图 5.32 所示。1、2、4、5、6、8 是管的编号，这些管在换热器中的位置可在"Results \ Mechanical Summary \ Setting Plan & Tubesheet Layout"查看。可以看出，换热器入口、出口及折流板缺口位置容易产生流动不稳定和共振（Vibration 的参数值是"Possible"或"Yes"）。结合换热任务的特点，可能是因为壳程汽相体积流量大，流速快，部分冷凝后产生液相，因此在入口、出口、折流板缺口等流向和流速改变大的位置产生振动。由于冷凝液在换热器下部累积，在折流板底部附近汽液两相同时流动最容易引起流动不稳定和共振。

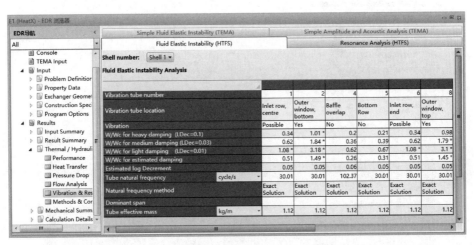

图 5.32　流动不稳定和共振的详细数据

⑥ 根据以上原因分析，在"模块 \ E1 \ 设置"单击"调整换热器尺寸"，使用"互动式调整大小"调整设计。

将壳体设置为 2 个入口和 1 个出口，如图 5.33 所示，可以减小入口附近大流速对列管的冲击。

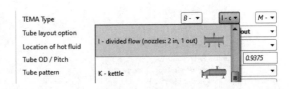

图 5.33　换热器壳体入口和出口设置

在 Location of hot fluid 设置热流体走壳程（Shell side）。

折流板类型选择弓形，如图 5.34 所示，可以减小通过折流板的流体对换热管的冲击。

折流板切口选择竖直方向（默认值），如图 5.35 所示，可以避免气液混合物共同从换热器底部通过时流动状态不稳定。

图 5.34　换热器折流板类型选择

图 5.35　换热器折流板的切口方向

前面的设计没有考虑换热器的污垢热阻（图 5.28，Fouling resistance 为 0），可以在

"Process" 页面将热流股和冷流股的污垢热阻都设为 0.00018（参考文献 ［4］ 的附表 17 水和石脑油的参考数据为 0.00017197），如图 5.36 所示。图中的允许压降为系统默认值。

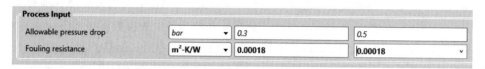

图 5.36 换热器热侧和冷侧的污垢热阻

单击"大小"，Aspen Plus 重新进行换热器结构设计及优化，结果如图 5.37 所示。

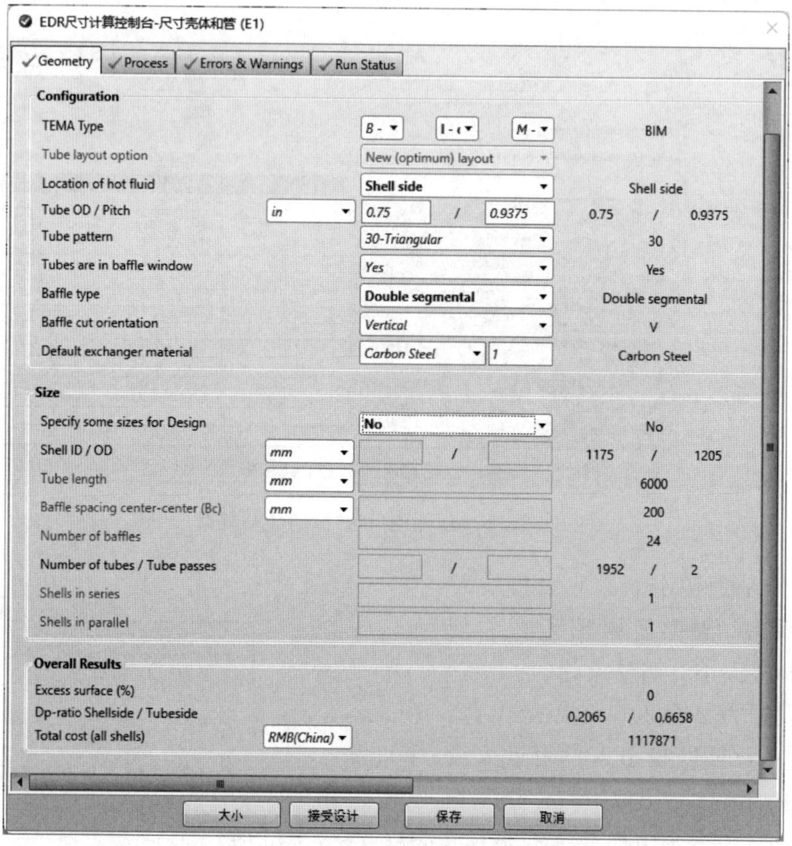

图 5.37 使用新的参数设计得到的换热器

当前设计的面积余量为 0%，换热器的设计余量通常在 10%～30%，有些不足。在 Run Status 页面（图 5.38）可看到壳内径 1250mm，列管长度 6000mm，折流板间距 200mm，24 块折流板，2 管程，无并联和串联的换热器设计余量为 10.9%（面积比 1.109）；另有内径 1225mm，列管长度 6000mm 的设计余量为 7.0%（面积比 1.07），可将这些参数输入到"Geometry"页面，如图 5.39 所示。

单击"大小"，然后单击"接受设计"回到 Aspen Plus 主界面。

> 提示：可以直接在"模块 \ E1 \ EDR 浏览器"输入合适的换热器结构和尺寸数据。

⑦ 运行，计算过程没有警告或错误，主要结果如下：

图 5.38　其他满足热负荷的换热器参数

"模块 \ E1 \ EDR 壳体和管结构"列出了管壳式换热器主要的参数。总体情况如图 5.40 所示，由于有设计余量，模拟得到热负荷为 34.35GJ/h，比需要的热负荷（32.05GJ/h，见图 5.20）大；总传热系数为 $0.8656kW/(m^2 \cdot K)$，低于简捷法假设的 $1kW/(m^2 \cdot K)$；实际换热面积 $783.786m^2$；对数平均传热温差 14.05℃，校正因子 0.998。

图 5.39　直接指定换热器的全部或部分尺寸参数

图 5.40　管壳式换热器"E1"的总体情况

"热"页面列出了管侧和壳侧的主要传热参数，如图 5.41 所示。平均金属温度涉及换热器的热补偿，温差和尺寸越大，需要的补偿也越大；管侧的热膜传热系数比壳侧的大得多，热阻比壳侧的小得多，进一步改进优先考虑提高壳侧的热膜传热系数，但实际应用中还需要考虑流动阻力等因素的影响。

管侧和壳侧的压降如图 5.42 所示。"设置计划""管页布局"和"分布图表"给出了换热器的主视图、列管布置图和温度沿换热器长度的变化。

⑧ 更详细的换热器的详细参数可在"模块 \ E1 \ EDR 浏览器"修改和查看。

EDR 导航主要项目的内容如下。

"Console（控制台）"：与图 5.31 相同，可以调整结构和尺寸参数。

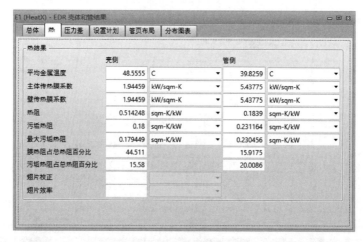

图 5.41 管壳式换热器 "E1" 管侧和壳侧的主要传热参数

图 5.42 管壳式换热器 "E1" 的压降

TEMA Input：换热器设计时输入的参数，是 Results \ Results Summary \ TEMASheet 的一部分。

Input：换热器设计过程中输入的详细数据。例如 Input \ Exchanger Geometry \ Shell/Heads/Flanges/Tubesheets 是壳/封头/密封法兰/管束的详细数据，如图 5.43 所示。

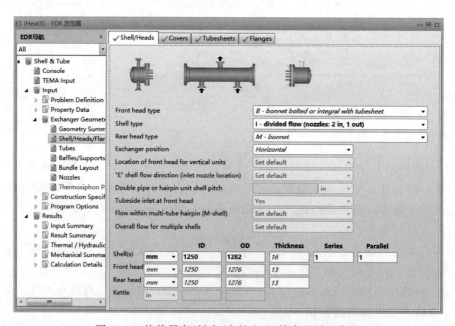

图 5.43 换热器壳/封头/密封法兰/管束的详细参数

Results \ Result Summary：结果汇总。TEMASheet 是换热器规格表，如图 5.44 所示；Overall Summary 是换热器参数明细表。

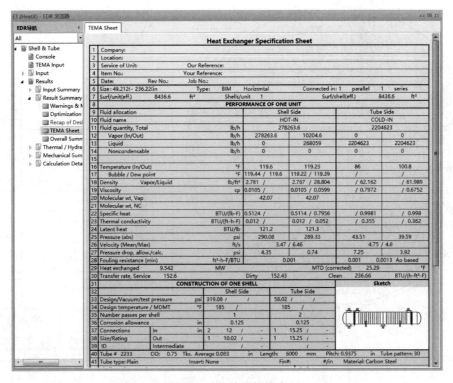

图 5.44　换热器规格表

Results \ Mechanical Summary 汇总了结构、尺寸、成本和重量数据。换热器主视图和列管布置图在 Setting Plan & Tube Layout，如图 5.45 和图 5.46 所示。

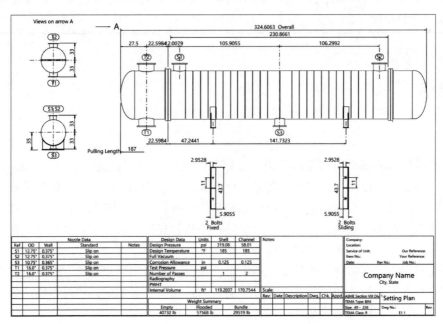

图 5.45　换热器的主视图及有关参数

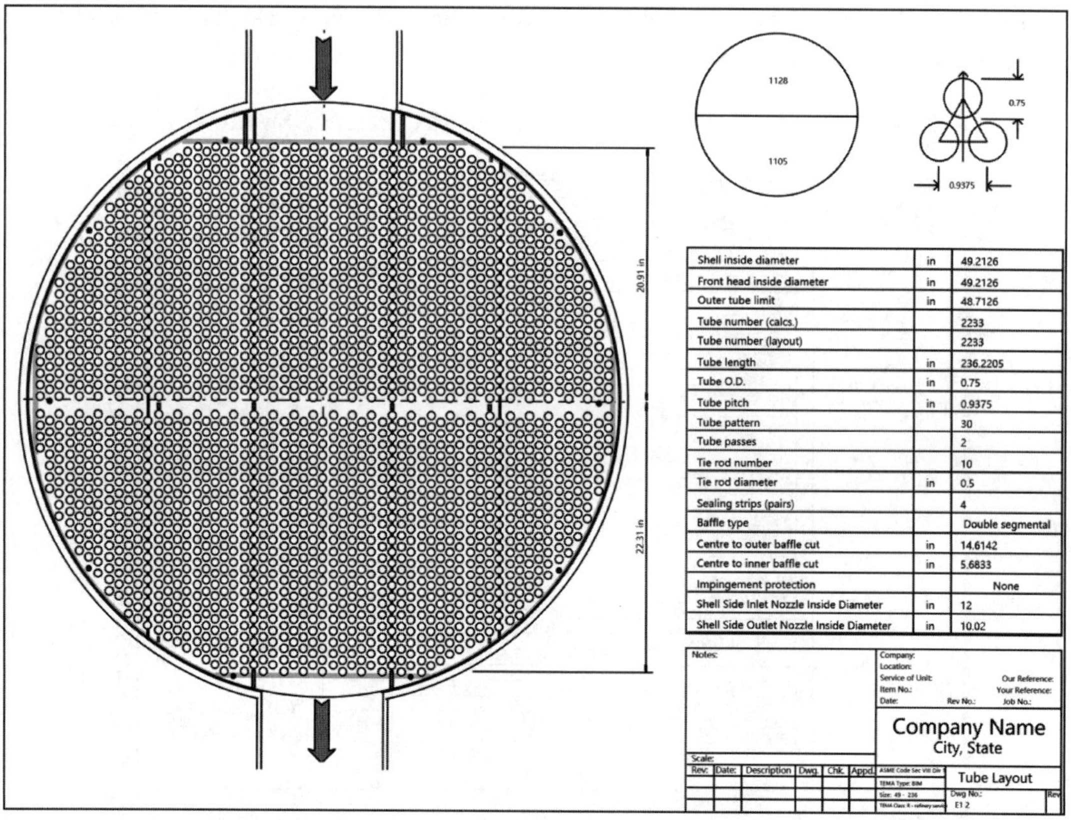
1128
1105
0.75
0.9375
20.91 in
22.31 in
Shell inside diameter in 49.2126
Front head inside diameter in 49.2126
Outer tube limit in 48.7126
Tube number (calcs.) 2233
Tube number (layout) 2233
Tube length in 236.2205
Tube O.D. in 0.75
Tube pitch in 0.9375
Tube pattern 30
Tube passes 2
Tie rod number 10
Tie rod diameter in 0.5
Sealing strips (pairs) 4
Baffle type Double segmental
Centre to outer baffle cut in 14.6142
Centre to inner baffle cut in 5.6833
Impingement protection None
Shell Side Inlet Nozzle Inside Diameter in 12
Shell Side Outlet Nozzle Inside Diameter in 10.02
Notes:
Company:
Location:
Service of Unit:
Our Reference:
Item No.:
Your Reference:
Date:
Rev No.:
Job No.:
Company Name
City, State
Scale:
Rev. Date: Description Dwg. Chk. Appd.
Tube Layout
Dwg No.:
E1 2

图 5.46　换热器的列管布置及有关参数

> **提示：**可以在“模块 \ E1 \ EDR 选项”设置“EDR 输入文件”，进行设计后，在文件保存目录自动生成“Aspen 文件名 . apwz! 换热名 . edr”文件，可双击打开并在 Aspen EDR 软件调整设计。

本章总结

换热过程模拟的基本依据是热量衡算方程和传热速率方程，应用 Aspen Plus 软件进行模拟计算实际上是根据这两类方程的已知量计算未知量。例如，已知物料的流量及入口、出口状态可计算热负荷，已知流量、入口状态和热负荷可计算出口状态，已知冷、热流股的流量、进口状态及换热器结构可计算换热效果等。换热过程计算结果应该满足冷流体出口温度低于热流体入口温度、热流体出口温度高于冷流体入口温度、换热器内流动阻力不能过大、流动不引起强的震动等实际生产情况，否则出现错误或警告。用户熟练掌握热量衡算方程和传热速率方程涉及的变量间的关系，熟悉换热器结构和特点，明确换热过程模拟的目的，才能正确设置换热过程模拟的参数，得到合理的计算结果。

习题

5.1 某生产装置需要将 5000kg/h、2bar 的苯从 80℃冷却到 45℃。

（1）用 Heater 模块计算换热器的热负荷。物性方法选择 PENG-ROB 方程。

（2）以上换热任务用冷却水作为公用工程移出，冷却水入口温度为 30℃，出口温度 40℃，计算冷却水的消耗量。

（3）用 HeatX 的简捷法进行苯和水换热器的设计。冷却水入口温度 30℃，流量与第（2）步公用工程计算得到的相同，压力自行合理设置。换热器的总传热系数为 0.65kW/(m²·K)，热流体苯走管程，忽略换热器压降。对比逆流和并流的对数平均温差、所需要的传热面积以及 TQ 曲线。水的物性方法选择 STEAM-TA。

（4）假设换热面积为 5m²，设计余量是多少？用于以上换热任务时，换热器的热负荷、水和苯的出口温度分别是多少？

（5）以上换热任务在管壳式换热器完成，查资料确定水和苯的污垢热阻，按设计余量 10%～15% 进行换热器详细设计。

5.2 丙烯塔塔底物料中丙烯的摩尔分率为 0.05，丙烷的摩尔分率为 0.95，压力为 20bar，该物料以 1000kmol/h 进入管壳式换热器，换热后 90% 汽化为蒸汽。对该换热器进行设计计算，物性方法选择 PENG-ROB 方程。

（1）用 Heater 模块计算换热器的热负荷。

（2）以上换热任务用低压蒸汽作为公用工程移出，低压蒸汽使用 Aspen Plus 的默认参数，计算低压蒸汽的消耗量。

（3）用 HeatX 的简捷法进行该换热器的设计。低压蒸汽使用 Aspen Plus 公用工程相同的入口参数，流量与第（2）步公用工程计算得到的相同。换热器的总传热系数为 1kW/(m²·K)，低压蒸汽走管程，忽略换热器压降。完成换热面积、换热温差等参数的计算。低压蒸汽的物性方法选择 STEAM-TA。

（4）按设计余量 10%～15% 进行换热器详细设计。

第6章
热功转换与节能

热和功是化工生产过程中的基本能量，二者可以相互转化。化工生产中，既有利用功转化为热的制冷循环、热泵，也有热转化为功的动力循环。并且，物料的状态变化可以通过不同的做功和换热途径实现，但不同途径功和热的消耗不同。本章介绍热功转换及化工生产过程中节能相关的模拟。

6.1 压缩制冷循环

利用压缩制冷循环可获得低温冷量，用于裂解气分离、天然气分离等低温过程；利用热泵（本质上也是压缩制冷循环）可将低温热源的热量输送到高温热源，用于高温物料的加热。压缩制冷循环不仅用于化工生产，也广泛用于冰箱、空调等设备。例6.1介绍以丙烯为制冷剂，获得−40℃温度级的冷量，同时强化设计规范的使用；例6.2以丙烯和乙烯为制冷剂，介绍利用复叠制冷得到−100℃温度级的冷量。

【例6.1】假设丙烯在高温热源冷凝为40℃的饱和液相，压缩机的等熵效率为0.72（默认值），试以丙烯为制冷剂，利用压缩制冷循环获得−40℃温度级的冷量（在低温热源汽化为−40℃的饱和蒸汽），忽略换热器的流动阻力。计算：

（1）丙烯在制冷循环中的温度、压力和相态；

（2）若制冷功率为1000kW，估计丙烯的循环量；

（3）蒸发器、冷凝器的热负荷和压缩机的功率。物性方法选择PENG-ROB。

① 新建模拟，输入组分丙烯（CAS号115-07-1），物性方法选择PENG-ROB（也可选择制冷剂专用的物性方法REFPROP）。

② 进入模拟环境，在模型选项版的"换热器"分类选择"Heater"，"压力变送设备"分类选择"Compr"和"Valve"，根据压缩制冷过程的原理在"主工艺流程"完成工艺流程，如图6.1所示。C1为压缩机，E1为冷凝器，E2为蒸发器，V1为节流阀。

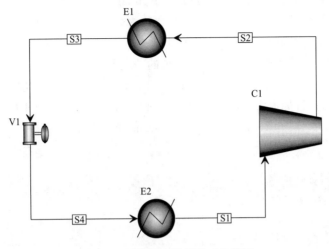

图 6.1　压缩制冷循环的工艺流程

③ 压缩机 C1 的类型选择绝热可逆（等熵），排放压力 16bar（或其他值），等熵效率为
0.72（默认值，可不用设置）；冷凝器 E1 温度设置为 40℃，汽相分率 0（饱和液体）；蒸发
器 E2 温度设置为 −40℃，汽相分率 1（饱和蒸汽）；节流阀 V1 绝热节流（指定出口压力下
的绝热闪蒸），出口 1.2bar 或其他相近压力；其他参数使用默认值。

④ 由于图 6.1 的流程是封闭的循环过程，没有进出的流股，Aspen Plus 提示所有输入
已完成。但是运行得到警告：THERE ARE NO INLET/OUT STREAMS TO THE
FLOWSHEET. FLOWSHEET CONVERGENCE PROBLEMS MAY RESULT；C1、E1、
E2 和 V1 有警告：ZERO FEED TO THE BLOCK.BLOCK BYPASSED。这是由于流股没
有流量。

⑤ 在合适流股给定流量，比如设置流股 S1 的流量为 100kg/h，温度为 −40℃，汽相分
率为 1。运行，得到各流股的温度和压力如图 6.2 所示。

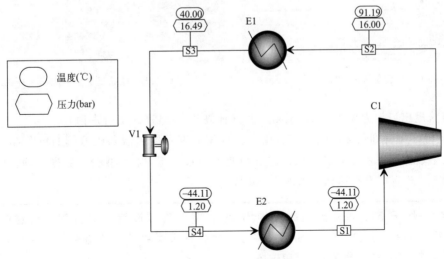

图 6.2　各流股的温度和压力

由图可以看出，S2 的压力低于 S3，S1 的温度并非 −40℃，这些数据与要求的条件不一

致。不一致的原因是指定的压缩机 C1 出口压力 16bar 不等于 40℃条件下的饱和丙烯压力，阀门 V1 的出口压力也不等于−40℃条件下的饱和丙烯压力。实际上，压缩机和节流阀的出口压力需要根据高温热源和低温热源的温度计算。

⑥ 可以用第 4 章介绍的设计规范确定合理的节流阀出口压力。

新建设计规范 DS1，将流股 S1 的温度设为目标变量 TS1（也可以是换热器 E2 的出口温度），如图 6.3 所示；目标值为−40℃，如图 6.4 所示；将节流阀 V1 的出口压力设置为操纵变量，范围可设为 1.2～2bar（根据图 6.2 结果应该高于 1.2bar，上限可更高些），如图 6.5 所示。

图 6.3 目标变量流股 S1 的温度 TS1

图 6.4 变量 TS1 的目标值

图 6.5 操纵变量节流阀出口压力

将压缩机出口压力设置为 16.5bar（或其他高于 16.49bar 的合理值）。

⑦ 运行，可得到各流股的温度、压力、汽相分率及换热器和压缩机的负荷如图 6.6 所示。由图中数据可以看出，各流股的温度与要求一致，压力和汽相分率数据合理。但是，制冷功率为 6.37kW，没有达到要求的 1000kW。

> **提示**：图 6.6 中功和热的单位均为 kW，需要在"设置 \ 单位集"新建单位集 "US-1"，复制源选择 METCBAR，并在"热"选项页中将"焓流量"的单位设置为 "kW"，将"US-1"设置为当前单位集。

将换热器 E2 的热负荷设置为目标变量，流股 S1 的质量流量设置为操纵变量，计算制

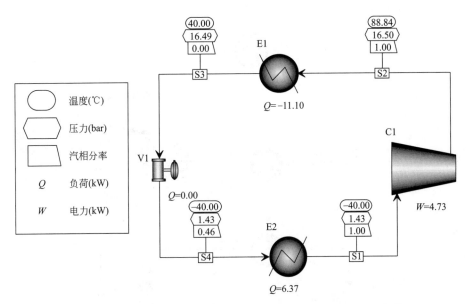

图 6.6　各流股的温度、压力和汽相分率及换热器和压缩机的负荷

冷功率为 1000kW 时的制冷剂循环量；或者将 S1 的质量流量直接设置为 $100 \times 1000/6.367 =$ 15706kg/h。运行可得到制冷功率为 1000kW 时 E1、E2 和 C1 负荷分别为 -1743kW、1000kW 和 743kW。

【例 6.2】丙烯和乙烯为制冷剂构成复叠制冷循环，丙烯制备循环的参数见例 6.1。假设丙烯蒸发器 E2 的冷量全部用于将 20bar 的乙烯冷凝为饱和液体，冷凝后的乙烯经过节流降压到 1.2bar。试建立流程图，计算各流股的参数及各设备的负荷。物性方法选择 PENG-ROB。

① 在例 6.1 的基础上，在物性环境增加组分乙烯，物性方法选择 PENG-ROB（也可选择制冷剂专用的物性方法 REFPROP）。

② 进入模拟环境，完成乙烯的压缩制冷循环，并利用"模型选项版"的热量流股（展开"物料"右侧的三角箭头），建立丙烯蒸发器 E2 和乙烯冷凝器 E3 间的能量流股（流股 S9），如图 6.7 所示。

> 提示：由于丙烯制冷循环的参数已经确定，乙烯制冷循环的参数还没有确定，热量流股 S9 的方向由 E2 指向 E3。

③ 根据已知条件，压缩机 C2 的排放压力可设置为 20bar，等熵效率使用默认值；由于冷凝器 E3 的热负荷来源于 E2，只需要设置一个参数，将压降设置为 0，如图 6.8 所示；节流阀 V2 出口 1.2bar；蒸发器 E4 压降设置为 0，汽相分率设置为 1；其他参数使用默认值。

④ 在任意流股设置乙烯制冷循环的流量，比如将流股 S5 的乙烯流量设置为 2000kg/h，温度设置为 0℃，压力设置为 1bar。

⑤ 运行，流股和设备的主要参数如图 6.9 所示。E3 和 V2 有错误，错误信息均为 "FLASH CALCULATION HAS DRIVEN THE TEMPERATURE DOWN TO THE LOWER LIMIT OF 52.0000 DEGREES K. BUT ENTHALPY BALANCE IS STILL NOT SATISFIED. HEAT DUTY SPECIFICATIONS MAY BE INFEASIBLE"。这是因为乙烯

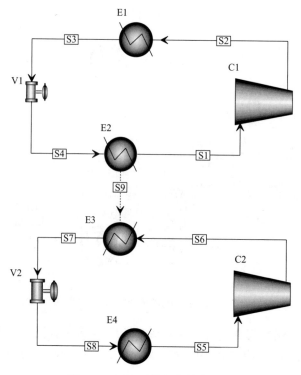

图 6.7　乙烯-丙烯复叠制冷循环

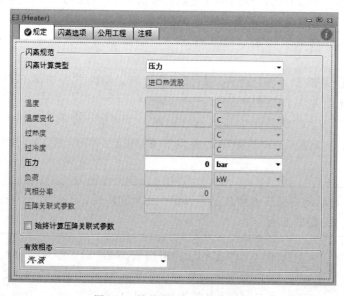

图 6.8　换热器 E3 的参数设置

制冷循环的流量较小，换热器 E3 的热负荷大（丙烯在 E2 汽化时吸收的热量全部由 E3 提供），按热量衡算，将 2000kg 乙烯降温到计算的下限温度 52K 依然不能满足热量衡算的要求。

> 提示：参考例 6.1 的提示设置单位集，使功和热的单位均为 kW，便于比较。

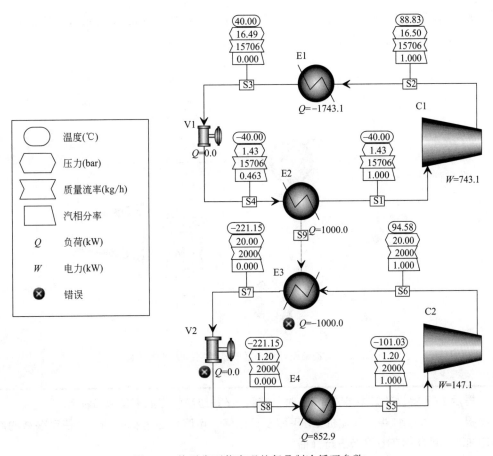

图 6.9　热平衡不能实现的复叠制冷循环参数

⑥ 将流股 S5 的乙烯流量提高到 10000kg/h，重新运行，乙烯制冷循环的参数如图 6.10 所示，结果无错误或警告。但是，冷凝器 E3 出口流股 S7 汽相分率为 0.581，大量乙烯以汽相形式循环，制冷效率低（消耗 735.5kW 的功才得到 264.5kW 的冷量）。

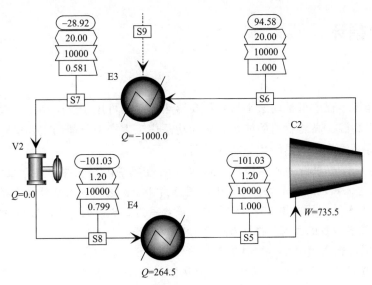

图 6.10　乙烯循环量过大时乙烯制冷循环的参数

⑦ 将乙烯循环量降到 6500kg/h，乙烯制冷循环的参数如图 6.11 所示。压缩机 C2 消耗
478kW 的功，蒸发器 E4 可提供 521.9kW 的冷量。

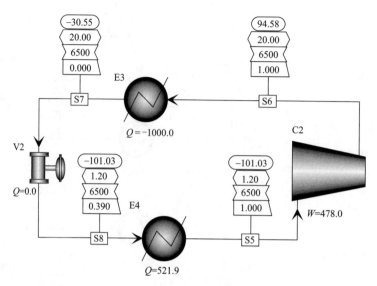

图 6.11　乙烯循环量合适时乙烯制冷循环的参数

> **提示 1**：乙烯循环量为 6500kg/h 时，流股 S7 是过冷状态而不是饱和液相。
>
> **提示 2**：图 6.11 中，压缩机 C2 采取多级压缩，可降低压缩机的功耗，使可获得的冷量增加。多级压缩在 6.3 节进行介绍。
>
> **提示 3**：以 E3 出口汽相分率为目标函数，乙烯的循环流量（流股 S5 的流量）为操纵变量，不能通过设计规范得到 E3 出口汽相分率为 0 的乙烯循环量。这可能是因为制冷循环为封闭的循环过程，其他流股在计算过程中赋初值后影响操纵变量值的调整。

6.2　动力循环

高压流体降压过程中可推动透平做功；高温热源的热可用于产生高压蒸汽，通过动力循环转换为功。将高温、高压物料的能量转化为功是化工生产中节能的重要措施。例 6.3 介绍利用兰金循环将高温热源的热转化为功的过程。

【例 6.3】50℃、2bar 的水用泵升压到 90bar，在锅炉内汽化并加热为 550℃ 的过热蒸汽，过热蒸汽进入蒸汽透平做功，透平出口压力为 2bar，乏汽进入冷凝器冷凝为 50℃ 的液态水。忽略锅炉和冷凝器的热负荷，透平的等熵效率为 0.8，泵的效率为 1，水的循环量为 1000kg/h。计算各设备的负荷。物性方法使用 IAPWS-95。

① 新建模拟，输入组分水，物性方法选择 IAPWS-95。

② 进入模拟环境，在模型选项版的"换热器"分类选择"Heater"，"压力变送设备"分类选择"Compr"（ICON3）和"Pump"，根据兰金循环的原理在"主工艺流程"完成工

艺流程，如图 6.12 所示。P1 为泵，E1 为锅炉，E2 为冷凝器，C1 为压缩机。

　　③ 将 S1 设置为 50℃、2bar、1000kg/h（温度和压力可设置为其他数据，不影响计算结果）；泵 P1 的排放压力设置为 90bar；换热器 E1 出口温度 550℃、压降 0bar；透平机 C1 模型选择为涡轮机，类型选择绝热可逆（等熵），排放压力 2bar，等熵效率设置为 0.8，如图 6.13 所示；冷凝器 E2 出口温度 50℃，压降 0bar。

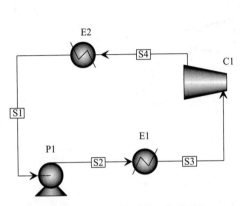

图 6.12　兰金循环的工艺流程

图 6.13　透平机 C1 的参数

　　④ 运行，结果如图 6.14 所示。透平机 C1 有错误，提示 "LIQUID PHASE EXISTS EITHER AT OUTLET CONDITIONS OR AT SOME INTERMEDIATE CONDITIONS. SPECIFY 'VALID PHASES' WHICH ALLOWS TWO OR THREE PHASES CALCU-LATION"。这是由于节流过程中部分蒸汽液化，实际操作中容易使透平损坏，缩短设备的寿命。

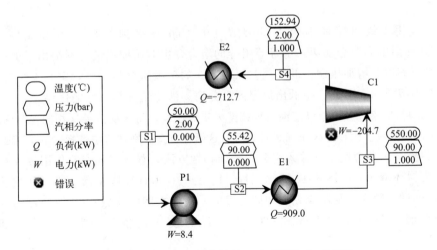

图 6.14　兰金循环的计算结果显示透平机 C1 有错误

　　可以在透平机 C1 设置的"收敛"选项页，将有效相态修改为"汽-液"，重新运行，结果如图 6.15 所示。可以看出，过程吸收 909kW 热量，消耗 8.4kW 功，产生 206.2kW 的功。热转化为功的效率为 21.8%。

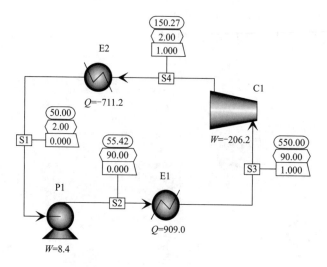

图 6.15　兰金循环的计算结果

在实际兰金循环中,可以通过提高过热程度,采用再热循环等手段提高热转化为功的效率。

6.3　多级压缩

例 4.9 利用单级压缩将 100t/h 的裂解气由 1bar 压缩到 20bar,出口温度升高到了 309.2℃。压缩后的高温会加速二烯烃等组分的聚合,也对压缩机的材料提出了更高的要求。并且,单级压缩也会增加压缩机的功耗。以例 4.9 的单级压缩为参照,例 6.4 介绍了多级压缩过程以及多级压缩在节能、降低出口温度、分离易液化组分等方面的优势。

【例 6.4】将例 4.9 的单级压缩过程调整为四级压缩,每级的压缩比相同,级间降温到 40℃并排出冷凝液。比较单级压缩和四级压缩这两种方案。物性方法选择 PENG-ROB 方程。

① 新建模拟,参考例 4.9 输入组分,选择物性方法,载入二元交互作用参数。

② 在模拟环境建立如图 6.16 所示流程。D1 为"模型选项版\操纵器"分类下的"Dupl"模块,可将一股物料复制成完全相同的多股,用于方案的比较;C1 为"压力变送设备"分类下的单级压缩模块"Compr";C2 为"压力变送设备"分类下的多级压缩模块"MCompr"。

③ 参考例 4.9,设置进料流股 S1 和单级压缩机 C1 的参数。

④ 设置多级压缩机 C2 的参数。

在"配置"页面设置压缩级数和排放条件,如图 6.17 所示。

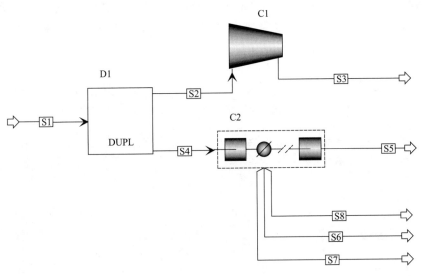

图 6.16　单级压缩和多级压缩比较的工艺流程

提示 1："塔板数"（Stage）翻译为"压缩级数"更合理。

提示 2："规范类型"如果选择"固定每级的排放条件"或"使用性能曲线确定排放条件"，需要在"规定"页面或"模块 \ C2 \ 性能曲线"进行相关参数设置。

提示 3：参考例 6.1 的提示设置单位集，使功和热的单位均为 kW，便于比较。

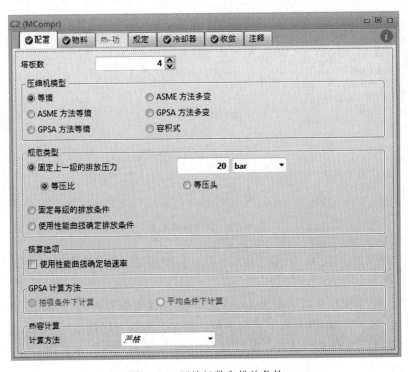

图 6.17　压缩级数和排放条件

在"物料"页面设置进料和产品流股的位置，级间冷凝液的相态可以是全液相、有机液相或自由水（有机液相或自由水需要在"收敛"页面合理设置有效相态），如图 6.18 所示。

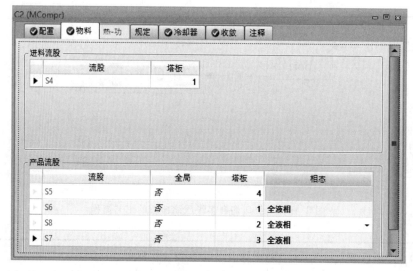

图 6.18　进料和产品流股的位置

在"冷却器"页面设置级间换热条件，第 1 级的换热条件必须设置，后面的默认与前面的换热条件相同，最后一级根据后续工艺可换热或不换热，本例设置为不换热（热负荷为 0），如图 6.19 所示。

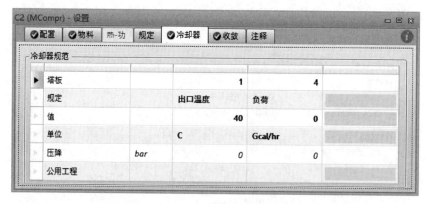

图 6.19　级间换热参数

⑤ 运行，将温度、压力、质量流量和压缩机的功率显示到工艺流程图，结果如图 6.20 所示。

可以看出：a. 四级压缩的功率为 16341kW，比单级压缩节省 27.1%；b. 四级压缩在级间可冷凝部分液相（共 2616kg/h），在裂解气后续工艺中，可降低分离净化的负荷；c. 每级的出口温度降低（第四级出口流股"S5"为 107℃，其他各级的参数如图 6.21 所示），有利于避免实际裂解气中二烯烃等组分的聚合，对压缩机材料的高温要求也降低了；d. 裂解气压缩后需要降温分离，多级压缩还能降低冷量的用量。

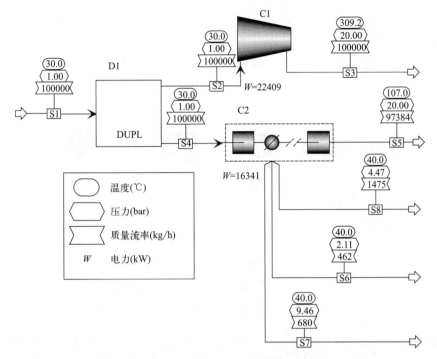

图 6.20 单级压缩和四级压缩对比

C2 (MCompr) - 结果

塔板	温度	压力	压力比率	指示马力	制动马力	产生的压头	体积流量	采用的效率
	C	bar		kW	kW	meter	cum/l	
1	95.7862	2.11474	2.11474	4076.39	4076.39	10774.3	130853	0.72
2	106.749	4.47214	2.11474	4173.72	4173.72	11082.7	63440.9	0.72
3	106.696	9.45742	2.11474	4084.01	4084.01	11007.6	29361.5	0.72
4	106.957	20	2.11474	4007	4007	10875.4	13620.7	0.72

图 6.21 四级压缩各级的参数

6.4 流体的换热和加压方案

换热和加压为反应和分离提供条件，已知始态和终态的换热和加压可以通过不同途径实现。但是，不同换热过程消耗的热和功的量不同。例 6.5 比较了液体物料两种不同加压和汽化方案的能耗。

【例 6.5】为使 20℃ 、1.2bar 的正戊烷达到 260℃ 、20bar 的异构化反应器入口条件，可以两种不同的方案：方案 1 先将原料加热汽化成饱和蒸汽，然后压缩到 20bar，最后换热到 260℃ ；方案 2 先用泵将正戊烷加压到 20bar，再加热到 260℃ 。试比较两种方案各设备的负荷，分析合理性。物性方法选择 PENG-ROB。

本例题根据第十四届全国大学生化工设计竞赛中参赛队伍所用的方案改编。

① 新建模拟，输入组分正戊烷（CAS号109-66-0），物性方法选择PENG-ROB。

② 进入模拟环境，在模型选项版的"换热器"分类选择"Heater"，"压力变送设备"分类选择"Pump"和"Compr"，"操纵器"分类选择"Dupl"，根据两种方案建立如图6.22所示流程。

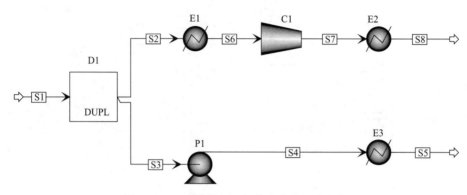

图6.22　正戊烷加压、加热汽化的两种方案

③ 设置流股S1为20℃、1.2bar、1000kg/h（或其他流量）；换热器E1出口汽相分率为1，压降为0；压缩机C1出口压力为20bar，等熵压缩，假设等熵效率可达到1，收敛页面的有效相态设置为"汽-液"；换热器E2出口温度260℃，压降为0；泵P1出口压力为20bar，泵的效率也取1；换热器E3出口温度260℃，压降为0；其他参数使用默认值。

④ 运行，主要参数如图6.23所示。

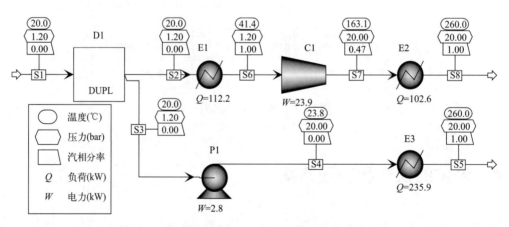

图6.23　正戊烷两种加压、加热汽化方案的计算结果

可以看出，方案1共消耗热214.8kW，消耗功23.9kW；方案2消耗热235.9kW，消耗功2.8kW；两种方案的热、功之和相等。方案1的功耗远高于方案2，如果考虑泵和压缩机的实际效率，方案1比方案2的功耗高得更多。功是比热高品位的能量，方案2比方案1合理。此外，方案1饱和蒸汽压缩过程中会产生液相，会影响过程的平稳进行甚至造成设备损坏。

本章总结

化工生产过程中，物料状态的变化必然伴随热和功的交换。并且，热和功可以相互转换，既可以利用压缩制冷循环消耗一定量的功获得低温条件，或将低温热源的热用于高温物料加热；也可以利用动力循环将高温热源的热转化为功。这些热功交换和转化过程都遵循热力学第一定律和热力学第二定律，掌握扎实的热力学理论知识和丰富的实践经验是设计节能的化工过程的基础。

① 根据 $\Delta H = Q + W_s$，由起点和终点确定物料状态变化过程的热和功之和为定值，增大过程的换热有利于减小功的消耗，或者有利于产生更多的功。

② 根据 $W_s = \int_{p_1}^{p_2} V \mathrm{d}p$，在物料体积较小的状态下加压有利于减小功的消耗。因此，易于液化时物料尽量以液相状态用泵进行输送；气相压缩过程在压缩前应该适当降温；压缩比较大时可以分段压缩并在段间降温。

③ 物料温度或压力降低的过程中，应该合理组织能量的梯次利用，减少熵产生，避免能量的无偿降级。

习题

6.1 冰箱的制冷循环与例 6.1 相同，传统上采用 R12（二氯二氟乙烷，CAS：75-71-8）为制冷剂，目前多使用 R600a（异丁烷，CAS：75-28-5）。假设制冷剂冷凝得到 40℃ 的饱和液体，蒸发后得到 -25℃ 的饱和蒸汽，冷凝器和蒸发器的压降可忽略；压缩机过程等熵，效率为 0.72（默认值）。

(1) 模拟 R12 和 R600a 两种制冷剂的工作条件（各状态的温度、压力）；

(2) 若冰箱制冷功率为 2kW，估算两种制冷剂的循环量；

(3) 两种制冷剂的冷凝器负荷和压缩机功率。物性方法选择 PENG-ROB。

参考数据：①R12 为制冷剂时，压缩机出口压力 9.48bar，节流阀出口压力 1.25bar，循环量 71kg/h，压缩机功率 1kW；②R600a 为制冷剂时，压缩机出口压力 5.27bar，节流阀出口压力 0.58bar，循环量 32kg/h，压缩机功率 1kW。

提示：①流程参考例 6.1；②使用 R600a 制冷剂时，压缩机可能出现错误提示，需要在"收敛"选项页将有效相态修改为"汽-液"；③根据冷凝器和蒸发器的出口条件计算出压缩机和节流阀的出口压力；④高、低温热源温度不变时，改变制冷介质不影响制冷效率，但制冷剂消耗量不同。

6.2 再热循环可提高兰金循环的效率，该过程流程如图 6.24 所示。

假设该循环以水为工作介质，水的循环量为 1000kg/h，泵 P1 出口压力为 90bar，锅炉

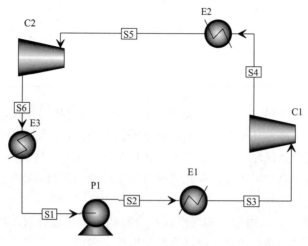

图 6.24 使用再热循环的兰金循环

E1 出口温度为 550℃，透平机 C1 出口压力为 50bar，锅炉 E2 出口温度为 500℃，透平机 C2 出口压力为 2bar，冷凝器 E3 出口温度为 50℃。忽略锅炉和冷凝器的热负荷，透平的等熵效率为 0.8，泵的效率为 1。计算各设备的负荷，与例 6.3 相比，热转化为功的效率是否提高？物性方法使用 IAPWS-95。

参考数据：P1、E1、E2、C1 和 C2 的负荷分别为 8.4kW、909.0kW、22.6kW、-44.0kW 和 -174.9kW，热转化为功的效率为 23.5%，较例 6.3 提高 1.7%。合理调整参数可进一步提高效率，但上限受热力学第二定律限制。

6.3 脱丙烷塔塔顶的物料［74%（质量分率）丙烯、26%（质量分率）丙烷］为 -47℃、1bar，后续生产中需要将温度提高到 50℃，压力提高到 21bar。方案一利用该物料升温过程中的冷量与脱丙烷塔进料换热，升温到 20℃，然后压缩到 21bar，最后换热到 50℃。方案二直接将物料压缩到 21bar，再换热到 50℃。试分析哪种方案更节能。物性方法选择 PENG-ROB。注：方案根据第十五届全国大学生化工设计竞赛的学生作品改编。

提示：①方案对比的流程如图 6.25 所示，进料的流量自行设置；②两种方案的热、功之和相等；③方案 1 先吸热升温会使压缩机的功耗大幅度增加；④物料压缩后温度高于 50℃，方案 1 压缩后冷却器的负荷也大幅度增加。

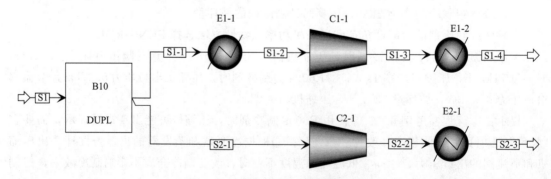

图 6.25 气体物料的压缩换热方案

第 **7** 章
分离过程模拟及塔设备设计

　　化工生产过程中物料多数时候是混合物，但是原料和产品都有纯度要求。因此，混合物的分离提纯是化工生产过程不可缺少的部分。分离过程满足物料衡算方程，同时受到相平衡和传质速率的限制，分离过程占化工生产能耗的最大比例，需要考虑节能。本章将介绍以物料衡算为基础的多产品和两产品分离过程，以汽液平衡和液液平衡为基础的闪蒸、倾析过程，多级相平衡的精馏（蒸馏）、吸收等过程以及精馏塔的设计计算。

7.1　分离过程的物料衡算

　　混合物可以采用精馏、吸收、萃取等不同分离方法，但任何一种分离方法都符合物料衡算法。在确定分离方法之前，可以根据已知产品的规格要求，利用物料衡算计算产品的流量和组成，完成流程模拟，再结合具体方法进一步完成分离过程的详细设计计算。

　　分离过程基本的物料衡算关系是任意组分在进料中的流量等于其在各个产品中的流量之和，即

$$M_i = \sum_{j=1}^{J} M_{i,j} \quad (i=1,\ 2,\ \cdots,\ I) \tag{7.1}$$

　　式中，I 为组分个数；J 为产品的个数；M_i 为进料中 i 组分的质量流量或摩尔流量；$M_{i,j}$ 为产品 j 中 i 组分的质量流量或摩尔流量，$M_{i,j} \geqslant 0$。M_i 一般已知，对任意组分 i，知道 $M_{i,j}(j=1,\ 2,\ \cdots,\ J)$ 中 $J-1$ 个就能求解方程式(7.1)，得到各产品的组成。

　　式(7.1)也可以用组分 i 在产品 j 中的分流分率来表示

$$\eta_{i,j} = M_{i,j}/M_i \quad (i=1,\ 2,\ \cdots,\ I;\ j=1,\ 2,\ \cdots,\ J) \tag{7.2}$$

　　式中，$\eta_{i,j}$ 为产品 j 中 i 组分的分流分率，$0 \leqslant \eta_{i,j} \leqslant 1$，已知 $\eta_{i,j}$ 等同于已知 $M_{i,j}$。

　　此外，也可用产品 j 中 i 组分的含量来列物料衡算式

$$x_{i,j} = \frac{M_{i,j}}{\sum_{k=1}^{I} M_{k,j}} (i=1, 2, \cdots, I; j=1, 2, \cdots, J) \tag{7.3}$$

式中，$x_{i,j}$ 为产品 j 中 i 组分的分率，$0 \leqslant x_{i,j} \leqslant 1$，且 $\sum_{i=1}^{I} x_{i,j} = 1(j=1, 2, \cdots, J)$。但 $x_{i,j}$ 的限制多，涉及的组分也多，$x_{i,j}$ 需要根据实际情况合理指定，否则容易出现错误。

7.1.1 组分分离器

Aspen Plus 提供的组分分离器（Sep）模块根据式(7.1) 和式(7.2) 进行物料衡算，可完成将混合物分离成任意多个产品的模拟计算。

【例 7.1】脱乙烷塔塔顶组分为氢气、甲烷、乙烯、乙烷和丙烯，进料量为 2000kmol/h，组成见表 7.1。这股物料需要进一步将该混合物分离为 3 个产品，组分在各产品的分流分率同样列于表 7.1。计算各个产品的组成（摩尔分率和质量分率）、平均分子量及流量（摩尔流量及质量流量）。温度、压力、物性方法等参数对计算结果是否有影响？

表 7.1 脱乙烷塔塔顶产物组成及在产品中的分配

组分	进料摩尔组成/%	分流分率/%		
		产品 1	产品 2	产品 3
氢气	23	100	0	0
甲烷	27	99	1	0
乙烯	35	1	98	1
乙烷	14	0	2	98
丙烯	1	0	0	100

本例按式(7.1) 和式(7.2) 进行物料衡算即可得到结果，温度、压力和物性方法对计算结果没有影响，可以任意设定。如果需要进一步计算露点、泡点、焓值等物性，则温度、压力、物性方法等不能随意设定。

① 新建模拟，输入组分氢气、甲烷、乙烯、乙烷和丙烯，物性方法选择 PENG-ROB（或其他方法），载入默认的二元交互作用参数。

② 在模型选项版的"分离器"分类选择"Sep"，在"主工艺流程"完成工艺流程，如图 7.1 所示。

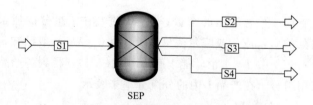

图 7.1 Sep 模块的工艺流程

③ 在流股"S1"设定入口流股压力 20bar，汽相分率 1（可以是任意其他值），摩尔流量 2000kmol/h，输入表 7.1 的进料摩尔组成。

④ 在"模块＼SEP＼输入"设置组分在各个产品中的分流分率，产品 1（出口流股"S2"）中各组分的分流分率分别为 1、0.99、0.01、0、0，如图 7.2 所示。

如果"规定"选择"流量"，则需要在"基准"选择"摩尔""质量"或"标准体积"。例如，甲烷在产品 2 中的摩尔流量为 $2000 \times 0.27 \times 0.01 = 5.4$（kmol/h），产品 2（出口流股"S3"）可按图 7.3 输入。

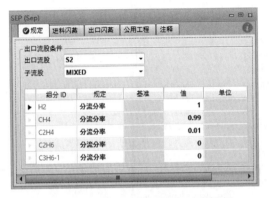

图 7.2 Sep 模块的产品流股 S2 的设置

图 7.3 Sep 模块的产品流股 PRODUCT2 的设置

提示 1：不需要再设置"S4"的参数。如果设置，将提示"设置值出现一致性错误——对于每个子流股类型，必须不指定至少一个流股的子流股。是否覆盖？"这是因为物料衡算方程式（7.1）的每个等式都需要有一个变量。

提示 2：假设组分在"S2"和"S3"中的分流分率之和大于 1，比如将图 7.3 中乙烯在"S3"中的分流分率修改为 0.995，将得到提示"组分分率总和必须≤1.0"。

提示 3：如果将图 7.3 中甲烷的流量修改为 10.8kmol/h，相当于甲烷总量的 0.02，"S2"和"S3"中甲烷总分流分率为 1.01，并不会出现错误提示。但是运算后会警告，提示进行了归一化处理。

⑤ 运行，组分分离器（Sep）模块的计算结果如图 7.4 所示。分流分率与表 7.1 一致，热负荷是出口流股的总焓减去入口流股的总焓，在此例中没有意义。

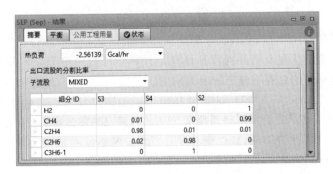

图 7.4 Sep 模块的计算结果

进料和各产品的平均分子量、流量、组成等数据可在"模块＼SEP＼流股结果"查看，如图 7.5 所示。根据所指定的分流参数，可得到摩尔分率 98.4%、质量分率 98.7%的乙烯。

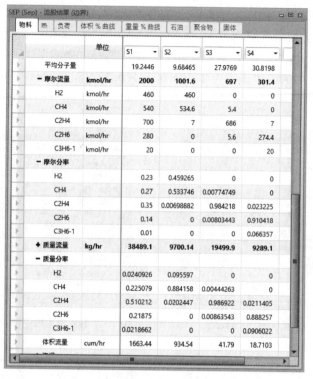

图 7.5　Sep 模块的流股结果

> **提示 1:** 使用 Sep 模块时，任意组分需要指定在 $N-1$ 个产品中的分流分率或流量，空着的数据默认为 0。
>
> **提示 2:** 某个组分在两个或两个以上流股的分流分率或流量空着，且已经指定的分流分率之和小于 1 时，剩余的流量分配给后连接到模块上的流股（并非命名的序号）。例如，将图 7.2 中最后一行的 0 删除并计算，丙烯将全部分配给流股 S2。这是由于连接流程时，流股 S2 最后连接到模块 Sep 上（在图 7.4 位于最后一列）。

7.1.2　两出口组分分离器

Aspen Plus 提供的两出口组分分离器（Sep2）根据式（7.1）到式（7.3）进行计算，可完成将混合物分离成任意两个产品的模拟计算，计算中可指定组分在产品中的含量。

【**例 7.2**】丙烯塔的总进料量 700kmol/h，其中乙烷、丙烯、丙烷和 1-丁烯的摩尔流量分别为 1kmol/h、499kmol/h、199kmol/h 和 1kmol/h。分离过程中乙烷全部进入到塔顶产物，1-丁烯全部进入到塔底产物，塔顶得到纯度 99% 的丙烯（摩尔分率），在塔底得到 97.5% 的丙烷。计算进料、塔顶产物和塔底产物的摩尔流量、摩尔分率、质量流量、质量分率。是否可以分离得到纯度 99.9% 的丙烯？

设丙烯和丙烷在塔顶产物中的流量分别为 x kmol/h 和 y kmol/h，物料衡算方程的具体形式为：

$$0.99 = \frac{x}{1+x+y} \tag{7.4}$$

$$0.975 = \frac{199 - y}{699 - x - y} \tag{7.5}$$

很容易就可求得 $x=495\text{kmol/h}$，$y=4\text{kmol/h}$，在此基础上可进行质量流量和质量分率的计算。

① 新建模拟，输入组分乙烷、丙烯、丙烷和 1-丁烯（CAS：106-98-9），物性方法选择 PENG-ROB（或其他方法），载入默认的二元交互作用参数。

② 在模型选项版的"分离器"分类选择"Sep2"，在"主工艺流程"完成工艺流程，如图 7.6 所示。

③ 在流股"S1"设定入口流股压力 10bar，汽相分率 1（可以是任意其他值），以及各组分摩尔流量 1kmol/h、499kmol/h、199kmol/h 和 1kmol/h。总流量不用输入，或输入 700kmol/h。

④ 根据分离要求，乙烷全部在流股 S2 中，1-丁烯在流股 S2 中的流量为 0，丙烯在流股 S2 中的摩尔分率为 0.99。在"模块 \ SEP2 \ 输入"选择出口流股 "S2"，设定这些参数，如图 7.7 所示。

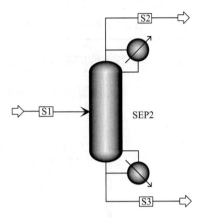

图 7.6 Sep2 模块的工艺流程

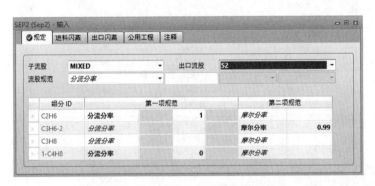

图 7.7 Sep2 模块流股 S2 的参数设置

丙烷在流股 S3 中的摩尔分率为 0.975，在"模块 \ SEP2 \ 输入"选择出口流股"S3"，设定这些参数，如图 7.8 所示。

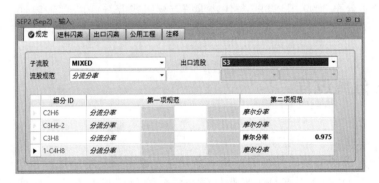

图 7.8 Sep2 模块流股 S3 的参数设置

提示 1：任意组分必需指定在出口流股 S2 或 S3 中的第一规范（分流分率或流量）或第二规范（摩尔分率或质量分率），物料衡算式（7.1）~式（7.3）才能求解。

提示 2：任意组分只能指定在出口流股 S2 或 S3 中的第一规范或第二规范中的一个，否则物料衡算式（7.1）~式（7.3）是矛盾方程（组），Aspen Plus 系统提示“设置值时出现一致性错误——已生成导致 SEP2 模块方程无解的规定。是否覆盖？”。

⑤ 运行，各流股的组成结果如图 7.9 所示。

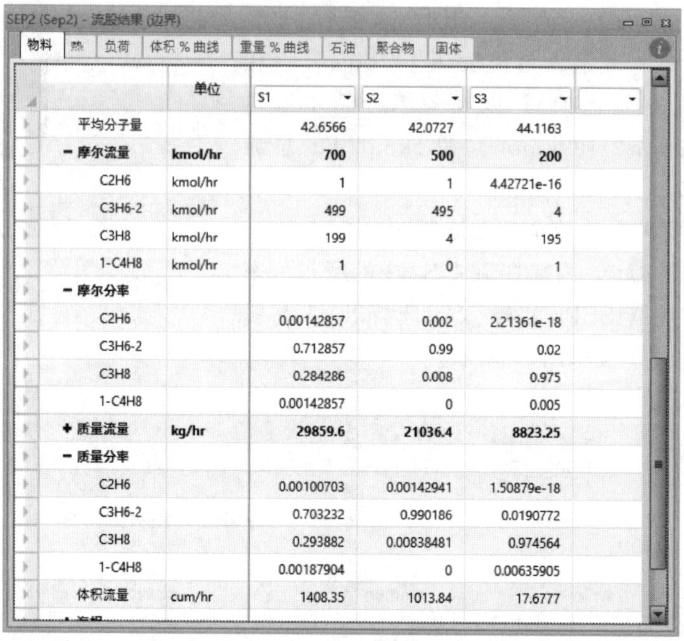

SEP2 (Sep2) - 流股结果 (边界)

物料 | 热 | 负荷 | 体积 % 曲线 | 重量 % 曲线 | 石油 | 聚合物 | 固体

	单位	S1	S2	S3
平均分子量		42.6566	42.0727	44.1163
− 摩尔流量	kmol/hr	700	500	200
C2H6	kmol/hr	1	1	4.42721e-16
C3H6-2	kmol/hr	499	495	4
C3H8	kmol/hr	199	4	195
1-C4H8	kmol/hr	1	0	1
− 摩尔分率				
C2H6		0.00142857	0.002	2.21361e-18
C3H6-2		0.712857	0.99	0.02
C3H8		0.284286	0.008	0.975
1-C4H8		0.00142857	0	0.005
+ 质量流量	kg/hr	29859.6	21036.4	8823.25
− 质量分率				
C2H6		0.00100703	0.00142941	1.50879e-18
C3H6-2		0.703232	0.990186	0.0190772
C3H8		0.293882	0.00838481	0.974564
1-C4H8		0.00187904	0	0.00635905
体积流量	cum/hr	1408.35	1013.84	17.6777

图 7.9　各流股的组成

⑥ 在“模块 \ SEP2 \ 输入”的出口流股“S2”（图 7.7），将丙烯的摩尔分率设置为 0.999 并运行。Aspen Plus 给出错误提示“SPECIFICATIONS RELATED TO SUBSTREAM ‘MIXED’ ARE NOT CONVERGED. RMS ERROR = 6.871683D-04CHECK BLOCK SPECIFICATIONS FOR CONFLICTING SPECS”。这是由于当 S2 中有 1kmol/h 乙烷时，进料中的丙烯全部进入 S2，丙烷全部进入 S3，S2 的丙烯摩尔分率也只有 0.998。式(7.4) 中丙烯摩尔分率 0.99 用 0.999 替代，求解方程组式(7.4) 和式(7.5) 可求得塔顶产物中丙烯为 498.884kmol/h，丙烷为−0.5046kmol/h，不是合理的结果，所以产生了错误。

7.2　平衡分离过程

混合物在一定条件下形成平衡的两相或多相时，遵循第 3 章所述的相平衡准则，同时遵循式(7.1)～式(7.3) 的物料衡算。平衡分离是混合物分离基本方法，计算过程中将相平衡方程与物料衡算方程联立进行求解。Aspen Plus 提供了基于汽-液平衡或汽-液-液平衡的两出口闪蒸模块"Flash2"，基于汽-液-液平衡的三出口闪蒸模块"Flash3"以及基于液-液平衡的液-液倾析器模块"Decanter"。

7.2.1 两出口闪蒸过程

闪蒸是将汽液混合物分离成汽相和液相两个流股的过程，并且汽相和液相成平衡。汽液两相可以来源于进料流股本身，也可通过加热、冷凝、节流等方法获得。因此，闪蒸过程中还涉及压降、热负荷等。

Aspen Plus 提供两出口闪蒸模块"Flash2"根据进料组成及闪蒸条件进行严格的相平衡计算和物料衡算，得到汽-液两个流股或汽-液-水三个流股。出口流股的状态可以由闪蒸温度、压力和汽相分率中的两个确定，也可以由进口流股的参数、闪蒸温度或压力以及过程的热负荷确定。因此，闪蒸需要指定温度、压力、汽相分率和热负荷中的两个，其中至少一个为温度或压力。

【例7.3】丙烯塔塔顶汽相摩尔分率为乙烷0.2%，丙烯99%，丙烷0.8%，压力20bar，流量3000kmol/h，经过分凝器将90%冷凝回流，汽相作为产品，忽略分凝器压降。计算汽相产品和回流液的参数以及闪蒸过程的热负荷。物性方法选择PENG-ROB。

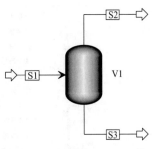

图7.10 闪蒸（Flash2）的
工艺流程

① 新建模拟，输入组分乙烷、丙烯和丙烷，物性方法选择PENG-ROB方法，载入默认的二元交互作用参数。

② 在"模型选项版\分离器"分类选择"Flash2"。在"主工艺流程"完成工艺流程，如图7.10所示。

> 提示：闪蒸在罐类设备完成，罐英语为 vessel，设备编号一般以 V 开头。

③ 在"流股\S1"设定入口流股压力20bar，汽相分率1（塔顶汽相蕴含了饱和汽相这个条件），摩尔流量3000kmol/h，摩尔组成乙烷0.2，丙烯99，丙烷0.8。

④ 在"模块\V1"设置闪蒸罐的压降为0，出口汽相分率为0.1（90%冷凝为液体），如图7.11所示。

⑤ 运行，"模块\V1\结果"如图7.12所示。出口温度48.59℃，需要移出7.65Gcal/h的热量。

图7.11 闪蒸（Flash2）的参数设置

图7.12 闪蒸（Flash2）的计算结果

"模块 \ B1 \ 流股结果"如图 7.13 所示。闪蒸（分凝器）相当于 1 块塔板，汽相流股 S2 中重组分丙烷浓度下降，但由于乙烷的浓度提高较大，丙烯的浓度反而下降。要想获得更高纯度的丙烯，需要进一步降低混合物中的乙烷含量。

V1 (Flash2) - 流股结果 (边界)				
物料 体积 % 曲线 重量 % 曲线 石油 聚合物 固体				
	单位	S1	S2	S3
− MIXED子流股				
相态		汽相	汽相	液相
温度	C	48.669	48.5934	48.5934
压力	bar	20	20	20
摩尔汽相分率		1	1	0
摩尔液相分率		0	0	1
摩尔固相分率		0	0	0
质量汽相分率		1	1	0
质量液相分率		0	0	1
质量固相分率		0	0	0
摩尔焓	kcal/mol	4.37162	4.34044	1.53999
质量焓	kcal/kg	103.906	103.223	36.6008
摩尔熵	cal/mol-K	-40.0085	-39.9935	-48.8205
质量熵	cal/gm-K	-0.950935	-0.95111	-1.16031
摩尔密度	kmol/cum	1.05866	1.05868	10.9561
质量密度	kg/cum	44.5408	44.5169	460.98
焓流量	Gcal/hr	13.1149	1.30213	4.15797
平均分子量		42.0727	42.0493	42.0754
+ 摩尔流量	kmol/hr	3000	300	2700
− 摩尔分率				
C2H6		0.002	0.00386311	0.00179299
C3H6-2		0.99	0.988676	0.990147
C3H8		0.008	0.00746071	0.00805992

图 7.13 闪蒸（Flash2）的流股结果

> **提示 1**：冷凝液可分出有机相和水相时，水相从闪蒸罐底部的"针对自由水或污水的倾析"的可选流股分出。
> **提示 2**：汽相中有雾沫时，可在"模块 \ V1 \ 输入"的"夹带"页面设置。这时候，出口流股和入口流股不是处于汽液平衡状态。
> **提示 3**：在第 5 章已经介绍丙烯塔塔顶汽相冷凝的换热过程模拟及换热器设计，出口使用的是单一流股。实际上，用于换热过程模拟的 HeatX 模块的冷、热两侧最多都可以有 3 个出口流股，在"模块 \ HeatX \ 输入"的"流股"页面设置好流股的相态，换热模拟的同时可完成闪蒸计算。

7.2.2 三出口闪蒸过程

汽液液平衡时，可以得到成平衡的汽相和两个液相。Aspen Plus 使用三出口闪蒸模块"Flash3"完成此类模拟计算。

【例7.4】某物料组成为80kmol/h的乙醇和20kmol/h的水，温度为25℃，压力为1bar，恒压加热将其10%汽化，计算平衡温度、汽液相组成及各流股的流量；如果该物料中还有100kmol/h的苯，情况又将如何？使用"Flash3"模块完成模拟计算，物性方法选择UNIQUAC。

① 新建模拟，输入组分乙醇、水和苯，物性方法选择UNIQUAC，载入默认的二元交互作用参数。

② 在模型选项版的"分离器"分类选择"Flash3"，在"主工艺流程"完成工艺流程，如图7.14所示。

③ 在流股"S1"设定入口流股压力1bar，温度25℃，乙醇和水的摩尔流量分别为80kmol/h和20kmol/h。

④ 在"模块\V1\输入"设置闪蒸条件，压降为0，汽相分率为0.1。

⑤ 运行，闪蒸温度为77.96℃，各流股的信息如图7.15所示。闪蒸汽相流股中水为1.816kmol/h，乙醇摩尔分率略有提高；1个液相流股。

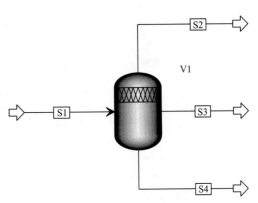

图7.14　汽液液闪蒸（Flash2）的工艺流程

	单位	S1 ▼	S2 ▼	S3 ▼	S4 ▼
质量汽相分率		0	1	0	
质量液相分率		1	0	1	
质量固相分率		0	0	0	
摩尔焓	kcal/mol	-66.7323	-55.6184	-65.0728	
质量焓	kcal/kg	-1649.41	-1357.43	-1610.67	
摩尔熵	cal/mol-K	-73.5458	-42.4949	-68.3878	
质量熵	cal/gm-K	-1.81782	-1.03713	-1.69272	
摩尔密度	kmol/cum	20.1229	0.0342553	18.56	
质量密度	kg/cum	814.137	1.40355	749.843	
焓流量	Gcal/hr	-6.67323	-0.556184	-5.85655	
平均分子量		40.4583	40.9734	40.4011	
− 摩尔流量	kmol/hr	100	10	90	0
ETHANOL	kmol/hr	80	8.18361	71.8164	0
WATER	kmol/hr	20	1.81639	18.1836	0
BENZENE	kmol/hr	0	0	0	0
− 摩尔分率					
ETHANOL		0.8	0.818361	0.79796	0
WATER		0.2	0.181639	0.20204	0
BENZENE		0	0	0	0

图7.15　乙醇-水闪蒸结果

⑥ 在流股"S1"的输入页面，将苯的摩尔流量设置为100kmol/h。

⑦ 重新运行，闪蒸温度降低到64.02℃，各流股的信息如图7.16所示。闪蒸得到的汽相流股中水的摩尔流量提高到3.39kmol/h，而乙醇流量降低，更多的水进入到汽相；得到两个

液相流股，S3 流股水含量较高，S4 流股水含量较低。加入苯后，乙醇和水更容易分离。

图 7.16　乙醇-水-苯闪蒸结果

提示 1：汽液液平衡计算时，需要选用 NRTL、UNIQUAC 等适用于液液平衡的物性方法才可能得到两个液相。

提示 2：总组成在三元相图的合理位置，且汽相分率合适，才可能有两个液相。例如，苯修改为 50kmol/h 或 500kmol/h，其他参数不变，都只会有一个液相；苯保持 100kmol/h，但汽相分率提高到 0.3，也只会有一个液相。相关原理可参考例 3.12。

提示 3：与"Flash"模块类似，三出口闪蒸可在"夹带"页面设置液沫夹带量。

7.2.3　液-液分相过程

除了计算汽液平衡的 Flash 模块和汽液液平衡的 Flash3 模块，Aspen Plus 还提供了计算液液平衡的 Decanter 模块。

【例 7.5】例 7.4 的汽相流股 S2（图 7.16 数据）冷凝降温到 60℃，可分离成两个液相。请使用 Decanter 模块计算这两个液相的流量及组成。如果进一步降温到 25℃ 呢？

① 在例 7.4 的基础上，在"模型选项版 \ 分离器"分类选择"Decanter"。按图 7.17 修改工艺流程。

② 在"模块 \ V2"设置萃取的压降为 0，温度为 60℃，其他参数使用默认值。

提示：可进一步设置第二液相的关键组分、相平衡的计算方法（组分逸度相等或体系吉布斯能最低）和分离效率等参数。

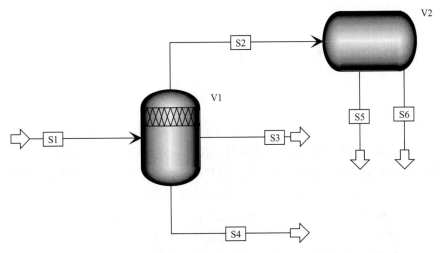

图 7.17　乙醇-水-苯体系闪蒸-汽相冷凝工艺流程

③ 运行，萃取罐 V2 有一个警告：VAPOR PRESENT IN FEED TO BLOCK；VFRAC＝1.0000。这是因为萃取是液-液相过程，汽相作为萃取过程的进料不合理，所以警告。

④ 萃取罐的流股结果如图 7.18 所示，可以看出形成水相和苯相两个液相。

⑤ 在"模块＼V2"将温度修改为 20℃，可看到苯相中水的摩尔分率降到 0.0095。

V2 (Decanter) - 流股结果 (边界)				
物料　热　负荷　体积 % 曲线　重量 % 曲线　石油　聚合物　固体				
	单位	S2	S5	S6
质量汽相分率		1	0	0
质量液相分率		0	1	1
质量固相分率		0	0	0
摩尔焓	kcal/mol	-15.5696	-4.72634	-55.6179
质量焓	kcal/kg	-265.028	-67.4858	-1376.08
摩尔熵	cal/mol-K	-34.4213	-59.523	-60.2339
质量熵	cal/gm-K	-0.585923	-0.849908	-1.49029
摩尔密度	kmol/cum	0.0356292	11.9085	20.1795
质量密度	kg/cum	2.09312	834.009	815.607
焓流量	kW	-1086.45	-204.111	-1479.12
平均分子量		58.7471	70.0347	40.4176
－ 摩尔流量	kmol/hr	60	37.133	22.867
ETHANOL	kmol/hr	19.2154	7.43299	11.7824
WATER	kmol/hr	9.0891	1.02846	8.06064
BENZENE	kmol/hr	31.6955	28.6716	3.02393
－ 摩尔分率				
ETHANOL		0.320257	0.200172	0.515259
WATER		0.151485	0.0276966	0.352501
BENZENE		0.528258	0.772132	0.13224

图 7.18　萃取的流股组成

提示 1：Decanter 模块如果不能形成两个液相，将警告：NO PHASE SPLITTING OCCURS AT GIVEN SPECIFICATIONS. SINGLE PHASESOLUTION IS RETURNED.

提示 2：如果加入萃取剂分离混合物中的组分，加入混合物后应该形成两相，三组分时可参考第 3 章三元相图相关内容。

7.3　精馏塔的简捷设计和核算

精馏法是最常用的混合物分离方法。混合物在精馏塔内形成汽、液两相，汽相由下向上，液相由上向下，逆流混合和接触过程中进行传质传热，实现轻组分（易挥发组分）在汽相富集，重组分（难挥发组分）在液相富集，从而达到混合物分离的目的。精馏塔的模拟一方面需要根据分离任务，以物料衡算、能量衡算和相平衡关系为基础确定产物组成、回流比、塔板数以及冷凝器和再沸器负荷等参数，另一方面需要根据流体力学确定塔的尺寸和塔内件的结构。

Aspen Plus 提供的 DSTWU 模块采用简捷法确定精馏塔的理论板和回流比；Distl 模块采用简捷法对精馏塔进行核算；RadFrac 模块可按平衡模式或速率模式严格计算精馏、吸收、反应精馏等汽-液、汽-液-液传质分离过程；此外，MultiFrac、SCFrac、PetroFrac 等模块可用于不同目的的原油蒸馏计算模拟。本节介绍根据简捷法确定精馏塔理论板和回流比的 DSTWU 模块和简捷法核算精馏塔的 Distl 模块。

7.3.1　简捷法确定精馏塔的理论板和回流比（DSTWU）

DSTWU 模块根据 Winn-Underwood-Gilliland 方法计算回流比和理论板等参数。

Winn 法为改进的 Fenske（芬斯克）法，根据分离任务及关键组分在塔顶和塔底的平衡常数 K 计算最少理论板。Fenske 法计算最少理论板为

$$N_{\min} = \frac{\lg\left[\left(\dfrac{x_{\mathrm{LK,D}}}{x_{\mathrm{LK,B}}}\right)\left(\dfrac{x_{\mathrm{HK,B}}}{x_{\mathrm{HK,D}}}\right)\right]}{\lg(K_{\mathrm{LK}}/K_{\mathrm{HK}})} - 1 \tag{7.6}$$

式中，$N_{\min}$ 为最少理论板；x 为组分的摩尔分数；LK 和 HK 为轻关键组分和重关键组分；D 和 B 为塔顶和塔底流股；K 为组分的平衡常数，$K_{\mathrm{LK}}/K_{\mathrm{HK}}$ 取塔顶和塔底的平均值。Winn 将式(7.6) 修正为

$$N_{\min} = \frac{\lg\left[\left(\dfrac{x_{\mathrm{LK,D}}}{x_{\mathrm{LK,B}}}\right)\left(\dfrac{x_{\mathrm{HK,B}}}{x_{\mathrm{HK,D}}}\right)^{\theta_{\mathrm{LK}}}\right]}{\lg\left[K_{\mathrm{LK}}/(K_{\mathrm{LK}})^{\theta_{\mathrm{LK}}}\right]} \tag{7.7}$$

最小回流比需要根据精馏塔内恒浓区的位置计算，常用 Underwood 公式，即

$$\sum_{i=1}^{n} \frac{\alpha_{ij} x_{\mathrm{F}i}}{\alpha_{ij} - \theta} = 1 - q \tag{7.8}$$

$$R_{\min} = \sum_{i=1}^{n} \frac{\alpha_{ij} x_{Di}}{\alpha_{ij} - \theta} - 1 \tag{7.9}$$

式中，α_{ij} 为组分 i 相对基准组分 j（一般取重关键组分或重组分）的挥发度，可取塔顶和塔底的几何平均值；θ 为式(7.8) 的解，介于轻、重关键组分相对基准组分的挥发度之间；F 为进料；$R_{\min}$ 为最小回流比。

实际理论板和最小理论板的关系由 Gilliland 关联式得出。

例7.6介绍利用DSTWU模块确定理论板、回流比等参数,并介绍精馏过程中相关参数间的关系。

【例7.6】丙烯塔进料为20bar,饱和液相,其中乙烷、丙烯、丙烷和1-丁烯的摩尔流量分别为1kmol/h、499kmol/h、199kmol/h和1kmol/h。冷凝器压力19.5bar,再沸器压力20.5bar,轻关键组分丙烯在塔顶回收率为99.2%,重关键组分在塔顶回收率为2.01%,塔顶采用全凝器,饱和液相回流,回流比为最小回流比的1.2倍。计算最少理论板、最小回流比、实际回流比、实际理论板、冷凝器和再沸器的热负荷、理论板和回流比的关系等。塔顶采用分凝器,馏出物全为汽相时,这些参数怎么变化?进料为饱和汽相时,又怎么变化?物性方法选择PENG-ROB。

① 新建模拟,输入组分乙烷、丙烯、丙烷和1-丁烯,物性方法选择PENG-ROB,载入默认的二元交互作用参数。

② 在"模型选项版\塔"分类选择"DSTWU",在"主工艺流程"完成工艺流程,如图7.19所示。

③ 在"流股\S1"设定入口流股压力20bar,汽相分率0,乙烷、丙烯、丙烷和1-丁烯的摩尔流量分别为1kmol/h、499kmol/h、199kmol/h和1kmol/h。

④ 在"模块\T1\输入"设置精馏塔的有关参数,如图7.20所示。

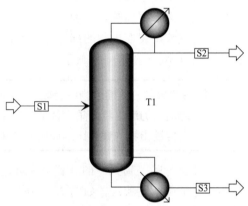

图7.19　精馏塔(DSTWU)的工艺流程

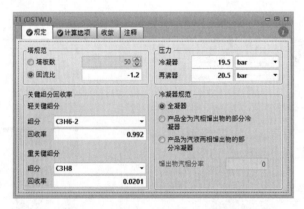

图7.20　精馏塔(DSTWU)的参数设置

塔板数:精馏塔的实际理论板,如果小于最少理论板,将按两倍最少理论板计算。

回流比:如果小于最小回流比,给出错误提示"SPECIFIED REFLUX RATIO IS LESS THAN THE MINIMUM REFLUX RATIO. 2 * MINIMUM USED TO CALCULATE NUMBER OF STAGES.",结果按两倍最少理论板计算。回流比可以设置为小于-1的负值,表示最小回流比的倍数,例如图7.20中的-1.2。

关键组分回收率:轻、重关键组分及在塔顶的回收率。如果设置的轻关键组分相对重关键组分的挥发度小于1,例如将丙烯设为重关键组分,丙烷设为轻关键组分,计算得到的塔板数、进料位置将是负数并给出错误提示。此外,回收率要满足相平衡的要求,对形成共沸物的体系,按回收率进行物料衡算得到的组成与进料组成不能在共沸点的两侧,否则也不能得到正确结果。

压力:冷凝器和再沸器的压力。由于实际过程中存在塔压降,再沸器压力不低于冷凝器压力。

冷凝器规范:冷凝器的类型。

全凝器:塔顶汽相全部冷凝成饱和液相,回流液与馏出物组成相同。后续生产中馏出物不需要再加热汽化时可使用全凝器;如果后续生产中需要加压,冷凝为液相后用泵加压可降低功的消耗。

产品全为汽相馏出物的部分冷凝器:馏出物为饱和汽相,回流液为饱和液相,相当于一块塔板。后续生产中馏出物需要进一步加热汽化时使用这种分凝器既相当于增加了一块塔板,也避免冷凝后再加热,有利于节能。

产品为汽液两相馏出物的部分冷凝器:馏出物既有汽相,也有液相。需要进一步设置馏出物的汽相分率。

> 提示:如果待分离混合物中有较多难凝组分(沸点相对主要组分低得多的组分),使用全凝器时塔顶的温度将大幅度降低,甚至不能收敛(出现错误)。这时候应该使用分凝器,并且汽相馏出物的量要比难凝组分的量大一些。

在"模块 \ B1 \ 输入"的计算选项可选择"生成回流比与理论塔板数表格",计算范围可指定,也可由系统默认,如图 7.21 所示。本例最少理论板为 90.35 块,计算 100～300 块理论板和回流比的关系。

⑤ 运行,"模块 \ T1 \ 结果"给出了回流比、理论板、进料位置、热负荷等数据,如图 7.22 所示。

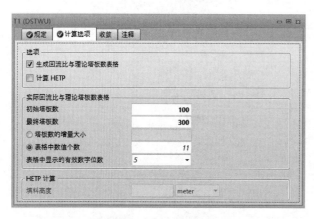

图 7.21 设置计算不同回流比的理论板数   图 7.22 精馏塔(DSTWU)的计算结果

> 提示 1:DSTWU 模块计算得到的塔板数为理论板数。
> 提示 2:回流比、馏出物与进料比率的基准为摩尔。

利用"回流比分布"页面的数据得回流比与理论板的关系如图 7.23 所示,接近最小回流比时,需要的理论板数快速增多;接近最少理论板时,回流比快速增大。

⑥ 如果塔顶改为全部为汽相馏出物的分凝器,计算结果如图 7.24 所示。回流比、理论板

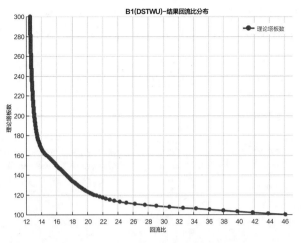

图 7.23　理论板与回流比的关系曲线

等参数变化不大，但冷凝器热负荷由 22.10Gcal/h 下降到 20.64Gcal/h，可节省一定量的冷量。

⑦　如果进料改为饱和汽相，冷凝器为全凝器，计算结果如图 7.25 所示。

T1 (DSTWU) - 结果		
摘要　平衡　回流比分布　✔状态		
▶　最小回流比	11.9981	
实际回流比	14.3977	
最小塔板数	90.0661	
实际塔板数	164.329	
进料塔板	88.4484	
进料上方实际塔板数	87.4484	
再沸器加热要求	22.0714	Gcal/hr
冷凝器冷却要求	20.6435	Gcal/hr
馏出物温度	47.5008	C
塔底物温度	58.1375	C
馏出物进料比率	0.714297	
HETP		

图 7.24　使用分凝器时的结果

T1 (DSTWU) - 结果		
摘要　平衡　回流比分布　✔状态		
▶　最小回流比	12.4296	
实际回流比	14.9155	
最小塔板数	90.3514	
实际塔板数	164.786	
进料塔板	89.268	
进料上方实际塔板数	88.268	
再沸器加热要求	20.8331	Gcal/hr
冷凝器冷却要求	22.8133	Gcal/hr
馏出物温度	47.4062	C
塔底物温度	58.1375	C
馏出物进料比率	0.714297	
HETP		

图 7.25　进料为饱和汽相时的结果

x-y 相图上，进料由饱和液相调整为饱和汽相时，进料热状况线由竖直改变为水平，回流比有所增大，理论板等变化不大，再沸器热负荷有所降低，但冷凝器热负荷有所增大。

实际设计中回流比应该根据设备费用和操作费用最小进行选取，一般在 1.1～2 倍最小回流比。对精馏操作，随回流比增大，塔高减小，塔径增大，设备费用先降低后升高；随回流比增大，冷凝器和再沸器的热负荷增大，操作费用增加。这在设计中是个优化问题。例 7.7 使用假设的数据介绍回流比选取过程中的优化问题。

【例 7.7】例 7.6 的计算中，假设操作费用与回流比成正比，每年的操作费用为 R/R_{min}；设备费和安装费平均到每年与回流比呈抛物线关系，为 $(R/R_{min})^2 - 3 \times (R/R_{min}) + 5$。试确定合适的回流比、理论板数和进料位置。

分析：每年的总费用为 $(R/R_{min})^2 - 3 \times R/R_{min} + 5 = (R/R_{min} - 1.5)^2 + 2.75$，很容易可以判断回流比为 $1.5R_{min}$ 时费用最低，为 2.75。下面介绍使用 Aspen Plus 的优化实现此过程。

① 在"模型分析工具\优化"新建优化"O-1"，参数设置与设计规定类似。首先定义 R 为回流比（RR），RMIN 为最小回流比（MIN-REFLUX），如图 7.26 所示。

图 7.26　定义优化过程的因变量

② 然后定义目标函数，即 $(R/R_{\min})^2 - 3 \times R/R_{\min} + 5$，如图 7.27 所示。注意目标函数是最小化。

图 7.27　定义优化过程的目标函数

③ 最后将回流比定义为自变量，根据前面的计算结果，回流比的范围为 $13 \sim 24$ 之间，如图 7.28 所示。

图 7.28　定义优化过程的自变量

④ 模拟计算，在"模型分析工具 \ 优化 \ O-1 \ 结果"，得到最优条件下的目标函数值为 2.75，最优条件下的回流比为 18.0315，如图 7.29 所示。并且，最优条件下 $R/R_{min} = 18.0315/12.0135 = 1.5$。

⑤ 进行优化后，精馏塔的计算结果如图 7.30 所示，不同于优化前的结果（图 7.22）。与设计规范相似，优化后将使用优化的参数重新进行计算。

图 7.29　最优目标函数值及相应的操纵变量值

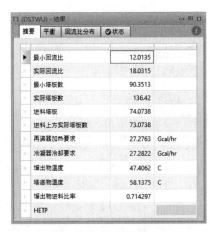

图 7.30　优化后的精馏塔结果

> **提示:** 如果同时存在设计规范、灵敏度分析和优化，需要注意这几类计算涉及的变量不能相互干扰，否则可能出现错误，错误的原因见例 4.3 的分析。这是因为灵敏度分析需要改变操纵变量（自变量），获得样品变量（因变量）的变化规律；设计规范是已知样品变量（或样品变量表达式）的目标值，求操纵变量的值；优化是计算样品变量（或样品变量表达式）的最大值或最小值及相应的操纵变量值。

7.3.2　精馏塔的简捷核算

已知理论板数、回流比和馏出物进料比等参数时，可以用 Distl 模块计算单股进料、两股出料精馏过程的产品组成、热负荷、塔内温度等参数。Distl 模块按 Edmister 法进行计算，计算过程中假设组分的相对挥发度恒定，精馏段和提馏段的汽液相摩尔流率恒定，计算塔顶、塔底组成及热负荷等。

【例 7.8】例 7.6 的进料在 165 块塔板，进料板为第 90 块塔板的精馏塔进行分离，回流比为 14.42，馏出物与进料摩尔比为 0.714，塔顶采用全凝器，冷凝器和再沸器压力分别为 19.5bar 和 20.5bar。计算产品中各组分的摩尔分率及冷凝器和再沸器的热负荷。物性方法选择 PENG-ROB。

① 新建模拟，输入组分乙烷、丙烯、丙烷和 1-丁烯，物性方法选择 PENG-ROB，载入默认的二元交互作用参数。

② 在"模型选项版 \ 塔"分类选择"Distl"，在"主工艺流程"完成工艺流程，与图 7.19 相同。

③ 在"流股 \ S1"设定入口流股压力 20bar，汽相分率 0，乙烷、丙烯、丙烷和 1-丁烯

的摩尔流量分别为1kmol/h、499kmol/h、199kmol/h 和 1kmol/h。

　　④ 在"模块\T2\输入"设置精馏塔的有关参数,如图7.31所示。

　　⑤ 运行,"模块\T2\结果"给出了热负荷、塔顶、塔底和进料板的温度,如图7.32所示。

图 7.31　精馏塔 (Distl) 的参数设置

图 7.32　精馏塔 (Distl) 的结果

　　在"模块\T2\流股结果"可以看到,塔顶产物中丙烯实际摩尔流量为489.7kmol/h,摩尔分率为0.98,低于例7.6 DSTWU模块的回收率参数的计算值,如图7.33所示。

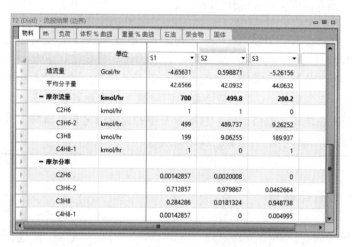

图 7.33　精馏塔 (Distl) 的流股结果

> 提示:Distl 核算结果与 DSTWU 计算结果不同,可能考虑了板效率,但帮助文件中缺少相关说明不能确定差异的产生原因。

7.4　精馏塔的严格计算

　　使用 DSTWU 和 Distl 模块进行精馏塔的简捷设计和核算时,假设组分的相对挥发度恒定,精馏段和提馏段的摩尔流率恒定。实际精馏过程中,汽、液相在塔板上换热传质,由于组成的变化，每块塔板上组分的相对挥发度并不相同，上升的汽相冷凝 1mol 放出的热量与下降的液相汽化 1mol 吸收的热量也存在差异，因此实际挥发度和摩尔流率并不恒定。此外，由于传质需要推动力，离开塔板的汽液两相并不能达到平衡，严格计算中需要考虑板效率。本节介绍使用 RadFrac 模块进行严格的精馏塔计算，并进行板式塔结构设计和流体力学核算。

7.4.1　精馏塔的严格核算

已知进料状态、理论板数、回流比和馏出物流量等参数时，可以用 RadFrac 模块严格计算精馏过程的产品组成、热负荷、塔内各参数的变化等。

【例 7.9】 例 7.6 的进料在 165 块塔板，进料板为第 90 块塔板的精馏塔进行分离，回流比为 14.42，馏出物与进料摩尔比为 0.714，塔顶采用全凝器，冷凝器和再沸器压力分别为 19.5bar 和 20.5bar。使用 RadFrac 模块计算产品中各组分的摩尔分率、冷凝器和再沸器的热负荷以及各块塔板的汽液相流量、组成和相对挥发度的变化。物性方法选择 PENG-ROB。

① 新建模拟，输入组分乙烷、丙烯、丙烷和 1-丁烯，物性方法选择 PENG-ROB，载入默认的二元交互作用参数。

② 在"模型选项版 \ 塔"展开"RadFrac"分类，Aspen Plus 根据不同分离过程的特点给出了不同的图标，如图 7.34 所示。

选择 FRACT1 图标在"主工艺流程"窗口画 1 个精馏塔，将名称修改为"RADFRAC"，如图 7.35 所示。"RadFrac"模块塔顶两个红色的流股分别为汽相产品和液相产品，全凝器连接液相，全部为汽相产品的分凝器连接汽相，部分汽相部分液相产品时连接汽、液两个产品。精馏塔中间有可选流股，可以在中间塔板采出产品。本例塔顶为单一液相产品，连接好的工艺流程如图 7.35 右图。

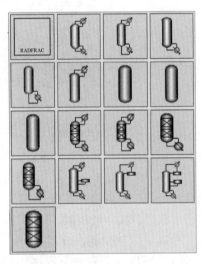

图 7.34　"RadFrac"模块的图标

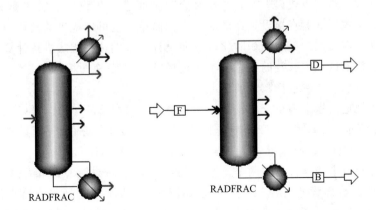

图 7.35　"RadFrac"模块的必需的流股（左）和连接好流股后的流程（右）

> **提示:**塔顶产品可为汽相和液相中的任意一种，也可以汽相和液相都有。后续冷凝器设置需要与连接的流股一致。

③ 在"流股\F"设定入口流股压力20bar，汽相分率0，乙烷、丙烯、丙烷和1-丁烯的摩尔流量分别为1kmol/h、499kmol/h、199kmol/h和1kmol/h。

④ 在"模块\RADFRAC\规定"设置精馏塔的有关参数，"配置"页面如图7.36所示。

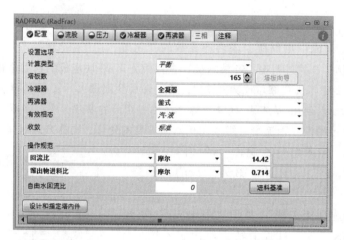

图 7.36　RadFrac 模块的塔结构及操作条件

计算类型：可基于平衡或基于速率进行计算。平衡型计算基于离开塔板的汽、液两相达到平衡，可在"模块\RADFRAC\规定\效率"指定塔板的汽化效率或默弗里效率，默认效率为1。速率型基于塔板上的能量交换，不需要给出塔板效率、等板高度（HETP）之类的经验因子。本例选择平衡型。

塔板数：实际塔板数。

冷凝器：全凝器、分凝器（产品全为汽相）、分凝器（产品汽、液两相）和无冷凝器（如吸收过程）。需要与流程图上的流股连接相匹配，否则提示一致性错误。本例选择全凝器。

再沸器：釜式、热虹吸式(需要在"再沸器"页面进一步设定有关参数) 和无再沸器（如吸收过程）。釜式再沸器直接设置在塔底，结构简单，但可以提供的换热面积有限。热虹吸式设置在塔外，需要大的换热面积时比较方便设计。本例选择釜式进行计算。

有效相态：精馏过程中有效的相态，本例选择默认的汽-液两相。

收敛：收敛方法，本例选择默认的标准。

模块的操作规范：指定满足全塔物料衡算和塔内物料衡算的参数。可以从塔顶产品流量（D）、塔底产品流量（B）、塔顶产品与进料的比值（D/F）、塔底产品与进料的比值（W/F）、回流比（R，L/D）、回流量（L）、再沸量（V'）、再沸比（V'/B）、冷凝器热负荷和再沸器热负荷等参数中选择合适的两个。本例根据已知条件选择 D/F 和 R。

⑤ 在"流股"页面设置各流股的位置，如图7.37所示。冷凝器为第1块塔板（流股D），再沸器为第165块塔板（流股B），进料流股F进入到进料板（第90块塔板）。

进料的具体位置有塔板上方、塔板上、汽相和液相四种。

塔板上方：汽相向上穿过上一块塔板，液相滴到塔板上。

塔板上：全部进料进入到塔板上，与板上物料混合传质、传热。

汽相：进料向上穿过上一块塔板。

液相：可认为进入到降液管，流向下一块塔板。

本例选择默认值塔板上方。反应精馏、萃取精馏、中间再沸器（冷凝器）、中间物料的采出、吸收等过程还有其他物料的进出，根据实际情况设置。

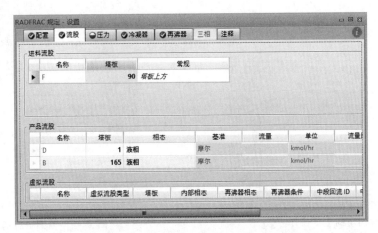

图 7.37　RadFrac 模块的进、出流股位置设置

⑥ 在"压力"页面设置塔顶压力 19.5bar，塔压降 1bar。

⑦ 运行，在"模块\RADFRAC\流股结果"查看各流股的信息，如图 7.38 所示。可以看出，丙烯基本上进入到塔顶，但塔顶产品的丙烷达 11.65kmol/h，使得塔顶产品的丙烯摩尔分率只有 0.9747。

RADFRAC (RadFrac) - 流股结果 (边界)

物料　热　负荷　体积 % 曲线　重量 % 曲线　石油　聚合物　固体　　　　　总和:499.798

	单位	F	D	B	
平均分子量		42.6566	42.1036	44.0371	
− 摩尔流量	kmol/hr	700	499.8	200.2	
C2H6	kmol/hr	1	1	2.93468e-26	
C3H6-2	kmol/hr	499	487.146	11.8543	
C3H8	kmol/hr	199	11.6543	187.346	
C4H8-1	kmol/hr	1	7.79307e-31	1	
− 摩尔分率					
C2H6		0.00142857	0.0020008	1.46588e-28	
C3H6-2		0.712857	0.974681	0.0592125	
C3H8		0.284286	0.023318	0.935792	
C4H8-1		0.00142857	1.55924e-33	0.004995	
+ 质量流量	kg/hr	29859.6	21043.4	8816.24	
+ 质量分率					
体积流量	cum/hr	65.6796	45.438	20.3067	
+ 液相					

图 7.38　严格计算的分离效果

在"模块\RADFRAC\结果"可查看精馏塔的主要操作参数，包括冷凝器和再沸器的温度、热负荷、产物流量、回流量、蒸汽量等，如图 7.39 所示。

在"模块\RADFRAC\分布"可查看每块塔板上的温度、压力、流量、焓值、各组分的含量、K 值等参数，如图 7.40 所示。由图 7.40 数据可以看出，精馏段和提馏段各塔板的汽、液相流量虽然相差不大，但不是恒摩尔流量。

图 7.39　精馏塔的主要操作参数

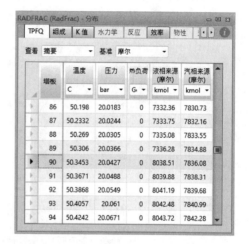

图 7.40　精馏塔各塔板的参数

"模块\RADFRAC\分布"的数据为活动窗口时，利用菜单栏"塔设计\图表"的工具可以作图得到各参数随塔板的变化。图 7.41 为塔内摩尔流量随塔板的变化。总体上，摩尔流量由上向下有增加趋势。由于进料为饱和液相，进料板下方的液相摩尔流量明显高于上方的摩尔流量。

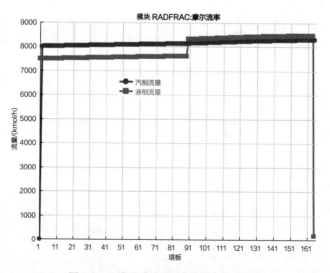

图 7.41　塔内摩尔流量随塔板的变化

图 7.42 为丙烯和丙烷摩尔分率随塔板的变化。轻组分丙烯在汽相中的浓度比在液相中高，重组分丙烷在汽相中的浓度比在液相中低。提馏段，丙烯和丙烷浓度变化快；精馏段，丙烯和丙烷浓度变化慢。进料板往下移有利于丙烯浓度的提高。

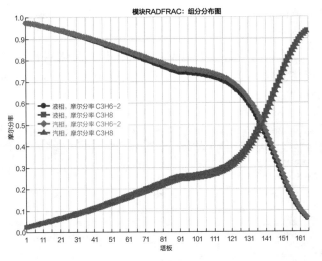

高清彩图

图 7.42　丙烯和丙烷摩尔分率随塔板的变化

　　利用菜单栏"塔设计\图表"的"相对挥发度"，以丙烷为重关键组分，丙烯为轻关键组分，参数设置如图 7.43 所示，可做得丙烯-丙烷的相对挥发度随塔板的变化，如图 7.44 所示。可以看出，精馏段丙烯-丙烷的相对挥发度较小，塔顶为 1.082；提馏段相对挥发度较大，塔底为 1.145。

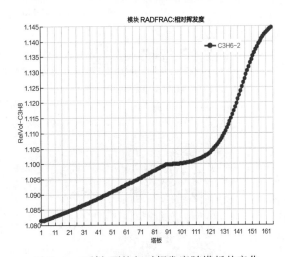

图 7.43　丙烯-丙烷相对挥发度作图的参数设置　　　　图 7.44　丙烯-丙烷相对挥发度随塔板的变化

> **提示:** RadFrac 模块计算中，效率默认为 1。可在"模块\RADFRAC\规定\效率"设置实验测定的效率或经验公式计算得到的效率。

7.4.2　进料位置对塔顶浓度的影响

　　图 7.42 中，进料板上下丙烯和丙烷的浓度变化不平缓，塔顶采出量、塔板数和回流比不变的条件下，可以优化进料板位置，使塔顶产物纯度尽可能提高。

【例7.10】例7.9的精馏分离中，其他参数不变，进料板在80~130变化时，塔顶丙烯浓度怎么变化？

① 在"模型分析工具 \ 灵敏度"新建灵敏度分析"S-1"。将进料板位置设定为操纵变量，如图7.45所示；将塔顶流股D的丙烯摩尔分率设定为因变量（样品变量），如图7.46所示；将因变量填入"列表"页。

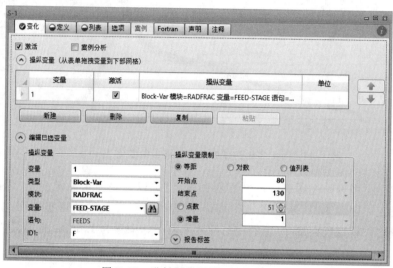

图7.45　进料板位置设置为操纵变量

图7.46　塔顶产物的丙烯浓度设置为因变量

② 运行。"模型分析工具 \ 灵敏度 \ S-1 \ 结果"中117~130块塔板的状态（Status）为警告（Warnings）。这是由于进料压力为20bar，按塔压降计算第117块塔板已经高于20bar，进料压力低于塔内压力。

利用灵敏度分析结果作图如图7.47所示，可以看出进料位置在第110块塔板时塔顶产物中丙烯摩尔分率最高。

将进料位置设置在 110 块塔板，计算得到塔顶流股 D 丙烯的摩尔分率为 0.9776，略高于进料板为第 90 块塔板时的 0.9747。塔内汽相和液相中丙烯和丙烷摩尔分率随塔板的变化如图 7.48 所示，进料板处丙烯和丙烷浓度变化平缓。

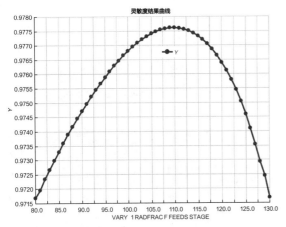

图 7.47　塔顶产物的丙烯浓度
随进料板位置的变化

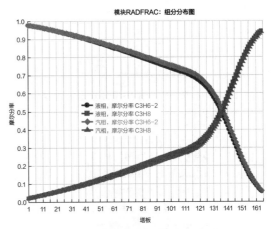

图 7.48　塔顶产物的丙烯和丙烷浓度
随进料板位置的变化

> **提示：**可能由于实际塔板数只能取整数，不能以塔顶丙烯浓度为目标函数，进料板为操纵变量进行优化得到最佳进料板。但是，灵敏度分析时进料板位置可以取值非整数。

7.4.3　精馏塔的设计规范

分离过程的产品一般需要满足一定纯度的要求。假设塔顶产品中丙烯的摩尔分率需要达到 0.99，例 7.10 优化进料位置后，丙烯浓度也只能达到 0.9776。因此，需要通过增大回流比或降低塔顶的采出量来进一步提高塔顶产品中丙烯的摩尔分率。这个过程可利用设计规范进行求解。

精馏塔的设计规范可在"工艺流程选项"选择全流程的设计规范，也可在 RadFrac 模块使用局部的设计规范。

【例 7.11】例 7.9 的精馏分离中，进料位置调整到第 110 块塔板，其他操作参数保持不变，只调整回流比，使塔顶产物中丙烯的摩尔分率达到 0.99。

① 在例 7.9 的基础上，将进料位置调整到第 110 块塔板。

② 在"模块 \ RADFRAC \ 规定 \ 设计规范"新建因变量（目标变量）摩尔纯度，如图 7.49 所示；丙烯需要达到一定纯度，将其设置为目标组分，如图 7.50 所示；将塔顶流股 D 设置为目标流股，如图 7.51 所示。

③ 在"模块 \ RADFRAC \ 规定 \ 变化"新建操纵变量（自变量）回流比，范围可适当大些，如图 7.52 所示。

运行，在"模块 \ RADFRAC \ 规定 \ 变化 \ 1"的"结果"页面（或"模块 \ RADFRAC \ 结果"）得到合适的回流比为 18.21（塔的实际回流比不再是初始设定的 14.42）。在塔顶流股 D 的结果可看到丙烯的摩尔分率为 0.99。

图 7.49　RadFrac 模块设计规定的因变量

图 7.50　将丙烯设置为目标组分

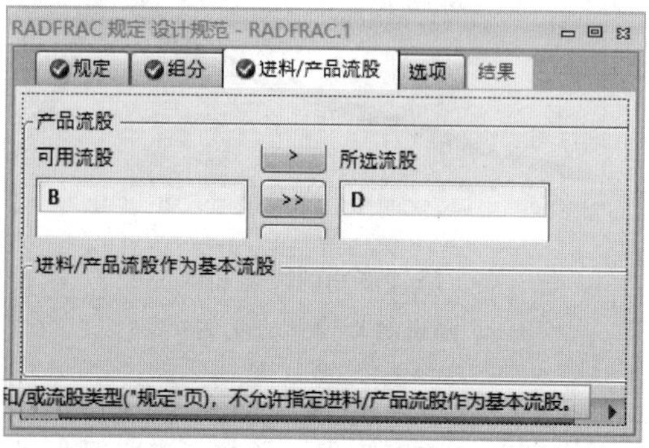

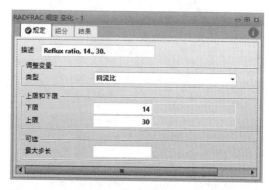

图 7.51　RadFrac 模块设计规定的目标流股

图 7.52　RadFrac 模块设计规定的操纵变量回流比

> **提示 1**：设计规范可以同时设置多个不同参数的目标值，根据一个方程解一个未知数，需要设置相同数量的操纵变量。
>
> **提示 2**：操纵变量的变化必须对目标变量有影响，并且在给定的操纵变量范围内能够得到所有目标变量的目标值，否则将出错；例如将回流比上限设置到 18.21 以下，将得到不满足要求的产品，出现错误。

7.4.4　塔结构设计及流体力学核算

精馏分离过程需要在一定尺寸和结构的塔设备完成，因此，完成物料衡算、能量衡算后，需要进一步对塔高、塔径、塔内部结构进行设计，并进行塔的流体力学核算。

【例 7.12】例 7.11 的精馏过程使用筛板塔完成，试进行详细设计，并进行塔的流体力学核算。

① 在例 7.11 的基础上，在"模块 \ RADFRAC \ 规定 \ 设置"的"配置"页面，单击"设计和指定塔内件"，在弹出的"丢失水力学数据"窗口单击"生成"，进入塔结构设计页面，如图 7.53 所示。

② 选择图 7.53 中的"自动分段"下的"基于进料/采出位置"或"基于流量"，Aspen Plus 将根据选择的项目对精馏塔自动分段，并推荐合适的参数。

本塔基于进料位置可得到上细下粗的两段塔（进料为饱和液相进入到提馏段，并且提馏段温度高，体积流量也大，所以提馏段塔径粗）；基于流量可得到均径塔，如图 7.54 所示。

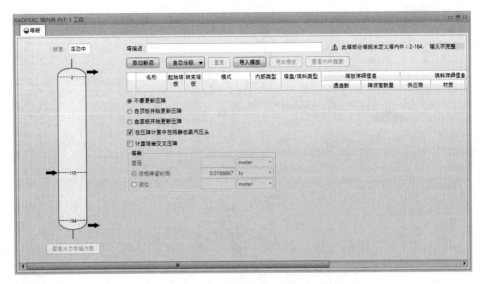

图 7.53　塔结构设计页面

为简化计算，本例选择均径塔。

CS-1 塔段为第 2～第 164 块塔板（第 1 块塔板为回流罐，第 165 块为再沸器），内部为筛板，板上 4 溢流通道，板间距 0.6096m，塔径 4.73m。可以将塔径圆整到 4.8m。

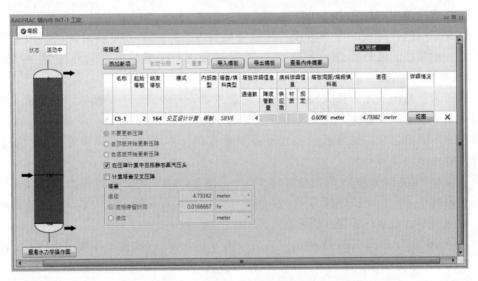

图 7.54　基于流量自动分段得到的塔的主要参数

> **提示 1**：可以"添加新项"，可增加一个塔段，然后自行设置塔参数。
> **提示 2**：可以用"导入模板"将设计好的塔导入进来。

③ 在"模块 \ RADFRAC \ 塔内件 \ INT-1 \ 工段 \ CS-1"，可以对塔板进行详细设计，如图 7.55 所示。

第一行为塔段信息，CS-1 段，所有塔板（第 2～第 164 块）采用相同的塔板布置，互交模式进行塔设计。互交模式下修改塔参数，其他相同参数同步计算。

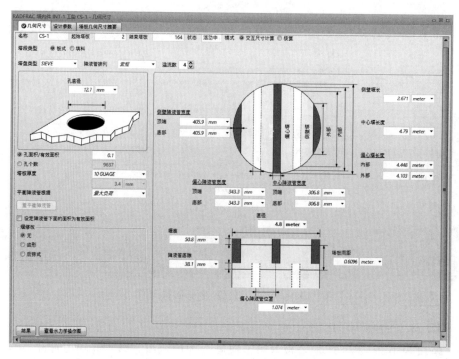

图 7.55　塔板的详细布置

第二行为塔类型，板式塔或填料塔。同一个塔的不同塔段可以采用不同的形式。

塔盘类型可选择筛板、浮阀塔板、泡罩塔板等，选择后下方显示对应的气流通道（筛孔、阀等）示意图。选择浮阀或泡罩后可进行阀材质、阀腿长度、阀厚度等参数的设置（注：厚度单位为 GAUGE，与材料有关，数值越大越薄）。

筛孔或阀示意图下方为孔或阀的密度，可设置单位有效面积上的阀数目，也可设置总的阀数目。两个以上降液管时，需要考虑降液管的平衡。

本例为 4 溢流，在右侧塔板的布置可看到示意图。右下方设置降液管宽度、堰长、堰高、降液管底隙高度等参数。

在"模块 \ RADFRAC \ 塔内件 \ INT-1 \ 工段 \ CS-1"的"设计参数"页面，可设置液泛因子和最小降液管面积分数等尺寸的边界条件，最大板压降、最大雾沫夹带量等水力学参数，发泡因子、富余量等设计因素。

④ 单击图 7.54 或图 7.55 下方的"查看水力学操作图"，或在"模块 \ RADFRAC \ 塔内件 \ INT-1 \ 水力学操作图"，可以查看塔的负荷性能图，如图 7.56 所示。

"塔板视图"下方的"塔板"示意塔板的位置及是否可正常操作。蓝色表示塔板流体力学正常，黄色表示有警告，红色表示超出正常操作范围。"汽相"和"液相"是塔内汽、液相的质量流量。

左下方是选定塔板降液管和堰的负荷，右上方是选定塔板的负荷性能详图，右下方是塔板及负荷性能简图。

单击叹号或错误，可以查看警告和错误的详细信息及塔参数调整建议。本例为降液管出口流速过高，将降液管底隙高度由 38.1mm 增大到 40mm（在图 7.55 中调整），则第 2～第 81 块塔板正常，第 81～第 164 块塔板还有警告，如图 7.57 所示。可以进一步增大降液管底隙高度。

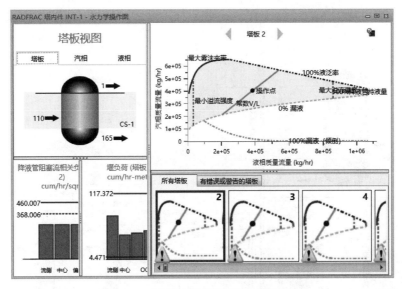

图 7.56　塔的水力学操作图（筛板塔）

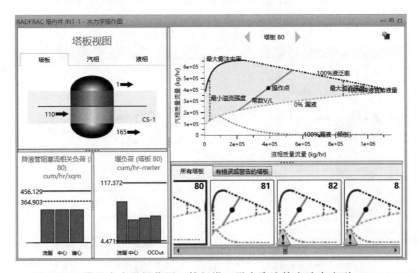

图 7.57　塔的水力学操作图（筛板塔，增大降液管底隙高度到 40mm）

【例 7.13】 将例 7.12 的筛板塔调整为浮阀塔，使用 FLEX-A14 浮阀，请进行塔设计，使塔的流体力学正常。

在例 7.12 的基础上，在"模块 \ RADFRAC \ 塔内件 \ INT-1 \ 工段 \ CS-1"将塔盘类型修改为 FLEX-A14，如图 7.58 所示。

调整后，水力学操作图如图 7.59 所示。141～164 块塔板错误，操作点在液泛线上方，第 2～第 140 块塔板也有警告。主要原因是浮阀的压降比筛板大，可以将阀数量由 75 个/m^2 增大到 100 个/m^2，同时将降液管底隙高度增大到 48mm。调整后的水力学操作图如图 7.60 所示，所有塔板正常。

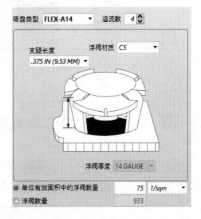

图 7.58　将筛板调整为 FLEX-A14 浮阀

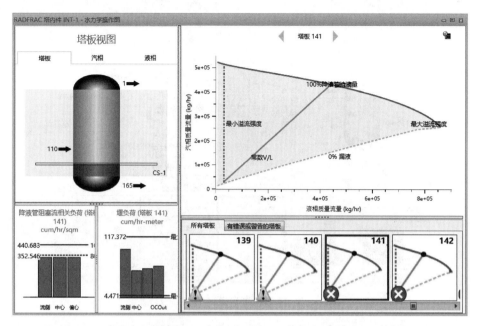

图 7.59　塔的水力学操作图（FLEX-A14 浮阀）

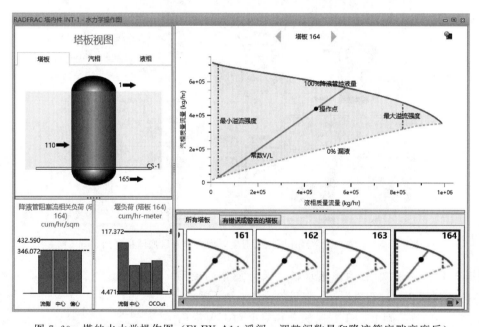

图 7.60　塔的水力学操作图（FLEX-A14 浮阀，调整阀数量和降液管底隙高度后）

7.4.5　速率模式及实际分离效果核算

以上精馏过程使用 Equilibrium（平衡）模式计算，计算中假设进入塔板的汽液两相完全混合，离开塔板的汽液两相处于相平衡和热平衡状态，并且离开时的汽相和液相完全分开。实际过程与以上假设的差异通过效率因子（Murphree 效率或板效率）和等板高度（HETP）来修正。采用 Equilibrium 模式计算时过程比较简单，实际过程与理想传质传热过程的差异使用效率因子和 HETP 来修正，效率因子和 HETP 一般为经验值，经验值不合理时可能产生较大的误差。并且，吸收以及复杂精馏过程中，效率因子和 HETP 随塔的尺寸、结构以及操作条件变化，更是限制了 Equilibrium 模式计算的准确度。

塔尺寸和结构确定后，可以采用速率（Rate-Based）模式计算实际分离效果。速率模式结合塔板或填料，将物料分为汽相主体、汽膜、相界面、液膜和液相主体，依据汽膜和液膜内的浓度梯度、温度梯度以及两相之间的质量和能量传递的有关系数进行传递速率计算。速率模式在各种汽液相传质、传热过程中都可使用，尤其在吸收-解吸、反应精馏、强非理想体系分离（如共沸精馏）中可提高计算的准确性。速率模式计算中，必须有确定的塔结构。

【例 7.14】在例 7.13 的基础上，采用速率模式核算精馏塔的效率及实际分离效果。

① 在例 7.13 的基础上，在"模块 \ RADFRAC \ 规定 \ 设置"的"配置"页面，将计算类型修改为"速率模式"，如图 7.61 所示。

图 7.61　速率模式进行计算

② 速率模式下塔内件不能采用"交互尺寸计算"模式，在"模块 \ RADFRAC \ 塔内件 \ INT-1 \ 工段 \ CS-1"将模式修改为"核算"，如图 7.62 所示。

图 7.62　塔结构设计修改为"核算"模式

③ 在"模块 \ RADFRAC \ 速率模式建模 \ 速率模式设置"设定相关参数。全局设置如图 7.63 所示，设置速率模式计算中的权重因子，本例采用默认值。

在"塔段"设置需要按速率模式计算的塔段及相关的模型参数，如图 7.64 所示，这些参数需要根据过程的特点去设置和选择。例如膜阻力有 Ignore film、Consider film、Film reactions、Discretize film 四个选项，分别表示该相的膜阻力可忽略、该相存在膜阻力但不发生化学反应、该相存在膜阻力且发生化学反应以及该相膜是离散的（非连续的），本例使用默认参数（所在相不发生化学反应时，

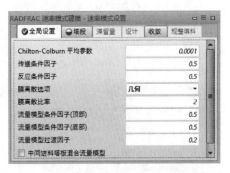

图 7.63　速率模式的全局参数

Film reactions 和 Discretize film 按 Consider film 处理）。

图 7.64　将 CS-1 塔段设置为需要按速率模式计算

④ 在"模块 \ RADFRAC \ 速率模式建模 \ 速率模式报告"设定需要给出的参数。例如在"效率选项"页选择"包括 Murphree 效率"和"包括塔板效率"，如图 7.65 所示。效率计算需要指定组分，例如图 7.66 指定了计算丙烯和丙烷的效率。如果是填料塔，将计算等板高度。

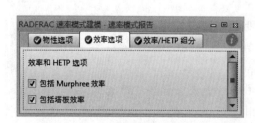

图 7.65　效率选项

图 7.66　计算效率的组分

⑤ 运行，计算结果有多个警告，如图 7.67 所示；在"模块\RADFRAC\塔内件\INT-1\水力学操作图"可看到，该塔严重液泛。

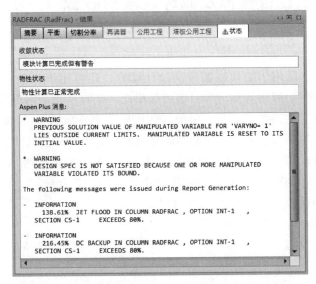

图 7.67　采用速率模式核算精馏塔结果存在多个警告

分析：出现警告且液泛的原因是前面设计中塔效率默认为 1，例 7.11 设计规范中通过调节回流比使塔顶丙烯浓度达到 0.99。速率模式下实际塔效率小于 1，需要增大回流比来满足设计规范的要求，这就使得实际回流比达到了 37.97（在"模块\RADFRAC\结果"或"模块\RADFRAC\规定\变化\1\结果"可查看），塔内汽液相流量大幅度增大，从而引起了液泛。

⑥ 在"模块\RADFRAC\规定\设计规范"删除设计规范，重新运行，各流股结果如图 7.68 所示。可以看出，塔顶流股 D 中丙烯浓度仅 0.9591，低于按效率为 1 计算时的 0.9747（图 7.38，回流比为 14.42）。

⑦ 在"模块\RADFRAC\速率模式建模\效率和 HETP"可查看 Murphree 效率及塔板效率。图 7.69 为丙烯和丙烷的 Murphree 效率，都在 0.677 左右。塔板效率比 Murphree 效率高些，精馏段在 0.873 左右，提馏段在 0.876 左右。

图 7.68　速率模式下各流股结果

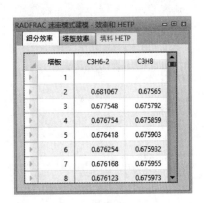

图 7.69　丙烯和丙烷的 Murphree 效率

7.5 吸收-解吸过程模拟及循环过程的收敛

RadFrac 模块不仅可用于常规精馏塔的设计计算，还可用于汽提、萃取精馏、反应精馏、共沸精馏和吸收等过程的计算。与精馏过程相比，吸收过程不用冷凝器和再沸器，有关参数设置与精馏过程有些差异。此外，吸收过程的吸收剂在吸收塔-解吸塔循环，但需要补充损耗的吸收剂，萃取精馏、共沸精馏和萃取等过程也需要补充损耗的第三组分。本节以醇胺吸收法分离 H_2-CO_2 混合气为例介绍 Aspen Plus 软件完成吸收-解吸过程模拟，并利用"计算器"模块完成新鲜吸收剂的补充，实现过程的收敛。萃取精馏、共沸精馏和萃取等涉及循环和物料补充的模拟可参考吸收-解吸过程完成。

7.5.1 吸收过程模拟

【例 7.15】H_2-CO_2 混合气中 H_2 和 CO_2 的摩尔分率分别为 0.75 和 0.25，摩尔流量 1000kmol/h，可以使用 20%（质量分率）的二乙醇胺（CAS：111-42-2）水溶液为吸收剂选择性吸收 CO_2。假设混合气和吸收剂进入吸收塔的温度均为 40℃，塔的操作压力为 60bar，吸收后气相中 H_2 的摩尔分率为 0.98，吸收过程理论板数为 5 块。试采用 RadFrac 模块模拟该过程，确定吸收剂的用量及各流股的组成。物性方法使用 ENRTL-RK。

① 由于二乙醇胺和 CO_2 是电解质，使用"化学品 \ Electrolytes"模板新建模拟，单位制选择 METCBAR，输入组分 H_2、CO_2、H_2O 和二乙醇胺（CAS：111-42-2），物性方法选择 ENRTL-RK（压力较高，ENRTL-RK 较 ENRTL 准确），单击"电解质向导"，电解质的基准组分如图 7.70 所示，勾选"包括水离解反应"，其他项使用默认值，生成电解质组分，过程中涉及的真实组分如图 7.71 所示。

图 7.70 电解质向导的组分选择

图 7.71 二氧化碳吸收过程的真实组分

> **提示**：本例是化学吸收过程，液相中存在二乙醇胺和 CO_2 的解离反应，因此需要利用"电解质向导"生成相关组分。不发生解离的过程不需要使用"电解质向导"。

② 单击下一步，载入默认 Henry 组分、Henry 系数、NRTL 方程参数、电解质对等参数。可在"化学反应\GLOBAL"查看解离反应及平衡常数，解离反应如图 7.72 所示，各反应的解离平衡常数关联式见"平衡常数"页面。

图 7.72　二氧化碳吸收过程的解离反应

③ 进入模拟环境，在"模型选项版\塔"展开"RadFrac"分类，选择"ABSBR1"图标完成如图 7.73 流程。

④ 在"流股\H2-CO2"输入气体流股的温度 40℃、压力 60bar，H_2 和 CO_2 摩尔流量分别为 750kmol/h 和 250kmol/h；在"流股\FRESH"输入新鲜吸收剂的温度 40℃、压力 60bar，H_2O 和二乙醇胺的质量分率分别为 0.8 和 0.2，总流量 1000kmol/h（作为初值，后续可调整），如图 7.74 所示。

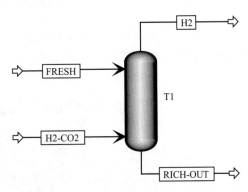

图 7.73　二氧化碳吸收过程的工艺流程

图 7.74　贫液的参数设置

> **提示:** 在 RadFrac 模块的设计规范中,进料速度作为调整变量单位只能是 kmol/h,因此此处总流量基准需要选择"摩尔"且以 kmol/h 为单位。如果总流量基准选择质量流量,后续计算将出现一致性错误。

⑤ 吸收塔 T1 无冷凝器和再沸器,不需要设置回流比、采出量等,相关参数如图 7.75 所示。

图 7.75　吸收塔 T1 的配置

由于塔顶无冷凝器,塔底无再沸器,第 1 块塔板必须有液相进料,最下方塔板必须有汽相进料,这样才能在塔内形成逆流接触的汽液相流股。因此,FRESH 流股设置到塔板 1 的上方,H2-CO2 流股设置到塔板 5 的"塔板上"或"汽相",如图 7.76 所示。

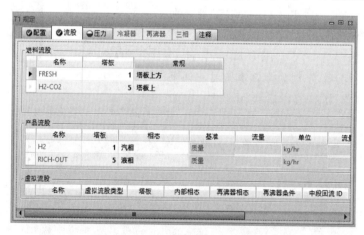

图 7.76　吸收塔 T1 的流股配置

设置第 1 块塔板的压力为 60bar,忽略塔压降。

⑥ 运行,在流股结果可看到 H2 流股还有 209.2kmol/h 的 CO_2,H_2 摩尔分率仅提高到 0.773。这是由于 1000kmol 的水和 DEA 溶液不足以吸收 H2-CO2 流股中的 CO_2。

⑦ 参考例 7.11 的方法,在"模块 \ T1 \ 规定 \ 设计规范"新建设计规范,以 H2 流股的 H_2 摩尔分率达到 0.98 为目标函数;在"模块 \ T1 \ 规定 \ 变化"新建变化,以 FRESH 流股的进料速率为调整变量,范围 1000~10000kmol/h。

⑧ 重新运行，在设计规范的结果（或其他相关结果）可看到 H2 流股的 H_2 摩尔分率达到 0.98 时，FRESH 流股的摩尔流量为 6111kmol/h，如图 7.77 所示。

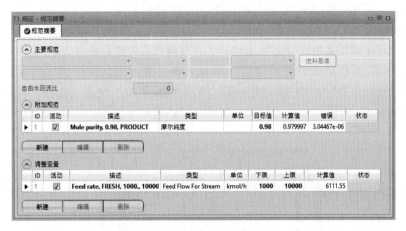

图 7.77　设计规范的计算结果

T1 各流股的摩尔流量和组成如图 7.78 所示，H2 流股中有 55.58kg/h 的水和 2.89×10^{-4} kg/h 的二乙醇胺，CO_2 主要以 HCO3-形式存在于富液 RICH-OUT 中。

图 7.78　吸收塔各流股的组成

7.5.2　解吸过程模拟

根据图 7.78 结果，富液中大约有 10466.4kg 的二氧化碳（用 H_2-CO_2 流股的二氧化碳

减去 H_2 流股的二氧化碳得到），占富液质量分数的 7.35%，这些二氧化碳需要在解吸塔中解吸。由于部分二氧化碳不能完全解吸，也会有少量溶剂进入到解吸得到的二氧化碳中，例7.16 计算中假设解吸塔塔顶馏出物进料比为 0.0735 进行计算。

【**例 7.16**】将例 7.15 的富液（RICH-OUT 流股）常压下在解吸塔解吸，解吸塔理论板数量为 5，解吸塔塔顶馏出物进料比为 0.0735，计算解吸后的汽液相组成。

① 解吸过程需要在塔底设置再沸器，塔顶可不设置冷凝器。在"压力变送设备"选择Valve（阀门）模块，在"模型选项版 \ 塔"展开"RadFrac"分类，选择"STRIP1"图标，完成如图 7.79 流程。

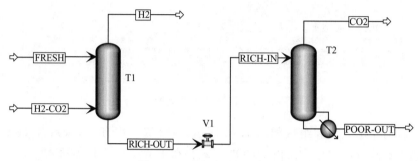

图 7.79　吸收-解吸工艺流程

② 将阀门 V1 的出口压力设置为 1bar。

③ 解吸塔塔顶不设置冷凝器，塔底设置再沸器，馏出物进料比设为 0.0735，如图 7.80所示；在"流股"页面将 RICH-IN 流股设置到第 1 块塔板；在"压力"页面将塔顶压力设置为 1bar。

图 7.80　解吸塔 T2 的参数设置

④ 运行，解吸塔各流股的组成如图 7.81 所示。CO2 流股中水的质量流量达到 980kg/h，二乙醇胺损失为 0.004kg/h；POOR-OUT 流股中 CO_2 相关组分的摩尔分率不高，但流量比较大，例如 HCO3-的摩尔分率约 0.002，质量流量达 744.9kg/h。

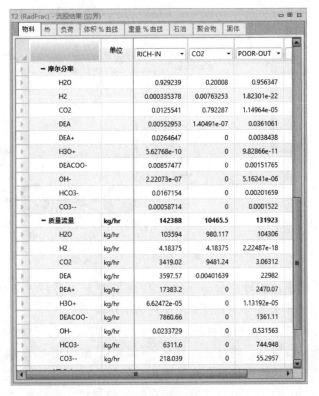

图 7.81　解吸塔各流股的组成

提示 1：为了减少解吸塔塔顶水和 DEA 的损失，解吸塔塔顶可设置冷凝器；或提高塔的操作压力也可减少水的损失。

提示 2：再生贫液 POOR-OUT 中二氧化碳（含离子形态）浓度高时不利于再吸收，更合理的方案是调节再沸热负荷使塔底二氧化碳浓度低于一定值。

7.5.3　吸收-解吸耦合及循环过程的收敛

吸收-解吸过程中，在吸收塔和解吸塔塔顶得到混合气体中的难溶组分和易溶组分，吸收剂在吸收塔和解吸塔循环。两塔的塔顶产物中不可避免有吸收剂的损失，因此需要根据损失量补充新鲜吸收剂。例 7.17 以吸收-解吸耦合过程为例，介绍存在循环流股和物料补充时流程不收敛的原因，并利用"计算器"功能实现收敛。萃取、萃取精馏、共沸精馏等过程可用类似的方法进行模拟。由于 H2 和 CO2 流股中水的损失较大，二乙醇胺的损失很小（图 7.78 和图 7.81），补充的新鲜吸收剂发生微小变化会导致分离效果发生较大变化甚至流程不收敛。因此，例 7.17 不考虑将混合气体分离到例 7.16 相同的效果。

【例 7.17】将例 7.16 的 POOR-OUT 降温到 40℃，然后加压循环回吸收塔 T1 的第 1 块塔板，试合理设置有关流股的参数，使吸收塔和解吸塔联合运行时流程收敛，运行参数与例 7.16 相近。

① 在"压力变送设备"选择 Pump（泵）模块，在"换热器"选择 Heater 模块，将流程调整到如图 7.82 所示。

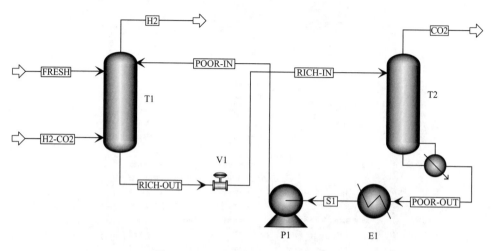

图 7.82　吸收-解吸耦合的工艺流程

② 将换热器 E1 的出口温度设置为 40℃，压降设置为 0bar；将泵 P1 出口压力设置为 60bar；在塔 T1 的流股页面将 POOR-IN 设置到第 1 块塔板。

③ 运行。塔 T1 和 T2 都出现物料和能量不平衡的错误，阀、泵和换热器也有错误或警告。这是因为存在循环流股时，将对吸收塔 T1、阀 V1、解吸塔 T2、换热器 E1 和泵 P1 进行迭代计算，直到所有模块达到物料和能量平衡（计算收敛）。如果在迭代过程中出现错误（比如某块塔板只有汽相或只有液相），或不能在规定的迭代次数（在"收敛 \ 选项 \ 方法"进行设置）内收敛，Aspen Plus 将给出错误提示。各流股的质量流量如图 7.83 所示，塔 T1 进料为 12514＋215941＋7804517＝8032972(kg/h)，出料为 6511＋4669265＝4675776(kg/h)，显然物料不平衡，塔 T2 和泵 P1 同样物料不平衡，所以都出现了错误。

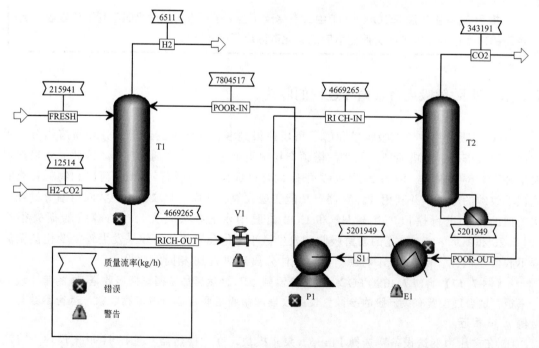

图 7.83　直接将解吸塔的贫液循环回到吸收塔出现物料和能量不平衡的错误

> **提示 1:**结果与图 7.83 的数据可能有差异。
> **提示 2:**一些计算中，在“收敛\选项\方法”增加迭代次数后可收敛，但本例不能。

④ 根据图 7.78 和图 7.81 的数据，吸收塔塔顶流股 H2 中水和二乙醇胺的损失量分别为 55.58kg/h 和 2.89×10^{-4}kg/h，解吸塔塔顶流股 CO2 中水和二乙醇胺的损失量分别为 980kg/h 和 0.004kg/h。因此，流股 FRESH 水和二乙醇胺的补充量应该在 1035.58kg/h 和 0.0043kg/h 附近，可尝试直接使用该数据进行模拟计算。

由于 T1 设置了设计规范，需要先取消吸收塔 T1 的设计规范（在“T1 \ 规定”的“设计规范”和“变化”将相应设置删除，或在“T1 \ 规定”的“规范摘要”取消“活动”选项的对号），然后将流股 FRESH 水和二乙醇胺的质量流量设置为 1035.58kg/h 和 0.0043kg/h，温度和压力分别设置为 40℃ 和 60bar 重新初始化后运行，流程收敛。

> **提示:**如果不重新初始化，上一步计算得到的模块和其他流股数据将作为再次运算中的初值，本例以这些初值为基础运行不能收敛。

⑤ 尽管上一步流程收敛，但实际上并没有完成吸收任务。各混合气分离情况如图 7.84 所示，可以看出吸收塔只吸收了很少量 CO_2，解吸塔塔顶只有少量水，结果不在例 7.16 的值附近。这是因为对流股 FRESH 流量设置了较小的流量初值，吸收塔 T1 的初始条件与例 7.16 相差很大，迭代运行到流程收敛时并不是真正需要的运行条件。

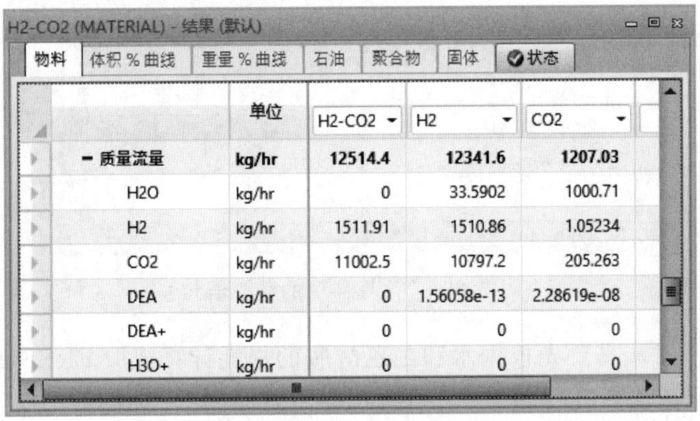

	单位	H2-CO2	H2	CO2
- 质量流量	kg/hr	12514.4	12341.6	1207.03
H2O	kg/hr	0	33.5902	1000.71
H2	kg/hr	1511.91	1510.86	1.05234
CO2	kg/hr	11002.5	10797.2	205.263
DEA	kg/hr	0	1.56058e-13	2.28619e-08
DEA+	kg/hr	0	0	0
H3O+	kg/hr	0	0	0

图 7.84　流股 FRESH 以水和二乙醇胺损失量为初值的分离结果

实际迭代计算中，流股 H2 中水和二乙醇胺的损失量取决于吸收塔 T1 内气液逆流接触的传质、传热；流股 CO2 中水和二乙醇胺的损失量取决于解吸塔 T2 内气液逆流接触的传质、传热；而流股 FRESH 的水和二乙醇胺的量需要在迭代计算中等于流股 H2 和流股 CO2 中水和二乙醇胺的量之和，并且流股 FRESH 应该合理赋初值。迭代计算中流股 FRESH 的水和二乙醇胺的量可通过“计算器”计算。

在“工艺流程选项 \ 计算器”新建计算器“C-1”，定义变量 Z1、Z2、X1、X2、Y1 和 Y2 分别为流股 FRESH、H2 和 CO2 中的水和二乙醇胺的质量流量，如图 7.85 所示。

在计算页面设置流股 FRESH 补充的水和二乙醇胺的质量流量等于流股 H2 和 CO2 损耗的量，如图 7.86 所示。

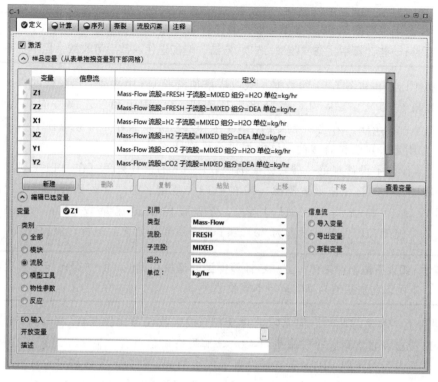

图 7.85 "计算器"的变量定义

图 7.86 "计算器"的计算语句

计算吸收塔 T1 时，需要先根据水和二乙醇胺的损耗计算流股 FRESH 的补充量，因此，计算器 "C-1" 应该在计算吸收塔 T1 之前执行，设置如图 7.87 所示。

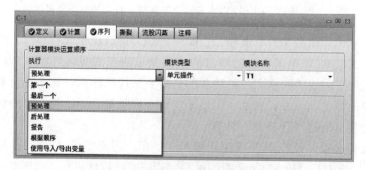

图 7.87 "计算器"在迭代计算中的位置

由于对塔 T1 进行计算前，使用"计算器"计算流股 FRESH 中水和二乙醇胺的量，直接在 FRESH 流股的“输入”页面进行流量赋初值无效。可以在流股 H2 或流股 CO2 进行初始流量的赋初值，执行“计算器”后可得到 FRESH 流股的初始流量。根据图 7.78，不使用循环吸收剂时吸收剂的总质量为 131973kg/h，由于使用循环吸收剂中含有 CO_2，循环溶剂的吸收效果将低于水和二乙醇胺构成的新鲜溶剂，可以适当增加吸收剂的量。将流股 H2 设置为 40℃、60bar、135000kg/h，水和二乙醇胺质量分率分别为 0.8 和 0.2。

⑥ 重新初始化后运行，流程收敛，主要流股的结果如图 7.88 所示。当前流股 H2 的 H_2 摩尔分率为 0.961，流股 FRESH 补充 972.462kg/h 的水和少量二乙醇胺，各流股结果与例 7.16 相近。

FRESH (MATERIAL) - 结果 (默认)

物料 | 体积 % 曲线 | 重量 % 曲线 | 石油 | 聚合物 | 固体 | 状态

	单位	H2-CO2	H2	CO2	FRESH	RICH-OUT	POOR-IN
− 摩尔分率							
H2O		0	0.00407998	0.184276	0.999999	0.923481	0.957444
H2		0.75	0.960665	0.00766072	0	0.000336225	0
CO2		0.25	0.0352553	0.808063	0	0.00391399	1.80579e-07
DEA		0	2.47412e-09	1.07829e-07	5.7472e-07	0.00164808	0.0346162
DEA+		0	0	0	3.16103e-07	0.0353936	0.00421486
H3O+		0	0	0	2.995e-11	3.90143e-09	7.80561e-12
DEACOO-		0	0	0	0	0.00388254	0.00260434
OH-		0	0	0	3.16133e-07	3.89143e-08	3.78915e-06
HCO3-		0	0	0	0	0.0311779	0.000627066
CO3--		0	0	0	0	0.000166538	0.000489837
− 质量流量	**kg/hr**	**12514.4**	**2772.8**	**10713.1**	**972.467**	**145757**	**135044**
H2O	kg/hr	0	57.2222	914.321	972.462	104399	106903
H2	kg/hr	1511.91	1507.66	4.25328	0	4.25328	0
CO2	kg/hr	11002.5	1207.92	9794.54	0	1080.93	0.0492555
DEA	kg/hr	0	0.000202507	0.00312235	0.00326169	1087.33	22556.5
DEA+	kg/hr	0	0	0	0.00181116	23574.9	2772.79
H3O+	kg/hr	0	0	0	3.07539e-08	0.000465719	9.2027e-07
DEACOO-	kg/hr	0	0	0	0	3609.23	2391.14
OH-	kg/hr	0	0	0	0.000290237	0.00415325	0.39942
HCO3-	kg/hr	0	0	0	0	11938	237.141
CO3--	kg/hr	0	0	0	0	62.7146	182.186

图 7.88　对 POOR-IN 流股赋初值并使用“计算器”功能后主要流股的结果

提示：如果不重新初始化，可能不收敛或出现电荷不平衡的警告，结果也可能与图 7.87 不一致。这是因为之前计算中得到的结果（例如流股 CO2 中水和乙二醇胺的量）将作为重新运行的初值进行计算。

本章总结

分离过程模拟可以首先根据物料衡算方程计算出符合产物质量要求的各流股流量及组成，然后根据混合物中组分性质的差异及分离要求确定具体分离方法、操作条件，再进一步确定设备结构、模拟实际分离效果。在分离过程模拟中，掌握物料衡算方程、相平衡方程所涉及变量间的关系，掌握操作条件和设备结构对分离效果的影响规律，才能选择合适的分离模块，设置合理的参数，得到正确的计算结果。

习题

7.1 脱丙烷塔塔顶馏出物中乙烷、丙烯、丙烷和1-丁烯的摩尔流量分别为1kmol/h、499kmol/h、199kmol/h 和1kmol/h，压力为5bar，饱和汽相，在闪蒸罐将其中20%（摩尔）冷凝。忽略闪蒸罐的压降，计算各流股的温度和组成以及闪蒸罐的热负荷。物性方法选择 PENG-ROB。

7.2 例7.6中丙烯塔的操作压力为5bar，忽略塔压降，其他参数保持不变。利用DSTWU 模块计算最少理论板、最小回流比、实际回流比、实际理论板、冷凝器和再沸器的热负荷、理论板和回流比的关系等，并与例7.6对比，分析引起差异的原因。

提示：5bar 和 20bar 条件下丙烯-丙烷的 x-y 相图如图7.89所示。操作压力降低，丙烯-丙烷的相对挥发度增大，最小回流比、最少理论板和热负荷都降低。

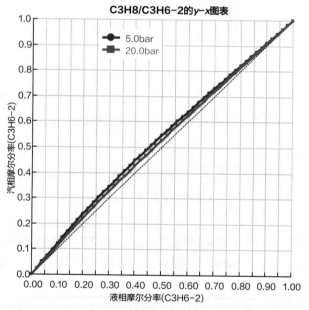

图7.89 5bar 和 20bar 条件下丙烯-丙烷的 x-y 相图

7.3 例7.9~例7.12 模拟计算中，操作压力调整为5bar，其他参数保持不变或适当修改。利用 RadFrac 模块完成相关计算，比较塔结构的差异并分析原因。

提示：降低塔的操作压力后，塔内气体体积流量大幅度增大，塔径增大。

第8章

反应过程模拟

化学反应过程中原料在一定条件下转化为产品，是化工生产过程的核心。反应可在管式反应器、固定床反应器、流化床反应器、釜式反应器或塔等设备进行，反应过程可在恒温、绝热或有一定的热负荷的条件下完成。任何反应过程都遵守物料衡算、能量衡算、平衡限制以及反应动力学等基本关系。Aspen Plus 提供了基于物料衡算、化学平衡（化学热力学）和化学反应速率（反应动力学）的三类反应器模块，可以模拟实际生产中不同反应过程的组成和能量变化。本章以烷烃裂解（脱氢）制烯烃涉及的反应和产物为例，对各类反应器进行介绍。

8.1 化学计量反应器

化学反应的一般表达式为

$$v_A A + v_B B \Longleftrightarrow v_R R \tag{8.1}$$

式中，v_A、v_B 和 v_R 分别为反应组分 A、B 和 R 的化学计量系数。

化学计量反应指化学反应按反应方程式进行，产物组成按反应进度（转化率）计算，不考虑化学反应平衡和反应动力学反应器的热负荷由产物的焓值减去进料的焓值得到。Aspen Plus 提供的 RStoic 可完成这类模拟反应，并计算每个反应在指定条件下的反应热。

【例8.1】丙烷为原料裂解生产烯烃的过程中，假设主要反应及其转化率如表8.1所示。

表8.1 丙烷裂解的化学反应

序号	反应	转化率(基于丙烷)/%
1	$C_3H_8 \longrightarrow C_2H_4 + CH_4$	40
2	$C_3H_8 \longrightarrow C_3H_6 + H_2$	15

序号	反应	转化率(基于丙烷)/%
3	$2\,C_3H_8 \longrightarrow C_4H_8 + C_2H_4 + 2H_2$	15
4	$2\,C_3H_8 \longrightarrow C_2H_4 + 2C_2H_6$	15
5	$2\,C_3H_8 \longrightarrow C_6H_6 + 5\,H_2$	5

反应的进料为丙烷 1000kmol/h、800℃、1bar，等温反应，计算反应产物的组成，氢气、甲烷和乙烯的选择性，反应前后的体积流率以及需要提供/移走的热量；假设反应过程绝热，计算出口温度；计算这些反应在 1000K、1.01325bar 下的反应热。忽略反应器的压降，物性方法选择 PENG-ROB 方程。

① 新建模拟，输入组分，如图 8.1 所示；物性方法选择 PENG-ROB，载入默认的二元交互作用参数。

Select components			
Component ID	Type	Component name	Alias
H2	Conventional	HYDROGEN	H2
CH4	Conventional	METHANE	CH4
C2H4	Conventional	ETHYLENE	C2H4
C2H6	Conventional	ETHANE	C2H6
C3H6	Conventional	PROPYLENE	C3H6-2
C3H8	Conventional	PROPANE	C3H8
C4H8	Conventional	1-BUTENE	C4H8-1
C6H6	Conventional	BENZENE	C6H6

图 8.1　丙烷裂解过程的组分

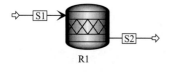

图 8.2　化学计量反应流程

② 在"模型选项版 \ 反应器"分类选择"RStoic"，在"主工艺流程"完成工艺流程，如图 8.2 所示。

③ 在"流股 \ S1"设定入口流股压力 1bar，温度 800℃，丙烷流量 1000kmol/h。

④ 在"模块 \ R1"设置反应温度 800℃，反应压力 1bar，如图 8.3 所示。

图 8.3　指定反应条件

提示：反应条件可在温度、压力、热负荷和产物汽相分率中选择两个，其中温度和压力必选一个；压力值小于 0 时为反应器的压降。

在"反应"页面设置化学反应。单击"新建",如图8.4所示,自动生成"反应编号",在"反应物"和"产品"将化学反应配平,反应物的系数自动修改为负值,设置丙烷的转化率为0.4。

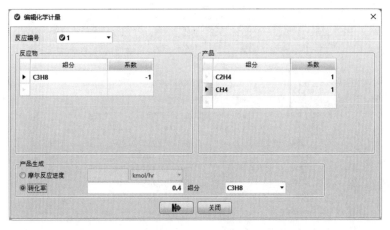

图8.4 定义化学反应

提示1:如果反应没有配平,运行时会出现错误提示"REACTION NUMBER " * " DOES NOT SATISFY MASS BALANCE", * 代表反应的编号,说明化学反应不符合物料衡算。这时候检查组分的输入是否正确,化学反应是否配平。

提示2:在图8.4中选择摩尔反应进度400kmol/h与丙烷转化率0.4是等价的(丙烷进料1000kmol);但如果化学反应的系数都改为2,则摩尔反应进度应该为200kmol/h。

提示3:转化率只能以反应物中的组分为基准,基于进料中的物料量计算。

用同样的方法设置反应2～反应5,5个反应如图8.5所示。

图8.5 设定好的反应页面

提示1:某组分参与多个反应时,如果该组分的总转化率大于1,运行时将警告,并将所有涉及该组分的转化率进行归一化处理。

提示2:如果勾选"反应连续发生",则第2个反应的进度按第1个反应后剩余的参考组分的量乘以转化率计算,后面的反应类推。

在"反应热"页面可选择"报告计算的反应热",得到指定温度和压力下的反应热,图8.6所示参数为计算1000K、1.01325bar条件下的反应热。所有反应的反应热都需要同时设定。

图8.6　设定计算1000K、1.01325bar条件下的反应热

在"选择性"页面设置需要计算选择性的产品及参考反应物,如图8.7所示,图中设置了计算H2、C2H4和CH4的选择性。

图8.7　设定选择性计算参数

⑤ 运行,在"模块 \ R1 \ 流股结果"可得到进料和产物的组成、流量等参数,如图8.8所示。裂解反应过程分子数增加,平均分子量降低,摩尔流量大,相同温度和压力下体积流量大幅度提高。

在"模块 \ R1 \ 结果"可得到反应器热负荷为20.68Gcal/h,如图8.9所示。正值表示外界提供的热量,负值表示外界移走的热量。

如果在图8.3中设置反应压力为1bar,热负荷为0,则出口温度为222.4℃,远低于入口的800℃。这是由于反应过程吸热,没有供热的情况下利用物料温度的降低提供反应热。

在"反应"页面列出了每个反应的进度及摩尔反应热,如图8.10所示。1000K、1.01325bar条件下丙烷断C—C键(反应1)和脱氢(反应2)的反应热分别为79.66kJ/mol和130.6kJ/mol,与参考文献 [6] 的表3.4中的数据基本一致(78.3kJ/mol和129.5kJ/mol)。

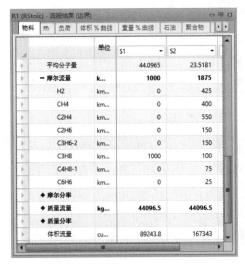

R1 (RStoic) - 流股结果 (边界)

物料 | 热 | 负荷 | 体积 % 曲线 | 重量 % 曲线 | 石油 | 聚合物

	单位	S1	S2
平均分子量		44.0965	23.5181
− 摩尔流量	**k...**	**1000**	**1875**
H2	km...	0	425
CH4	km...	0	400
C2H4	km...	0	550
C2H6	km...	0	150
C3H6-2	km...	0	150
C3H8	km...	1000	100
C4H8-1	km...	0	75
C6H6	km...	0	25
+ 摩尔分率			
+ 质量流量	**kg...**	**44096.5**	**44096.5**
+ 质量分率			
体积流量	cu...	89243.8	167343

图 8.8 进料和产物的参数

R1 (RStoic) - 结果

摘要 | 平衡 | 相平衡 | 反应 | 选择性 | 公用工程用量 | 状态

出口温度	800	C
出口压力	1	bar
热负荷	20.6804	Gcal/hr
净热负荷	20.6804	Gcal/hr
汽相分率	1	
第一液相/全液相		

图 8.9 反应器的出口条件及热负荷

R1 (RStoic) - 结果

摘要 | 平衡 | 相平衡 | 反应 | 选择性 | 公用工程用量 | 状态

反应编号	反应进度 kmol/hr	反应热 kJ/mol	参考组分	化学计量
1	400	79.6585	C3H8	C3H8 --> CH4 + C2H4
2	150	130.612	C3H8	C3H8 --> H2 + C3H6-2
3	75	137.052	C3H8	2 C3H8 --> 2 H2 + C2H4 + C4H8-1
4	75	44.6123	C3H8	2 C3H8 --> C2H4 + 2 C2H6
5	25	162.002	C3H8	2 C3H8 --> 5 H2 + C6H6

图 8.10 反应进度及指定条件下的摩尔反应热

提示：反应进度按进料中参考组分的流量乘以转化率计算；但如果在图 8.5 中勾选“反应连续发生”，则第 2 个反应的进度按第 1 个反应后剩余的参考组分的流量乘以转化率计算，反应 1 的进度为 1000×0.4=400（kmol/h），反应 2 的进度为（1000−400）×0.15=90（kmol/h），以此类推，结果如图 8.11 所示。

R1 (RStoic) - 结果

摘要 | 平衡 | 相平衡 | 反应 | 选择性 | 公用工程用量 | 状态

反应编号	反应进度 kmol/hr	反应热 kJ/mol	参考组分	化学计量
1	400	79.6585	C3H8	C3H8 --> CH4 + C2H4
2	90	130.612	C3H8	C3H8 --> H2 + C3H6-2
3	38.25	137.052	C3H8	2 C3H8 --> 2 H2 + C2H4 + C4H8-1
4	32.5125	44.6123	C3H8	2 C3H8 --> C2H4 + 2 C2H6
5	9.21188	162.002	C3H8	2 C3H8 --> 5 H2 + C6H6

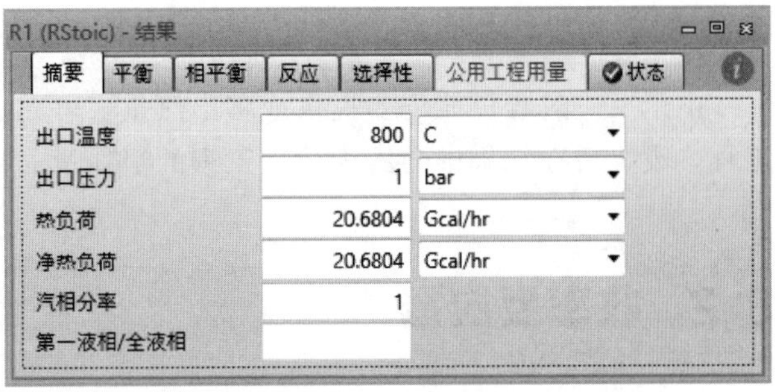

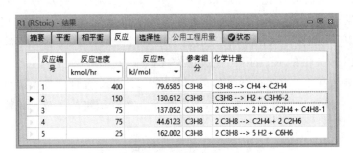

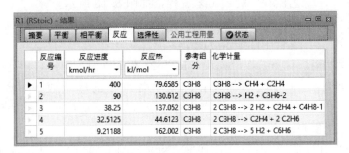

图 8.11 反应连续发生的反应进度

不考虑连续反应的产物选择性如图 8.12 所示。该选择性为生成的产物摩尔流量除以消耗的参考反应物摩尔流量，结果可以大于 1。

图 8.12　不考虑连续发生反应的产物选择性

由于反应过程可能需要提供或移出热量，可在"公用工程"页面设置供热和移热的公用工程，设置后在结果中会给出公用工程的消耗量。

8.2　收率反应器

实际生产过程中，有时候化学反应很复杂，比如烃类的热裂解反应。这类反应的方程式无法准确给出，反应进度不好确定，反应动力学参数也未知，但是产物中各组分的收率可知。这时候，可以直接根据进料和产物流股的状态计算流股的焓及过程的焓变，得到过程的热负荷，Aspen Plus 提供的 RYield 可完成这类模拟反应。

【例 8.2】例 8.1 中，1000kmol/h 的丙烷在 800℃、1bar 条件下发生裂解反应，通过色谱分析得到产物中各组分的摩尔分数如表 8.2 所示，忽略积炭的生成，计算反应过程中需要提供的热量。

表 8.2　丙烷裂解产物的摩尔分数　　　　　　　　　　　　单位：%

氢气	甲烷	乙烯	乙烷	丙烯	丙烷	1-丁烯	苯
20	20	30	10	10	6	3	1

① 新建模拟，按例 8.1 输入组分，物性方法选择 PENG-ROB，载入默认的二元交互作用参数。

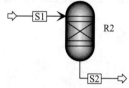

图 8.13　收率反应器流程

② 在"模型选项版 \ 反应器"分类选择"RYield"，在"主工艺流程"完成工艺流程，如图 8.13 所示。

③ 在"流股 \ S1"设定入口流股压力 1bar，温度 800℃，丙烷流量 1000kmol/h。

④ 在"模块 \ R2"设置反应温度 800℃，反应压力 1bar。在"产量"页面设置产物中各组分的摩尔收率（或质量收率），如图 8.14 所示。惰性组分指不参与反应的组分，本例无须设置。

⑤ 运行，有 2 个警告。

警告 1：SPECIFIED YIELDS HAVE BEEN NORMALIZED BY A FACTOR OF (2435.30) TO MAINTAIN AN OVERALL MATERIAL BALANCE。这是由于收率反应器根据质量衡算进行计算，图 8.14 的是摩尔基准的组成，按质量进行了归一化。如果在图 8.14 中指定质量分数，且加和为 1，则无此警告。

图 8.14　收率设置

警告 2：THE FOLLOWING ELEMENTS ARE NOT IN ATOM BALANCE：H C。这是由于进料丙烷的 H/C 为 8/3，而产物组成中 H 元素和 C 元素摩尔比不是 8/3，元素不满足物料衡算关系。如果将 H_2 的基准产量修改为 22.333，产物中的 H/C＝8/3，则无此警告。

在"模块＼R2＼结果"可得到反应器热负荷为 19.39Gcal/h。

8.3　平衡反应器

实际生产过程中，有些反应速度很快，或停留时间足够长，到达出口时已经达到了化学平衡（相平衡），Aspen Plus 提供了 REquil 和 RGibbs 模块来模拟这类反应。这两个模块都是根据化学平衡和相平衡来进行计算，区别是 REquil 模块根据相平衡和指定的化学反应进行计算，可以计算每个反应的平衡；RGibbs 模块根据体系总的吉布斯自由能最小进行计算。

8.3.1　REquil 模块

【例 8.3】例 8.1 中，假设反应器恒温，反应可达到平衡。用 REquil 模拟只发生反应 1、只发生反应 2 以及同时发生反应 1 和反应 2 时热负荷和出口产物组成，采用灵敏度分析计算温度对这两个反应的平衡常数及丙烷转化率的影响。

① 新建模拟，按例 8.1 输入组分，物性方法选择 PENG-ROB，载入默认的二元交互作用参数。

② 在"模型选项版＼反应器"分类选择"REquil"，在"主工艺流程"完成工艺流程，如图 8.15 所示。

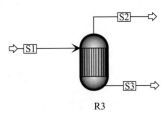

图 8.15　平衡反应器流程

提示：REquil 模块有两个出口流股，顶部为出口条件下的气相，底部为出口条件下的液相，连接流程时必需都给出。计算结果中，反应器出口条件下不存在的相态流量为 0。

③ 在"流股 \ S1"设定入口流股压力 1bar，温度 800℃，丙烷流量 1000kmol/h。

④ 在"模块 \ R3"设置反应温度 800℃，反应压力 1bar。在"反应"页面设置 C—C 键断裂的反应 1，如图 8.16 所示。

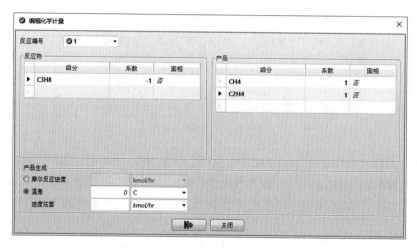

图 8.16　平衡反应器的化学反应设置

摩尔反应进度：如果指定摩尔反应进度，则该反应按反应进度计算而不按化学平衡和相平衡进行计算。

温差：由于实际反应需要有推动力才能进行，以裂解（反应 1）为例，低温下的平衡转化率低，高温下平衡转化率高，实际转化率比 800℃ 的转化率低，假设实际可达到 750℃ 的平衡组成，则将"温差"设定为 −50℃。

进度估算：给反应进度赋初值，合理的初值可加快计算收敛。

如有多个反应，每个反应可以使用不同的摩尔反应进度、温差、进度估算等参数。

⑤ 运行，在"模块 \ R3 \ 结果"可得到反应器热负荷为 18.89GJ/h，只有气相产物。Keq 页面（图 8.17）可看到反应的平衡常数高达 976，热力学上丙烷几乎可完全裂解生成乙烯和甲烷。在流股 S2 的结果可以看到平衡产物中丙烷摩尔分率仅为 0.00025。

图 8.17　C—C 键断裂反应在 800℃ 的平衡常数

⑥ 在"模型分析工具 \ 灵敏度"新建灵敏度分析"S-1"，"变化"页面将反应温度定义为自变量（操纵变量），温度范围 100～800℃（或其他范围），如图 8.18 所示。

图 8.18　灵敏度分析的操纵变量反应温度

在"定义"页面将反应的平衡常数（ID1 指反应编号）和 S2 中丙烷的摩尔流量（S3 的流量为 0，不用考虑；也可以用质量分率、质量流量）定义为因变量，如图 8.19 所示。

图 8.19　设因变量为反应平衡常数和出口流股中丙烷的摩尔流率

在 Tabulate 列出需要的计算结果 LOG（K）（平衡常数的对数值）和 1-NC3H8/1000（丙烷的转化率），如图 8.20 所示。

图 8.20　设定结果中需要的丙烷的转化率和平衡常数的对数值

模拟计算，结果作图如图 8.21 所示。热力学上，低温平衡常数远小于 1 ［图的纵坐标为 LOG(K)］，丙烷裂解生成甲烷和乙烯的平衡转化率很低；350℃附近平衡常数在 1 左右，反应受平衡限制；高温（如 500℃以上）平衡常数很大，反应不受热力学限制，有利于裂解反应的进行。

⑦ 将反应器中的反应修改为脱氢（反应 2）时，在"模块 \ R3 \ 结果"可得到反应器热负荷为 29.49Gcal/h。Keq 页面可看到反应的平衡常数为 8.28，丙烷脱氢在 800℃的高温也还受热力学平衡的限制。在流股 S2 的结果可以看到平衡产物中丙烷摩尔分率为 0.028。

温度对丙烷脱氢（反应 2）的转化率和平衡常数的影响如图 8.22 所示。丙烷脱氢在 400℃以下时平衡常数远小于 1，平衡转化率很低，400℃以下有利于加氢反应的进行；500～700℃有一定的转化率，反应受平衡限制，需要高效催化剂提高反应速度，获得高的选择性；更高的温度平衡转化率较大。

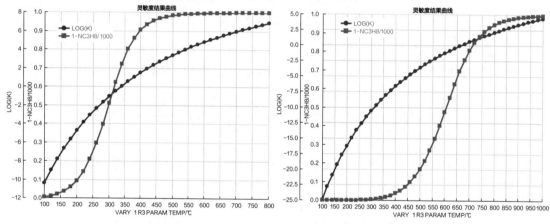

图 8.21　温度对丙烷裂解（反应 1）　　　　图 8.22　温度对丙烷脱氢（反应 2）
平衡常数和转化率的影响　　　　　　　　转化率和平衡常数的影响

⑧ 反应器中只发生断 C—C 键（反应 1）和脱氢（反应 2），达到平衡时产物中 H_2、CH_4、C_2H_4、C_3H_6 和 C_3H_8 的摩尔分率分别为 0.0422、0.4577、0.4577、0.0422 和 0.0002，主要产物为 CH_4 和 C_2H_4，这是由于裂解反应的平衡常数大。

8.3.2　RGibbs 模块

【例 8.4】例 8.1 中，假设反应后整个体系 Gibbs 自由能最低，反应过程等温，计算出口产物组成。如果不生成苯，产物组成将怎么变化？

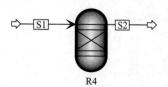

图 8.23　Gibbs 反应器流程

① 新建模拟，按例 8.1 输入组分，物性方法选择 PENG-ROB，载入默认的二元交互作用参数。

② 在"模型选项版 \ 反应器"分类选择"RGibbs"，在"主工艺流程"完成工艺流程，如图 8.23 所示。

③ 在"流股 \ S1"设定入口流股压力 1bar，温度 800℃，丙烷流量 1000kmol/h。

④ 在"模块 \ R4"设置 Gibbs 反应器的有关参数，如图 8.24 所示。

图 8.24　Gibbs 反应器的化学反应设置

仅计算相平衡：不考虑化学反应，最大流体相数应该为 2 或以上，实现类似闪蒸的功能，但只有一个出口流股。

计算相平衡和化学平衡：考虑体系中所有组分的化学平衡和相平衡，但最大流体相数为 1 时只计算化学平衡。

Restrict chemical equilibrium-specify temperature approach or reaction extents（限制化学平衡-指定温度差或化学反应）：与 REquil 相似，需要在"限制平衡"页面设定平衡温度与反应温度的差值，或者指定反应进度。

限制化学平衡-指定负荷和温度，计算温差：根据反应温度和反应器的热负荷计算产物组成及平衡温度与反应温度的差值。

选择计算相平衡和化学平衡，温度 800℃，压力 1bar，其他参数使用默认值。

⑤ 运行，在"模块 \ R4 \ 结果"可得到反应器热负荷为 7.01Gcal/h，在"模块 \ R4 \ 结果"的"相组成"页面或"模块 \ R4 \ 流股结果"可看到达到平衡时的主产物是氢气、甲烷和苯，有少量乙烯和乙烷，丙烯、丙烷和 1-丁烯极微量，如图 8.25 所示。这是由于在 800℃，1bar 条件下，生成氢气、甲烷和苯系统的 Gibbs 自由能最低。

⑥ 如果不生成苯，可在"模块 \ R4 \ 设置"的"产品"页面设置可能生成的组分。计算结果如图 8.26 所示，平衡产物中乙烯和丙烯的摩尔分率增加。

相态	VAPOR
相类型	VAPOR
相分率	1
置于出口流股	S2
总流量 kmol/hr	2112.14612
组分	摩尔分率
H2	0.237735
CH4	0.627951
C2H4	0.00277303
C2H6	0.000548729
C3H6-2	6.21386e-05
C3H8	1.76086e-06
C4H8-1	1.89016e-07
C6H6	0.130928

图 8.25　Gibbs 反应器的出口产物组成

相态	VAPOR
相类型	VAPOR
相分率	1
置于出口流股	S2
总流量 kmol/hr	1910.31982
组分	摩尔分率
H2	0.0163321
CH4	0.501849
C2H4	0.375249
C2H6	0.00510148
C3H6-2	0.0978174
C3H8	0.000190437
C4H8-1	0.0034613

图 8.26　Gibbs 反应器的出口产物组成（不生成苯）

此外，可以在"模块\R4\设置"的"惰性组分"页面设置惰性组分，惰性组分不作为反应的原料，但可以是反应的产物。

8.4 化学反应

化学计量反应器、收率反应器和平衡反应器可完成简单反应系统的模拟，计算反应器出口组成及反应器的热负荷。实际反应过程中，平行、串联反应同时发生，反应器内物料的组成和状态随着反应的进行而发生变化，温度、浓度（分压）和停留时间对反应速度和目标产物的选择性都将产生大的影响。

Aspen Plus 提供了独立于反应器模块的化学反应，可以定义基于化学平衡和动力学的反应，用于平推流反应器（RPlug）、全混釜反应器（RCSTR）、间歇反应器（RBatch）和反应精馏（REAC-DIST）等过程的模拟计算。

化学平衡反应类似 REquil 中的反应，定义化学反应式后，反应的平衡常数根据反应的 Gibbs 自由能来计算，即

$$\ln K_{eq} = -\Delta G/RT \tag{8.2}$$

式中，K_{eq} 为平衡常数；ΔG 为化学反应吉布斯自由能；T 为反应温度，单位为 K。

反应的平衡常数也可由温度的关联式计算，即

$$\ln K_{eq} = A + B/T + C\ln(T) + DT \tag{8.3}$$

式中，A、B、C 和 D 为常数。

Aspen Plus 提供了结晶动力学（CRYSTAL）、自由基反应动力学（FREE-RAD）、指数型反应动力学（Power Law）、非均相催化过程中涉及吸附竞争的反应动力学（Langmuir-Hinshelwood-Hougen-Watson，LHHW）等多种化学反应速率方程。Aspen Plus 的反应动力学规定了相关物理量的单位，相关参数的设置需要先换算到规定的单位。下面以指数型反应动力学（Power Law）和 LHHW 型反应动力学为例进行介绍。

8.4.1 指数型反应动力学

指数型反应（Power Law）中，反应速度与组分浓度的指数成正比，通式为：

$$r = k(T/T_0)^n \mathrm{e}^{-\left(\frac{E}{R}\right)\left(\frac{1}{T} - \frac{1}{T_0}\right)} \prod_{i=1}^{N} C_i^{a_i} \tag{8.4}$$

式中　r——反应速度，以体积为基准时 kmol/（m^3·s），以催化剂质量为基准时 kmol/（kg·s）；

k——指前因子，以体积为基准时 $\dfrac{\text{kmol}/(\text{m}^3\cdot\text{s})}{(\text{kmol}/\text{m}^3)^{\sum a_i}}$，不指定 T_0 时 $\dfrac{\text{kmol}/(\text{m}^3\cdot\text{s})/\text{K}^n}{(\text{kmol}/\text{m}^3)^{\sum a_i}}$，

以催化剂质量为基准时 $\dfrac{\text{kmol}/(\text{kg}\cdot\text{s})}{(\text{kmol}/\text{m}^3)^{\sum a_i}}$，不指定 T_0 时 $\dfrac{\text{kmol}/(\text{kg}\cdot\text{s})/\text{K}^n}{(\text{kmol}/\text{m}^3)^{\sum a_i}}$；

T——绝对温度，K；

T_0——参考温度，K；

n——温度的指数；

E——活化能，J/mol，kJ/mol，kJ/kmol 等单位均可；

R——理想气体常数，8.314J/(mol·K)；

N——组分数；

C_i——i 组分的摩尔浓度，kmol/m^3；

a_i——i 组分的反应级数。

式(8.4) 中的浓度基准 C_i（摩尔浓度，kmol/m^3）可以用其他浓度替换，具体为每千克水中的物质的量［限电解质溶液，kmol/kg(H_2O)］、活度、摩尔分率、质量分率、分压（限气相反应，Pa）、质量浓度（kg/m^3）和逸度（Pa），对应的反应速率方程如表 8.3 所示。

表 8.3 Aspen Plus 中不同浓度基准的指数型反应速率方程

浓度基准	浓度单位	速率方程表达式	
		不指定 T_0	指定 T_0
摩尔浓度（默认）	kmol/m^3	$r = kT^n \mathrm{e}^{-\frac{E}{RT}} \prod\limits_{i=1}^{N} C_i^{a_i}$	$r = k(T/T_0)^n \mathrm{e}^{-\left(\frac{E}{R}\right)\left(\frac{1}{T}-\frac{1}{T_0}\right)} \prod\limits_{i=1}^{N} C_i^{a_i}$
摩尔浓度（电解质）	kmol/kg（H_2O）	$r = kT^n \mathrm{e}^{-\frac{E}{RT}} \prod\limits_{i=1}^{N} m_i^{a_i}$	$r = k(T/T_0)^n \mathrm{e}^{-\left(\frac{E}{R}\right)\left(\frac{1}{T}-\frac{1}{T_0}\right)} \prod\limits_{i=1}^{N} m_i^{a_i}$
活度（仅液相）		$r = kT^n \mathrm{e}^{-\frac{E}{RT}} \prod\limits_{i=1}^{N} (x_i\gamma_i)^{a_i}$	$r = k(T/T_0)^n \mathrm{e}^{-\left(\frac{E}{R}\right)\left(\frac{1}{T}-\frac{1}{T_0}\right)} \prod\limits_{i=1}^{N} (x_i\gamma_i)^{a_i}$
摩尔分率		$r = kT^n \mathrm{e}^{-\frac{E}{RT}} \prod\limits_{i=1}^{N} x_i^{a_i}$	$r = k(T/T_0)^n \mathrm{e}^{-\left(\frac{E}{R}\right)\left(\frac{1}{T}-\frac{1}{T_0}\right)} \prod\limits_{i=1}^{N} x_i^{a_i}$
质量分率		$r = kT^n \mathrm{e}^{-\frac{E}{RT}} \prod\limits_{i=1}^{N} (x_i^m)^{a_i}$	$r = k(T/T_0)^n \mathrm{e}^{-\left(\frac{E}{R}\right)\left(\frac{1}{T}-\frac{1}{T_0}\right)} \prod\limits_{i=1}^{N} (x_i^m)^{a_i}$
分压（仅气相）	Pa	$r = kT^n \mathrm{e}^{-\frac{E}{RT}} \prod\limits_{i=1}^{N} p_i^{a_i}$	$r = k(T/T_0)^n \mathrm{e}^{-\left(\frac{E}{R}\right)\left(\frac{1}{T}-\frac{1}{T_0}\right)} \prod\limits_{i=1}^{N} p_i^{a_i}$
质量浓度	kg/m^3	$r = kT^n \mathrm{e}^{-\frac{E}{RT}} \prod\limits_{i=1}^{N} (C_i^m)^{a_i}$	$r = k(T/T_0)^n \mathrm{e}^{-\left(\frac{E}{R}\right)\left(\frac{1}{T}-\frac{1}{T_0}\right)} \prod\limits_{i=1}^{N} (C_i^m)^{a_i}$
逸度	Pa	$r = kT^n \mathrm{e}^{-\frac{E}{RT}} \prod\limits_{i=1}^{N} f_i^{a_i}$	$r = k(T/T_0)^n \mathrm{e}^{-\left(\frac{E}{R}\right)\left(\frac{1}{T}-\frac{1}{T_0}\right)} \prod\limits_{i=1}^{N} f_i^{a_i}$

【例 8.5】乙烷裂解过程中的化学反应及动力学参数如表 8.4 所示，表中活化能单位为 J/mol。在 Aspen Plus 设定这些反应，物性方法选择 PENG-ROB。

表 8.4 乙烷裂解过程的化学反应

化学反应	速率方程	速率常数 k/s^{-1}
$C_2H_6 \longrightarrow C_2H_4 + H_2$	$r_1 = k_1[C_2H_6]$	$k_1 = 10^{13}\mathrm{e}^{-250000/RT}$
$C_2H_4 \longrightarrow C_2H_2 + H_2$	$r_2 = k_2[C_2H_4]$	$k_2 = 10^6\mathrm{e}^{-140000/RT}$

化学反应	速率方程	速率常数 k/s^{-1}
$C_2H_2 \longrightarrow 2C + H_2$	$r_3 = k_3 \left[C_2H_2 \right]$	$k_3 = 10^8 e^{-200000/RT}$

> **提示:** 根据乙烷裂解产物分布及可查得的相关数据假定的数据,非实际动力学数据,未考虑缩合反应。

① 新建模拟,输入组分 H2、C2H6、C2H4、C2H2 和 C,如图 8.27 所示。物性方法选择 PENG-ROB,载入默认的二元交互作用参数。

图 8.27 乙烯裂解过程涉及的组分

图 8.28 新建动力学反应的选项

② 进入模拟环境,在导航栏"反应"单击"新建",如图 8.28 所示。根据表 8.4 中动力学方程的形式,选择 POWERLAW 新建反应集合 R-1。

③ 在"反应 \ R-1 \ 输入"的"化学计量"页面,新建乙烷脱氢得到乙烯的化学反应方程,如图 8.29 所示。"系数"为反应的化学计量系数,指数为反应速率方程中组分的反应级数,乙烯和氢气的反应级数保留为空或指定为 0。

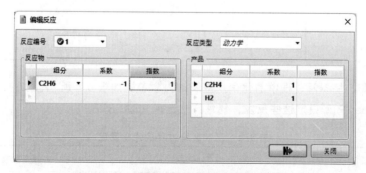

图 8.29 乙烷脱氢得到乙烯和氢气的反应

用同样的方法完成第 2 和第 3 个反应的定义,完整的反应集合如图 8.30 所示。

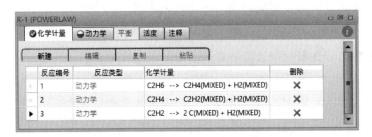

图 8.30　乙烷裂解过程的反应

提示：反应集合可包括平衡型的反应，在"反应类型"选择"平衡"设置反应即可，平衡型的反应不需要设定组分的指数。

④ 在"动力学"的"化学计量"页面，设置反应的动力学参数，如图 8.31 所示。乙烷裂解的有效反应相态为汽相，反应速率按反应器体积计算，根据表 8.4 的数据，k 为 10^{13}，活化能为 250kJ/mol。用同样方法设置反应 2 和反应 3 的动力学。

图 8.31　乙烷裂解为乙烯和氢气的反应速率方程参数

3 个化学反应的动力学参数都设置好后，"动力学"标签前的状态显示输入已完成。

8.4.2　LHHW 模型

非均相催化反应过程中，反应物和产物分子在催化剂表面吸附、反应和脱附，过程的反应速度可用 LHHW 模型表示：

$$r = \frac{动力学因子 \times 推动力}{吸附表达式} \tag{8.5}$$

式中，动力学因子是一定温度下的反应速率常数，由温度和活化能计算：

$$动力学因子 = k\left(\frac{T}{T_0}\right)^n e^{\left(-\frac{E}{R}\right)\left[\frac{1}{T}-\frac{1}{T_0}\right]} \tag{8.6}$$

T_0 一定时：

$$动力学因子 = kT^n e^{-\frac{E}{RT}} \tag{8.7}$$

式(8.6) 和式(8.7) 中各物理量的含义与式(8.4) 中物理量相同。

推动力取决于正反应和逆反应的吸附平衡，表达式为：

$$推动力 = K_1\left(\prod C_i^{v_i}\right) - K_2\left(\prod C_j^{v_j}\right) \tag{8.8}$$

吸附项反映各组分在催化剂表面的竞争吸附，表达式为：

$$吸附项 = \left\{\sum K_i\left(\prod C_i^{v_i}\right)\right\}^m \tag{8.9}$$

式 (8.8) 和式 (8.9) 中 K_1、K_2 和 K_i 为吸附平衡常数，用以下关联式给出：

$$\ln K_i = A_i + \frac{B_i}{T} + C_i \times \ln(T) + D_i \times T \tag{8.10}$$

式 (8.10) 中，A、B、C、D 为系数。

【例 8.6】 丙烷脱氢制丙烯的反应 $C_3H_8 \longrightarrow C_3H_6 + H_2$ 在 Pt-Sn/Al$_2$O$_3$ 催化剂的催化作用下进行，反应速率方程为：

$$r = \frac{5.88 \times 10^{10} \exp\left(-\frac{40.6}{RT}\right)\left[3.44 \times 10^{-4} \exp\left(\frac{11.5}{RT}\right)P_{C_3H_8} - 1.82 \times 10^{-12} \exp\left(\frac{45.1}{RT}\right)P_{C_3H_6}P_{H_2}\right]}{\left[1.0 + 3.44 \times 10^{-4} \exp\left(\frac{11.5}{RT}\right)P_{C_3H_8} + 3.97 \times 10^{-3} \exp\left(\frac{7.66}{RT}\right)P_{C_3H_6} + 4.81 \times 10^{-3} \exp\left(\frac{7.34}{RT}\right)P_{H_2}\right]^2}$$

上式中，压力单位为 MPa，指前因子 k 单位为 kmol/(kg·h)，活化能和吸附能单位为 kcal/mol，数据来源于文献 [10]。在 Aspen Plus 设定该反应，物性方法选择 PENG-ROB。

① 新建模拟，输入组分 C3H8、C3H6（丙烯）和 H2；物性方法选择 PENG-ROB，载入默认的二元交互作用参数。

② 进入模拟环境，在导航栏"反应"单击"新建"，选择 LHHW 类型新建反应集合 R-1，定义丙烷脱氢的化学反应，如图 8.32 所示。如有多个反应，用相同方法定义。

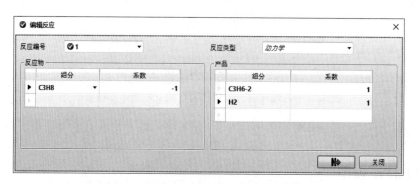

图 8.32 丙烷脱氢生成丙烯和氢气的化学反应

③ 指前因子 $k = 5.88 \times 10^{10}$ kmol/(kg·h) $= 1.63 \times 10^7$ kmol/(kg·s)。在"动力学"页面设定指前因子和活化能，分别为 1.63×10^7 kmol/(kg·s) 和 40.6 kcal/mol，如图 8.33 所示。此外，反应相为汽相（丙烷脱氢为气相反应），速率基准设置为催化剂的重量。

④ 单击"推动力"，正反应设置如图 8.34 所示。浓度基于分压，反应物丙烷的指数为 1，产物丙烯和氢气的指数空着或填写 0，$A = \ln(3.44 \times 10^{-4} \times 10^{-6}) = -21.79$（压力 MPa 需要换算成 Pa，$1Pa = 10^{-6}MPa$），$B = 11.5 \times 4180/8.314 = 5782$（$1kcal = 4180J$）。

> **提示：** 必需换算成 Aspen Plus 要求的单位。

图 8.33 丙烷脱氢制丙烯的反应速率方程的动力学因子　　　图 8.34 丙烷脱氢制丙烯的正反应参数设定

在图 8.34 的"输入项"选择"项 2"，逆反应设置如图 8.35 所示。反应物丙烷的指数为空着或填写 0，产物丙烯和氢气的指数填写 1，$A = \ln(1.82 \times 10^{-24}) = -54.66$，$B = 45.1 \times 4180/8.314 = 22675$。

⑤ 单击"吸附"，如图 8.36 所示。吸附表达式的指数为 2。组分的浓度指数共 4 项，第 1 项为常数，丙烷、丙烯和氢气的指数均为 0；第 2、3、4 项丙烷、丙烯和氢气的指数分别为 1。系数 A、B、C、D 根据反应速率方程的数据计算得到。

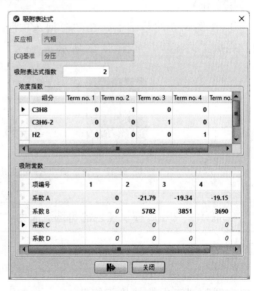

图 8.35 丙烷脱氢制丙烯的逆反应参数设定　　　图 8.36 丙烷脱氢制丙烯的吸附项参数设定

以上完成了丙烷脱氢反应的设置。

8.5　动力学反应器

动力学反应器有平推流反应器（RPlug）、全混釜反应器（RCSTR）和间歇反应器

（RBatch）。此外，反应精馏过程（用 RadFrac 模块进行模拟）中同样可以使用反应动力学进行相关计算。

8.5.1 平推流反应器

平推流也称为活塞流，径向的流体流速分布均匀，组成完全相同，沿轴向方向流动，轴向没有返混。平推流反应器内，随着反应的进行，反应物和产物的浓度、热负荷、反应速度等都沿管长方向变化。例 8.7 以例 8.5 的乙烷裂解动力学为基础，利用 Aspen 的 RPlug 模型（平推流反应器），分析管式裂解炉内烃类裂解过程需要高温、短停留时间和低烃分压的原因。

8.5.1.1 乙烷热裂解反应

【例 8.7】例 8.5 的乙烷裂解反应在管式裂解炉进行，乙烷流量为 5t/h、800℃、1bar，在毫秒炉裂解。毫秒炉炉管内径 25mm，长度 20m（实际毫秒炉炉管长度约 10m），炉内共有 84 根平行的炉管，等温反应，忽略压降。

（1）计算停留时间、热负荷及出口产物组成，分析各组分浓度及反应热负荷沿反应器长度的变化。

（2）反应温度升高到 900℃呢？

（3）假设考虑压降，且不发生积炭反应（反应 3），分析压力沿反应器长度的变化（忽略静压变化）。

① 在例 8.5 的基础上，在"模型选项版\反应器"分类选择"RPlug"，在"主工艺流程"完成工艺流程，如图 8.37 所示。

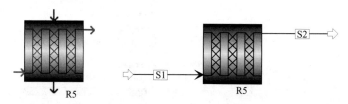

图 8.37　平推流（RPlug）反应器流股（左）和流程（右）

> 提示：RPlug 模块蓝色的可选流股为供热和移热流股，用于提供或移走反应热。

② 在"流股\S1"设定入口流股压力 1bar，温度 800℃，乙烷流量 5000kg/h。

③ 在"模块\R5"设置 RPlug 反应器的温度或供热/移热参数，如图 8.38 所示。"反应器类型"列表中的"热流体"（thermal fluid）指与反应流股换热的物料，温度比进料温

图 8.38　平推流（RPlug）反应器的供热/移热参数

度高或低都可以，用于提供或移走反应热。选择"热流体"选项时，工艺流程图必需连接相应的流股。本例选择恒温反应器，并将温度设定为 800℃。

在"配置"页面设定反应器的结构和有效相态，如图 8.39 所示。列管反应器、管式裂解炉等有多根平行的反应管，可勾选"多管反应器"并设置管的数量，本例为 84 根；管长 20m，管内径 25mm，勾选"直径沿反应器长度变化"可设置变径反应器；标高影响静压，在计算压力沿管长变化时需要使用，高度为正表示由下向上，为负表示由上向下，本例忽略静压变化无须填写；裂解反应仅在汽相发生，有效相选择"仅汽相"。

在"反应"页面将反应集"R-1"（已在例 8.5 定义）添加到所选反应集，如图 8.40 所示。其他页面使用默认参数。

图 8.39　平推流（RPlug）反应器的结构

图 8.40　反应器内发生的反应

④ 运行。在"模块 \ R5 \ 结果"得到反应器的热负荷为 3.65Gcal/h，停留时间为 146ms（实际毫秒炉炉管长度 10m，并且有水蒸气稀释，停留时间更短）；产品流股 S2 中 H_2、C_2H_2、C_2H_4、C_2H_6 和 C 的质量分数分别为 0.043、0.007、0.579、0.371 和 6.29×10^{-6}。

在"模块 \ R5 \ 分布"可查看反应器热负荷、产物生成率等参数沿管长的变化，如图 8.41 所示。

图 8.41　相关物理量沿管长的变化

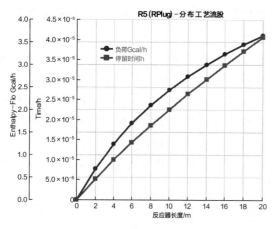

图 8.42 热负荷和停留时间沿管长的变化

利用自定义作图得到热负荷和停留时间沿管长的变化，结果如图 8.42 所示。入口段热负荷大，这是因为初期的乙烯裂解反应速度快，反应吸热量大，后期相反；停留时间与管长不是线性关系，这是因为反应为分子数增加的反应，体积流量随反应的进行而增大。

利用"反应动力学"页面的数据做得三个反应的反应速率（净率）沿管长的变化，结果如图 8.43 所示。反应 1 的速率常数大，反应速度很快，在几十到上百 kmol/(m^3·h)，且随着乙烷的消耗而下降；反应 2 是乙烯的进一步反应，速率常数较反应 1 小得多，由于乙烯浓度由 0 逐渐增大，反应速度由 0 逐渐提高到几 kmol/(m^3·h)，后期提高速度放缓；反应 3 是反应 2 的后续反应，速率常数小，进口段反应速度很慢，但随着乙炔的累积反应速率呈指数提高。利用"产物生成速率"页面的数据可得到类似图 8.43 中反应 2 和反应 3 的曲线。

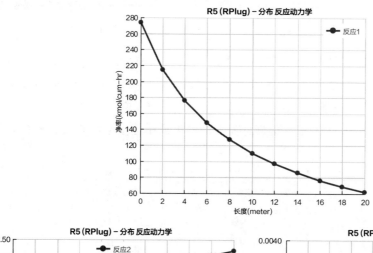

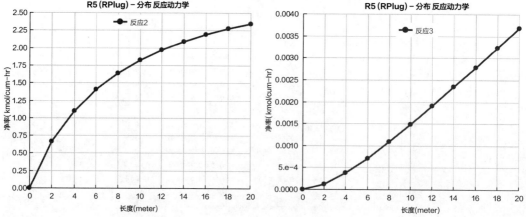

图 8.43 三个反应的反应速率（净率）沿管长的变化

此外，各组分摩尔分率沿管长的变化如图 8.44 所示。10m 以后乙烯的摩尔分率增加较慢，但乙炔、积炭生成加速，所以实际毫秒炉的炉管长度在 10m 左右。

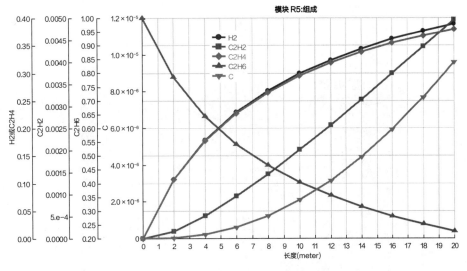

图 8.44　各组分摩尔分率沿管长的变化

⑤ 反应温度升高到 900℃时（在"模块＼R5＼设置"的"规定"页面指定反应器温度为 900℃），运行后可得到各组分摩尔分率沿管长的变化如图 8.45 所示。乙烯摩尔分率的提高主要在前 2m，这时候副产物还很少；5m 以后，乙烯摩尔分率略增加后下降，副产物快速上升。因此，提高反应温度需要配合缩短停留时间（缩短炉管长度）来降低副反应的发生。

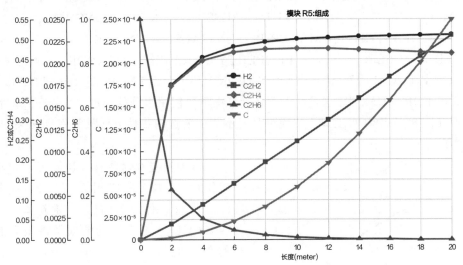

图 8.45　各组分摩尔分率沿管长的变化（900℃）

⑥ 在"模块＼R5＼设置"将温度调回到 800℃，在"压力"页面设置反应器的压降或压降计算方法，如图 8.46 所示。前面的计算中使用的是默认的压降 0。选择"使用摩擦关联式计算工艺流股的压降"，可以选择列出的关系式计算压降。其中 Ergun 关联式可用于计算平推流的固定床反应器的压降，其他关联式计算管内两相流的压降。本例选择 Beggs-Brill 关联式。

图 8.46　设置反应器的压降或压降计算方法

　　修改"压力"页面的参数后，直接运行不能得到结果，并给出错误提示"Aspen Plus 计算引擎意外关闭。此引擎……"，具体提示信息为"VISCOSITY MODEL MUV2WILK HAS MISSING PARAMETERS：STKPAR/1ST ELEMENT（DATA SET 1）MISSING FOR COMPONENT C. TB（DATA SET 1）MISSING FOR COMPONENT C；TB NEEDED TO CALCULATE STOCKMAYER POTENTIALS WHEN STKPAR PARAMS NOT INPUTTED BY USER. ＊＊＊＊ PROPERTY PARAMETER ERROR：ERRORS ENCOUNTERED IN CALCULATION OF VAPOR MIXTURE PROPS USING OPTION SET PENG-ROB FOR MUMX"。这是由于压降计算中需要使用组分的黏度（Viscosity）和沸点（TB），但在图 8.27 中将 C 设置为常规组分，不能由所选的物性方法计算得到相关的数据，所以出错了。

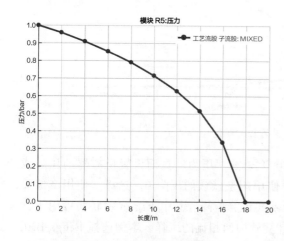

图 8.47　压力沿管长的变化

　　由于反应 3 对物性及压降影响很小，可以删除"反应 \ R-1"中的反应 3（或者在图 8.27 中将 C 修改为固体），重新运行。利用"模块 \ R5 \ 分布"的数据做得压力沿管长的变化如图 8.47 所示，随着反应的进行，压力下降速度越来越快。因此，SRT 型裂解炉采用后期增加管径的方法，减少后期的压降。

　　以上热负荷、反应选择性和压降等规律与参考文献［6］所述的烃类热裂解过程规律一致，体现热裂解对高温、短停留时间和低烃分压的反应条件要求，也反映了高温、短停留时间和低烃分压对炉管结构的要求。

8.5.1.2 丙烷催化脱氢反应

【例8.8】 假设例8.6丙烷脱氢反应在500℃、2bar进行，进料速度1kmol/h，催化剂床层的直径为0.14m，长度为1m，催化剂装填12kg，床层空隙率0.35，反应过程等温，计算：

（1）分析各组分质量分数及反应压力沿反应器的变化；

（2）催化剂量提高到200kg，各组分质量分数沿反应器的变化；

（3）催化剂量200kg、温度500℃，压力分别为1bar和5bar时，各组分质量分数沿反应器的变化；

（4）催化剂量200kg、压力2bar，温度分别为400℃和600℃时，各组分质量分数沿反应器的变化。

① 在例8.6的基础上，在"模型选项版\反应器"分类选择"RPlug"，在"主工艺流程"完成工艺流程，与图8.37相同，反应器名称修改为R6。

② 在"流股\S1"设定入口流股压力2bar，温度500℃，丙烷流量1kmol/h。

③ 在"模块\R6\设置"的"规定"页面设定为反应温度500℃的等温反应器。

在"配置"页面设定反应器的长度和直径（1m和0.14m，总体积约15L；固定床的长径比一般在5～12）。实际上，强吸热或强放热的固定床一般使用列管式结构，方便提供或移走反应热，本例按单管计算。

在"反应"页面将定义好的反应集R-1添加到所选反应集。

在"压力"页面选择"使用摩擦关联式计算工艺流股的压降"，压降关联式选择为"Ergun"，该关联式可计算固定床的压降。

由于丙烷脱氢过程使用催化剂，反应速度以催化剂的质量为基准计算，需要在"催化剂"页面添加设定催化剂的装填量、床层空隙率及催化剂的直径、形状等，如图8.48所示。反应动力学以体积为基准时，可不用设置催化剂的装填量。床层空隙率影响停留时间和压降。

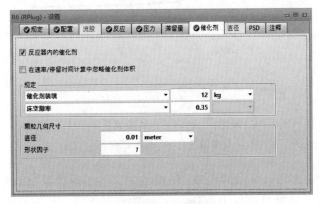

图8.48　催化剂参数

④ 运行。在"模块\R6\结果"得到反应器的热负荷、实际停留时间数据。在"模块\R6\分布"得到温度、压力、热负荷、组成等参数沿反应器长度的变化。丙烷、丙烯和氢气的质量分率沿反应器的变化如图8.49所示，丙烷的转化率17.8%，与参考文献[10]中的19%相近。

反应压力沿反应器的变化如图8.50所示，由于床层阻力，反应压力逐渐降低。实际床层空隙率一般达不到0.35，压降会更大些。

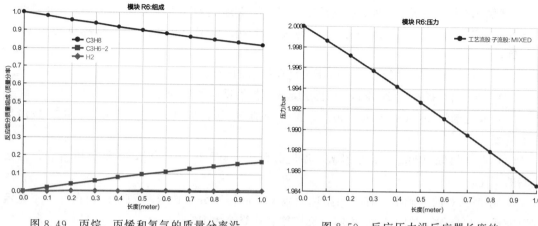

图 8.49　丙烷、丙烯和氢气的质量分率沿　　　　图 8.50　反应压力沿反应器长度的
　　　反应器长度的变化（12kg 催化剂）　　　　　　　变化（12kg 催化剂）

⑤ 将催化剂量提高到 200kg（仅用于分析催化剂量的影响，实际装填 200kg 催化剂需要增大反应器体积），各组分质量分率沿反应器的变化如图 8.51 所示，丙烷转化率在 0.4m 的床层后基本保持不变，出口时为 48.5%。这是由于逆反应的存在，在催化剂床层的中下游达到了反应平衡。

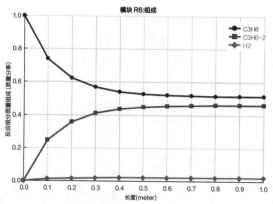

图 8.51　丙烷、丙烯和氢气的质量分率和沿反应器
　　　长度的变化（200kg 催化剂）

⑥ 催化剂量保持 200kg，压力为 1bar 和 5bar 时，各组分质量分率沿反应器的变化如图 8.52 和图 8.53 所示。降低反应压力（1bar），丙烷分压下降，反应速度下降，丙烷质量分率下降速度减缓，但由于脱氢是分子数增加的反应，出口的转化率为 58.2%（还没达到平衡转化率）。提高反应压力（5bar），反应速度提高，在 0.1m 的床层就已接近平衡转化率（约 33%）。

⑦ 催化剂量保持 200kg，压力 2bar，温度分别为 400℃ 和 600℃ 时各组分质量分率沿反应器的变化如图 8.54 和图 8.55 所示。400℃ 时反应速度明显降低，600℃ 反应速度和平衡转化率都很高。

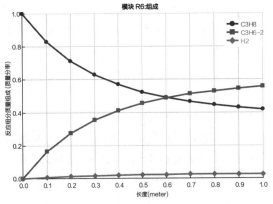

图 8.52　丙烷、丙烯和氢气的质量分率和沿
反应器长度的变化（1bar）

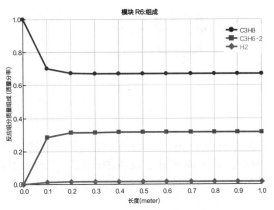

图 8.53　丙烷、丙烯和氢气的质量分率和
沿反应器长度的变化（5bar）

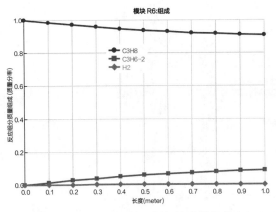

图 8.54　丙烷、丙烯和氢气的质量分率和
沿反应器长度的变化（400℃）

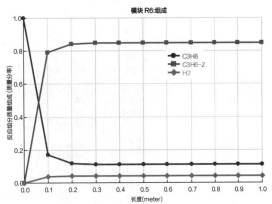

图 8.55　丙烷、丙烯和氢气的质量分率和
沿反应器长度的变化（600℃）

8.5.2　全混釜反应器

全混釜反应器反应区内各点的浓度均一，可以是均相反应（一般是单一液相），也可以是汽-液、液-液、液-固、汽-固和汽-液-固等多相反应。操作方式上，可以是连续操作，也可间歇或半间歇操作。连续操作的全混釜反应器主要的条件有物料流量、温度、压力、体积（催化剂量）、热负荷等。例8.9和例8.10介绍使用RCSTR模块进行连续全混釜反应器的计算，并与平推流反应过程进行对比。

8.5.2.1　乙烷热裂解反应

【例 8.9】例8.5的乙烷热裂解反应在全混釜反应器进行，乙烷流量为 5t/h、800℃、1bar，等温反应，反应器 0.824m³（与 84 根内径 25mm，长度 20m 的炉管体积相同），计算停留时间、热负荷及出口产物组成。

> 提示：实际生产中使用全混釜反应器完成乙烷的热裂解是不合理的。

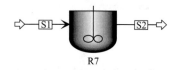

图 8.56　全混釜（RCSTR）
反应器的流程

① 在例 8.5 的基础上，在"模型选项版 \ 反应器"分类选择"RCSTR"，在"主工艺流程"完成工艺流程，如图 8.56 所示。

② 在"流股 \ S1"设定入口流股压力 1bar，温度 800℃，乙烷流量 5000kg/h。

③ "模块 \ R7 \ 设置"的"规定"页面如图 8.57 所示。模型仿真（model fidelity，翻译为"模型真实度"或"模型仿真度"可能更合适）可选择"概念模式"或"基于设备的模型"。"概念模式"直接设定反应相体积（或停留时间）；基于设备的模型将反应器体积与反应器的结构、尺寸结合，可初步设计反应器。

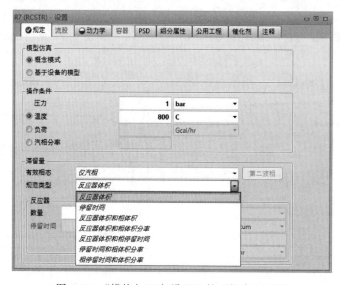

图 8.57　"模块 \ R7 \ 设置"的"规定"页面

操作条件指定反应压力 1bar，反应温度 800℃。反应温度可用反应器的热负荷或汽相分率替代。

滞留量用于确定动力学计算中的停留时间。可以直接指定反应器体积（页面中的"数量"）或停留时间，多相时可进一步指定各相的体积或体积分率。本例有效相态为仅汽相，规范类型为反应器体积，反应器数量（volume，应该翻译为"体积"）为 $0.824 m^3$。

在"动力学"页面将反应集"R-1"添加到所选反应集。其他页面使用默认参数。

④ 运行。在"模块 \ R7 \ 结果"得到反应器的热负荷 2.79Gcal/h，低于相同体积平推流反应器的 3.65Gcal/h（例 8.7）；停留时间为 134ms，也低于平推流反应器的 146ms；产品流股 S2 中 H_2、C_2H_2、C_2H_4、C_2H_6 和 C 的质量分数分别为 0.033、0.008、0.436、0.522 和 1.9×10^{-5}，未转化的乙烷比平推流反应器增加，目标产物乙烯和氢气的收率比平推流反应器大幅度下降；副产物乙炔和炭的收率，尤其炭的收率比平推流反应器大幅度升高。这是由于原料进入反应器后被反应器内的物料稀释，降低了反应物的浓度；反应过程中乙烯一直保持较高浓度，加速了副反应，即乙炔和碳的生成速度提高。

8.5.2.2　丙烷脱氢反应

【例 8.10】假设例 8.6 丙烷脱氢反应在可视为全混流的流化床反应器进行，反应温度 500℃，反应压力 2bar，进料速度 1kmol/h，催化剂床层体积 $0.0154 m^3$（与直径为 0.14m，长度为 1m 的固定床体积一样），催化剂量 12kg，床层空隙率 0.35（实际流化床的空隙率更高），计算产物组成。

① 在例 8.6 的基础上，在"模型选项版 \ 反应器"分类选择"RCSTR"，在"主工艺流程"完成工艺流程，与图 8.56 相同，反应器名称修改为 R8。

② 在"流股 \ S1"设定入口流股压力 2bar、温度 500℃，丙烷流量 1kmol/h。

③ 在"模块 \ R8 \ 设置"的"规定"页面设定为反应压力 1bar、温度 500℃的等温反应器，反应器体积 0.0154m³。

在"动力学"页面将定义好的反应集 R-1 添加到所选反应集。

在"催化剂"页面设定催化剂的装填量 12kg，床层空隙率 0.35。

④ 运行。在"模块 \ R8 \ 结果"得到反应器的热负荷、实际停留时间数据。由丙烷的质量分率可得出，丙烷转化率为 15.2%，略低于平推流反应器的 17.8%。

8.5.3　间歇反应器

间歇反应过程一般用于液相或溶液中的反应，达到一定条件时停止反应。间歇反应过程模拟中，假设反应器内任意点的浓度相同，反应进度、组分浓度、热负荷等随停留时间的变化规律与平推流反应器中沿管长的变化规律相似。液相中间歇反应的动力学一般使用摩尔浓度为基准，而不使用分压。例 8.11 以丙烷的催化脱氢为例示范间歇反应器模块（RBatch）的使用。

【例 8.11】假设例题 8.6 丙烷催化脱氢反应在 500℃、2bar 进行，进料速度 10kmol/h，采用间歇等温反应器反应，内有 12kg 催化剂，丙烷转化率达到 20% 则停止反应。每次进料 0.1h，后续处理（检修、卸料、休息等）需要 2h，最长反应时间 1h，是否能达到丙烷转化率 20% 的目标？需要反应多长时间才行？热负荷是多少？各组分浓度怎么变化？

> 提示：本例仅为示范间歇反应器模块的使用，实际丙烷催化脱氢反应不适合采用这种形式完成。

① 在例 8.6 的基础上，在"模型选项版 \ 反应器"分类选择"RBatch"，在"主工艺流程"完成工艺流程，如图 8.58 所示，反应器名称修改为 R9。

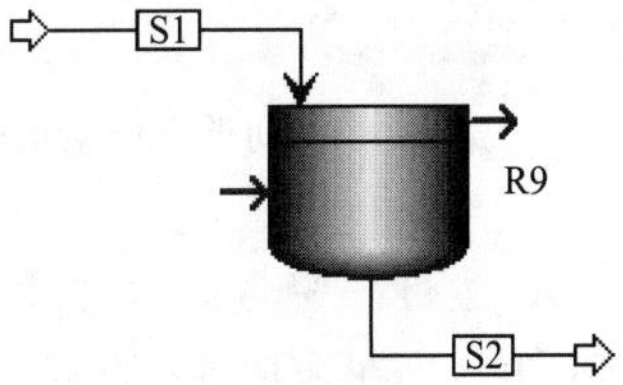

间歇反应器的间歇进料和出料为必选，可以有连续进料和连续出料。

② 在"流股 \ S1"设定入口流股压力 2bar、温度 500℃，丙烷流量 10kmol/h。

图 8.58　间歇反应器流程

③ 在"模块 \ R9 \ 设置"的"规定"页面设定反应条件，如图 8.59 所示。反应温度 500℃，可以是热负荷等其他替换条件；反应压力 2bar，可以是压力随时间变化的曲线或指定反应器体积，计算反应压力；反应器的相态仅为汽相，反应相需要有反应动力学方程设置的有效相态，否则会出错；如果反应过程中由于分子数增加、汽化、膨胀、连续进料等使反应压力升高，在流程图上可设置连续的出料，通过连续排放保持恒压。

在"动力学"页面将定义好的反应集 R-1 添加到所选反应集。

图 8.59　间歇反应条件设置

在"停止标准"页面设定反应的停止条件，如图 8.60 所示。图中的终止条件为丙烷的转化率（conversion 应该翻译为"转化率"而不是"转换"）达到 0.2 时终止，由于丙烷转化率由 0 向上增大，"接近方向"选择"下文"（below 应该翻译为"从下"或"向上"；与此类似，above 应该翻译为"从上"或"向下"而不是"上文"）。可设置多个终止条件。

在"操作时间"页面设定生产周期、最长反应时间等参数，如图 8.61 所示。间歇进料时间是每批次进料的时长，进料 0.1h×10kmol/h＝1kmol，即每批次进料 1kmol；停机时间为反应之外需要的时间（如检修、卸料、休息等），按例题要求设置为 2h；最大计算时间是每批反应的最长时间，本例设置为 1h；分布点间的时间间隔是计算各参数随时间变化时的时间间隔，最大分布点是按指定的时间间隔从 0 到最大计算时间的点的数量。

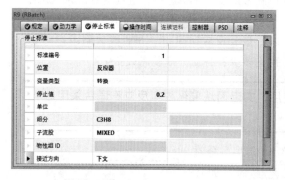

图 8.60　间歇反应器的停止条件

图 8.61　间歇反应器的模拟时间

④ 运行。警告提示"NO STOP CRITERION WAS MET"，这是由于丙烷转化率没有达到 20%。在流股 S2 的结果可得到丙烷的质量分率为 0.8215，而"模块 \ R9 \ 结果"的"操作时间"已经 1h，说明反应 1h 丙烷的实际转化率为 17.85%。

⑤ 需要更长的时间丙烷转化率才能达到 20%，将图 8.61 的最大计算时间修改为 2h，再运行。

在"模块 \ R9 \ 结果"得到反应器结果的总体数据，如图 8.62 所示。反应 1.16h 可满足终止条件 1，一个周期时间为进料时间＋反应时间＋后续处理时间，即 0.1＋1.16＋2＝3.16(h)；一个生产周期的热负荷为 0.00621Gcal，平均热负荷 0.00621/3.16＝0.00197(Gcal/h)。

间歇反应的流股结果如图 8.63 所示。出口流股 S2 的结果可看到丙烷质量分率 0.8，即丙烷转化率为 0.2。需要注意的是，进料的质量流量为 441kg/h，出料的流量为 13.95kg/h，表面上不符合物料衡算。实际上，每批次的进料量为441kg/h×0.1h＝44.1kg，每批次的停机和反应时间为3.16h，44.1kg÷3.16h＝13.95kg/h，符合物料衡算。

图 8.62　间歇反应器的结果

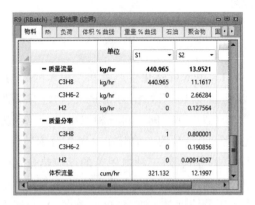

图 8.63　间歇反应器的流股结果

在"模块\R9\分布"得到温度、浓度等随反应时间的变化，组成随时间的变化如图8.64所示，与平推流反应器内沿管长的变化类似。

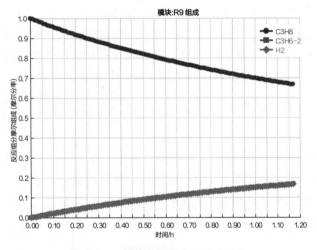

图 8.64　间歇反应器内的组成变化

本章总结

与分离过程相比，化学反应的物料衡算涉及物质结构的变化，本质上进行的是元素衡算（将化学反应配平后进行计算）。化学反应过程中，热力学（化学平衡和相平衡）决定了反应的方向和平衡转化率，动力学决定了反应速率，反应器的特点影响物料的分布对反应过程也有影响。反应过程模拟需要掌握转化率、收率、选择性、化学平衡、相平衡、反应速率等基础知识，同时需要掌握反应及反应器的特点，才能选择出合适的反应器模型，设置合理的参数，获得正确的反应过程模拟结果。

习题

8.1 甲苯可歧化生产苯和二甲苯的异构体，假设不生成其他产物，甲苯进料 100kmol/h，反应温度 400℃，压力 30bar。物性方法选择 PENG-ROB 方程。

（1）假设邻、间、对三种二甲苯的比例为 1：2：1，利用化学计量反应器模块计算甲苯转化率为 60％时的产物分布（摩尔分率）；反应器需要移出还是提供热量；反应温度、压力下生成邻、间、对三种二甲苯的反应热分别是多少？

（2）利用 Gibbs 反应器模块计算达到平衡时的产物组成，利用灵敏度分析，计算出口流股中各组分浓度随温度（200～600℃）和压力（1～50bar）的变化。

提示：温度和压力对甲苯歧化反应的平衡转化率影响较小，实际生产条件主要结合催化剂从动力学的角度确定。

8.2 苯和乙烯可烷基化生产乙苯，但乙苯可进一步烷基化生成二乙苯、三乙苯及更多乙基的产物。假设副产物只有对二乙苯，苯的进料为 100kmol/h，乙烯进料为 50kmol/h，反应温度 90℃，压力 2bar，反应可达到化学平衡和相平衡。物性方法选择 PENG-ROB 方程。

（1）使用 REquil 反应器计算反应后的产物组成（只有液相产物，汽相产物量为 0）。

（2）利用灵敏度分析，计算乙烯进料量由 10kmol/h 增加到 200kmol/h，产物中苯、乙苯和对二乙苯摩尔分率以及产物中乙苯选择性（按 $\dfrac{乙苯摩尔分率}{乙苯摩尔分率＋二乙苯摩尔分率}$ 计算）的变化。

提示：灵敏度分析结果如图 8.65。横坐标乙烯摩尔流量除以 100 即乙烯和苯的摩尔比。乙苯摩尔分率（收率）随乙烯/苯（摩尔）的增加先增大后减小，乙烯/苯在 1 左右达到最大值；二乙苯随乙烯/苯的增加而增大，乙苯选择性随乙烯/苯的增大而降低。实际生产过程中，还有其他二乙苯和多乙苯，乙烯/苯最佳范围在 0.1～0.5。

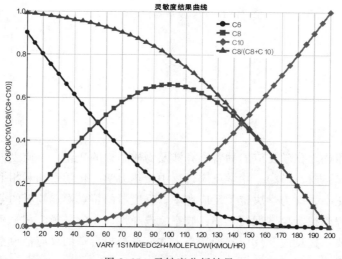

图 8.65　灵敏度分析结果

8.3 甲苯在固定床反应器（平推流）催化加氢得到苯和甲烷，假设不生成其他产物。氢气 500kmol/h，甲苯 100kmol/h，进料和反应温度均为 600℃，压力 60bar，绝热反应。假设反应速度为 $r = k \times p_{甲苯} \times p_{氢}^{0.5}$，$k = 7.2 \times 10^{-10}$ kmol/[h·Pa$^{1.5}$·kg(催化剂)]，压力单位为 Pa，装填催化剂 200kg，床层空隙率 0.3。

（1）设置该动力学反应（提示：使用指数型反应动力学；Aspen Plus 里 k 的单位是 kmol/[s·Pa$^{1.5}$·kg(催化剂)]，设置动力学参数前需要先进行单位换算）。

（2）在反应器的规定、配置、反应和催化剂等页面完成反应条件、反应器尺寸、催化剂量等参数的设置。根据计算结果，思考反应器的尺寸是否影响转化率，为什么？

（3）画出反应温度、甲苯摩尔分率随床层位置的变化。

第9章
工艺流程模拟及换热网络设计

流体输送、换热、分离和反应等过程模拟以物性（含平衡）、物料衡算、能量衡算以及传递速率等为基础，计算设备的负荷，完成非标设备的结构、尺寸设计，为标准设备的选型提供依据，或者对已有设备的性能进行核算和模拟。实际生产过程中，流体输送、换热、分离和反应等单元操作需要按照一定的顺序组织起来，实现原料经化学反应转化为产品，并得到合格的产品。本章以甲醇的合成为例，介绍工艺过程的模拟步骤和思路以及换热网络的设计和优化。设备模拟计算参考前文相关章节，在本章不再详细介绍。例题中使用的数据根据文献［6］、［8］中数据而编写，并非实际生产或设计数据。

9.1　甲醇合成

9.1.1　工艺概况

低压法甲醇合成过程如图 9.1 所示。一氧化碳和氢气压缩到 5MPa 进入到合成反应器，温度在 230～270℃。由于是放热的可逆反应，降低温度有利于平衡向生成甲醇的方向移动，采用多段冷激式反应器。反应产物有甲醇、乙醇、二甲醚和水等。反应产物与原料换热，然后用冷却水降温后，再经汽液分离器分成汽液两相。汽相主要是未反应的 H_2 和 CO，与新鲜原料混合后再进一步反应。液相产物经过降压闪蒸和精馏进行分离，得到精甲醇及副产物。

某 10 万吨/年精甲醇生产过程的新鲜原料的各组分进料量如表 9.1 所示。试合理设置各单元的操作条件，完成甲醇合成工艺过程模拟，得到摩尔分率 0.995 的甲醇。

9.1.2　组分和物性方法

① 使用"化学品 \ Chemical with Metric Unit"新建模拟，输入表 9.1 中的组分及甲醇、乙醇、二甲醚和水，如图 9.2 所示。

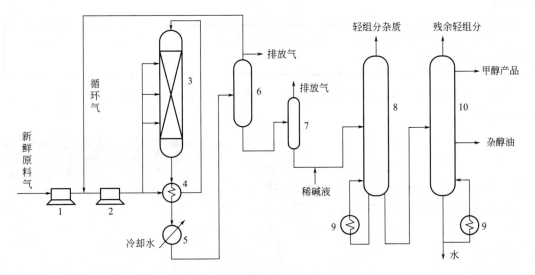

图 9.1　低压法甲醇合成工艺流程简图

1—原料压缩机；2—循环气压缩机；3—合成反应器；4—换热器；5—冷凝器；6—分离器；

7—闪蒸罐；8—轻组分脱除塔；9—再沸器；10—精馏塔

表 9.1　10 万吨/年精甲醇生产过程的新鲜原料进料量

组分	H_2	CO	CO_2	CH_4	N_2	Ar
流量/(kmol/h)	1263.59	272.05	222.68	4.79	30.51	9.44

提示：二甲醚（DME）和乙醇（ETHANOL）为同分异构体。

图 9.2　甲醇合成过程中的组分

② 选择物性方法。由于反应过程为高压气相反应，物性计算可选择 PENG-ROB 方法；分离过程的液相为甲醇、乙醇和水，物性方法使用 NRTL 更合适。因此，可将 PENG-ROB 和 NRTL 都选作"所选方法"（分别选择一次），如图 9.3 所示。NRTL 设置为模拟计算的默认方法（方法页面的基本方法为 NRTL），后续设置反应单元物性方法时在模块中调整为

PENG-ROB。

> 提示：也可选择 NRTL-RK、 UNIQ-RK 等方法，既适合高压气相计算，也适用非理想的醇-水液相的计算。

H_2、CO 等组分的临界温度都较低，NRTL 方法中需要将这些组分设置为 Henry 组分，如图 9.4 所示。

图 9.3 甲醇合成过程模拟的物性方法　　　　图 9.4 NRTL 方法中的 Henry 组分

单击"下一步"，导入 Henry 系数及 PENG-ROB 和 NRTL 方法的参数。

9.1.3 反应工段

甲醇合成为可逆的强放热反应，甲醇合成的主反应受化学平衡限制。实际生产中可采用固定床反应器，使用低温原料冷激维持合适的反应温度。模拟过程中，可使用 REquil 模块模拟主反应，按反应进度设置副产物二甲醚、乙醇和水的生成量。

① 工艺流程。在"模型选项版"的"混合器/分流器"分类选择"Mixer"模块，"压力变送设备"分类选择"Compr"模块，"用户模型"分类选择"Hierarchy"模块的 REAC-TOR1，完成如图 9.5 所示主工艺流程。

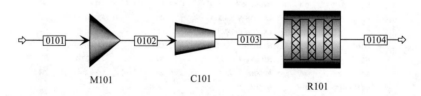

图 9.5 甲醇合成反应的主工艺流程

流股 0103 实际上分开几股进入 R101 的不同催化剂床层，图 9.5 中 R101 使用"Hierar-chy"模块可使主工艺流程清晰。双击 R101 可进入子流程进行反应器的详细设置。在"混合器/分流器"分类选择"FSplit"模块，"换热器"分类选择"Heater"模块，"反应器"分类选择"REquil"模块，完成如图 9.6 所示 R101 的工艺流程。

图 9.6 中，流股 0103（IN）和 0104（OUT）分别对应主工艺流程反应器 R101 的入口和出口流股，S1～S11 是流程 R101 内部的流股。反应条件下，R101-1～R101-3 不会有液相流量，流股 S9～S11 的物料流量为 0，但需要连接这些流股。

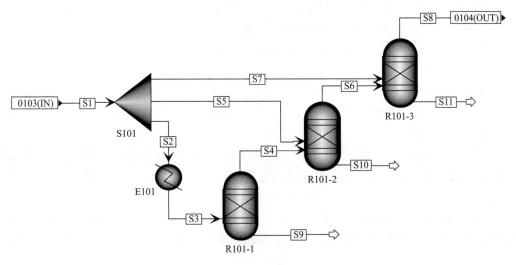

图 9.6 "Hierarchy" 模块 R101 的工艺流程

> 提示 1：可以将图 9.6 直接插入到主工艺流程 R101 的位置，但这样会使主工艺流程比较混乱。
>
> 提示 2：目前成熟的甲醇合成反应器有固定床四段冷激式绝热轴向流动反应器（ICI 工艺）、列管式等温反应器（Lurgi 工艺）、双套管换热器中间冷却式反应器（三菱 MGCC/MHI 工艺）和采用中间冷却的径向反应器（Topsoe 工艺）等，本例使用三段冷激式绝热反应器作为示例。
>
> 提示 3：导航栏中图 9.6 的流股和模块在"模块 \ R101"内。

② 新鲜进料流股 0101。假设新鲜原料为 30℃，已经压缩到 48bar，摩尔流量按表 9.1 设置，如图 9.7 所示。

图 9.7 甲醇合成过程的进料流股 0101

③ 混合器 M101。混合器 M101 用于新鲜进料与循环物料混合时的物料衡算和能量衡算。由于默认的方法为 NRTL 且新鲜进料所有组分都是 Henry 组分，可在"模块\M101\模块选项"将该模块的物性方法修改为 PENG-ROB，否则会出现警告；其他使用默认参数即可。

④ 压缩机 C101。压缩机 C101 用于将反应物料压缩到反应压力，可设置为等熵压缩，排放压力 50bar，在"模块\C101\模块选项"将该模块的物性方法也修改为 PENG-ROB，其他参数使用默认值。

⑤ 反应器 R101。反应器 R101 由多个模块组成，条件可在各模块设置。但这些模块内的物料都是温度和压力较高的气相，物性方法选择 PENG-ROB 更合适。因此，可在"模块\R101\方法"将物性方法修改为 PENG-ROB。

⑥ 分流器 S101。分流流量（或分流分率等）可根据反应段温度进行设置，使反应在较佳反应温度下进行。本例可设置第 1、2、3 段的分流分率分别为 0.4、0.3、0.3，如图 9.8 所示。

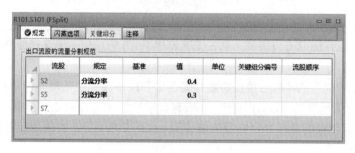

图 9.8　反应器进料的分流分率

⑦ 换热器 E101。换热器 E101 将反应物料加热到反应器入口温度，甲醇合成反应在 230~270℃较合适，可设置为 220℃，可设置 -0.4bar 的压降。

⑧ 反应器 R101-1、R101-2 和 R101-3。反应器 R101-1、R101-2 和 R101-3 相似，均为绝热反应。因此，反应热负荷为 0，可设置 -0.4bar 的压降，如图 9.9 所示（R101-2 和 R101-3 相同）。

图 9.9　反应器 R101-1 的条件

假设反应器内发生的反应为（忽略其他反应）：

$$CO + 2H_2 \rightleftharpoons CH_3OH \tag{9.1}$$

$$CO_2 + 3H_2 \rightleftharpoons CH_3OH + H_2O \tag{9.2}$$

$$2CO + 4H_2 \Longleftrightarrow C_2H_5OH + H_2O \tag{9.3}$$

$$2CH_3OH \Longleftrightarrow CH_3OCH_3 + H_2O \tag{9.4}$$

反应式(9.1) 和式(9.2) 按平衡计算，在 R101-1、R101-2 和 R101-3 平衡温度与实际温度的温差分别为 15℃、12℃、9℃；反应式(9.3) 和式(9.4) 用于表示副产物，只在 R101-3 按反应进度 0.5kmol/h 计算。

R101-1 中的反应式(9.1) 和式(9.2) 如图 9.10 和图 9.11 所示，R101-2 和 R101-3 中的反应类似设置，温差分别按 12℃、9℃设置。

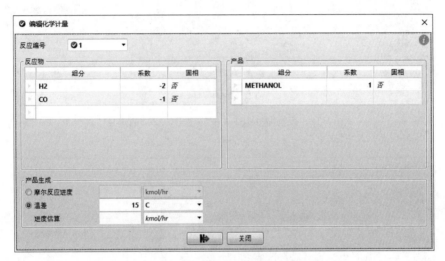

图 9.10　反应器 R101-1 的平衡反应式(9.1)

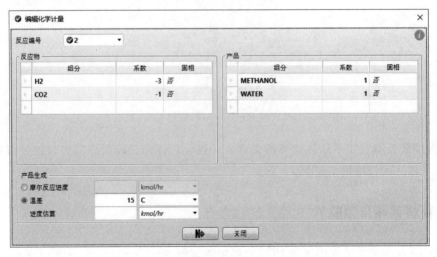

图 9.11　反应器 R101-1 的平衡反应式(9.2)

R101-3 中的反应式(9.3) 和式(9.4) 如图 9.12 和图 9.13 所示。

⑨ 反应结果。运行，各反应床层出口物料的参数如图 9.14 所示。一段、二段和三段出口温度分别为 296.3℃、280.0℃和 276.4℃，高于较佳的反应温度。ICI 工艺四段冷激式绝热反应器出口流股中甲醇的摩尔分率约 3.95%，按本例设置参数模拟的结果为 6.33%。

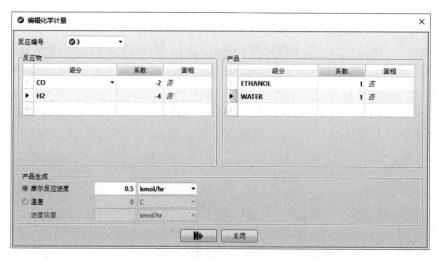

图 9.12　反应器 R101-3 中反应式(9.3) 的进度

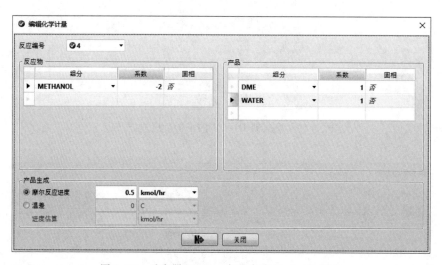

图 9.13　反应器 R101-3 中反应式(9.4) 的进度

由于温度降低有利于平衡转化率的提高，一段、二段和三段反应器出口的甲醇摩尔分率分别为 3.17%、5.42% 和 6.33%。

9.1.4　物料循环及弛放气

由流股 S8（主工艺流程中流股 0104）的组成可以看出，大部分 H_2、CO 和 CO_2 没有转化。因此，需要将流股 0104 降温分出液相产物，气相循环回反应器。在主工艺流程上增加换热器 E102（在由多个模块组成的 R101 内有命名为 E101 的换热器，此处命名为 E101 也不会冲突）和闪蒸罐 V101（图 9.15）。

① 换热器 E102。换热器 E102 将反应出口物料降温到 35℃，使产物冷凝。出口温度设置为 35℃，压降设置为 -0.4bar。

② 闪蒸罐 V101。闪蒸罐 V101 将冷凝后的气液分离，气相与新鲜进料混合后循环回反

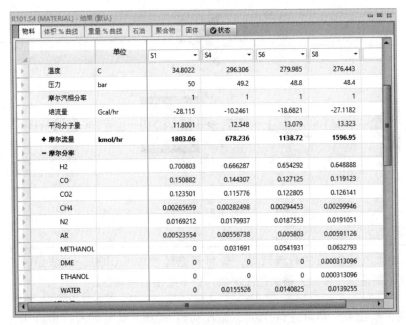

图 9.14　反应器 R101 各床层出口物料的参数

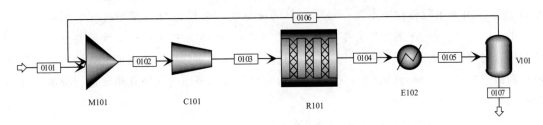

图 9.15　含循环流股的工艺流程

应器，液相去分离工段。出口物料降温到 35℃，使产物冷凝。出口温度设置为 35℃，压降设置为 -0.4bar。

③ 循环结果及流程调整。运行，Aspen Plus 给出错误提示：BLOCK R101.R101-3 IS NOT IN MASS BALANCE：MASS INLET FLOW＝0.77369763E＋02，MASS OUTLET FLOW＝0.77203503E＋02，RELATIVE DIFFERENCE＝0.21535257E－02，MAY BE DUE TO A TEAR STREAM OR A STREAM FLOW MAY HAVE BEEN CHANGED BY A CALCU-LATOR，TRANSFER，BALANCE，OR CONVERGENCE BLOCK AFTER THE BLOCK HAD BEEN EXECUTED。错误提示的直观含义是不能满足物料衡算。查看循环流股 0106 的组成，可看到 N_2 的摩尔分率升高到了 0.35，Ar 的摩尔分率也达到了 0.108。

物料衡算出错的原因 N_2、Ar 等惰性组分在新鲜原料中有一定含量，在闪蒸罐 V101 的液相中溶解量小，一直在循环流股中累积。因此，需要将循环流股 0106 适量放空（弛放气），使惰性组分可以满足物料衡算的要求。

在主工艺流程增加分流器 S102，调整后的主工艺流程如图 9.16 所示。

在分流器 S102 将流股 0109 的分流流量设置为 200kmol/h，依然给出错误提示，不能收敛。在"收敛\选项\方法"将工艺流程求值的最大次数调整到 100，再运行，流程收敛。

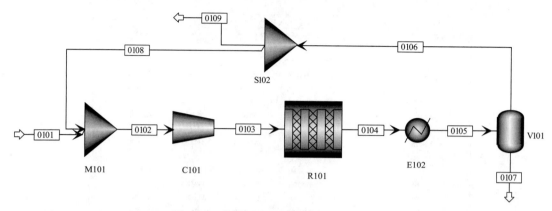

图 9.16　带循环流股和弛放气的工艺流程

> **提示:**增大流股 0109 的分流流量,有利于流程收敛; 0109 分流流量较小时(例如 50kmol/h),即使进一步增大最大迭代次数,也不能使流程收敛。

反应工段主要流股有新鲜进料 0101、循环物料 0108、反应器入口物料 0103、反应器出口物料 0104、弛放气 0109 和液相产物 0107,这些流股各组分的摩尔流量和摩尔分率如图 9.17 所示。由于单程转化率不高,循环物料的流量大;惰性组分在循环过程中累积,循环物料的 CH_4、N_2 和 Ar 的摩尔分率分别达到 0.0236、0.1520 和 0.0469,大约是新鲜进料中的 9 倍,过高的惰性组分含量不利于单程转化率的提高,实际生产中可增大弛放气的比例或降低新鲜进料中惰性组分的含量;弛放气的量较大,可送至原料气净化单元进行提纯(非本例题内容)。

0109 (MATERIAL) - 结果 (默认)

| 物料 | 体积 % 曲线 | 重量 % 曲线 | 石油 | 聚合物 | 固体 | ✅状态 |

	单位	0101	0108	0103	0104	0109	0107
- 摩尔流量	kmol...	1803.06	8050.59	9853.65	8920.56	200	669.967
H2	kmol/hr	1263.59	5238.27	6501.86	5368.91	130.134	0.505175
CO	kmol/hr	272.05	221.549	493.599	227.08	5.50392	0.0267555
CO2	kmol/hr	222.68	757.827	980.507	780.676	18.8266	4.02174
CH4	kmol/hr	4.79	190.028	194.818	194.815	4.72084	0.0662032
N2	kmol/hr	30.51	1223.67	1254.18	1254.16	30.3994	0.0914594
AR	kmol/hr	9.44	377.351	386.791	386.785	9.37448	0.0596322
METHANOL	kmol/hr	0	33.4972	33.4972	497.883	0.832167	463.554
DME	kmol/hr	0	4.71081	4.71081	5.21064	0.11703	0.382795
ETHANOL	kmol/hr	0	0.0213196	0.0213196	0.521317	0.000529641	0.499467
WATER	kmol/hr	0	3.67202	3.67202	204.523	0.0912235	200.76
- 摩尔分率							
H2		0.700803	0.650669	0.659843	0.601858	0.650669	0.00075403
CO		0.150882	0.0275196	0.050093	0.0254558	0.0275196	3.99356e-05
CO2		0.123501	0.0941331	0.099507	0.0875142	0.0941331	0.00600289
CH4		0.00265659	0.0236042	0.0197711	0.0218389	0.0236042	9.88156e-05
N2		0.0169212	0.151997	0.12728	0.140592	0.151997	0.000136513
AR		0.00523554	0.0468724	0.0392535	0.0433588	0.0468724	8.90077e-05
METHANOL		0	0.00416083	0.00339947	0.055813	0.00416083	0.691906
DME		0	0.000585151	0.000478078	0.000584115	0.000585151	0.000571364
ETHANOL		0	2.6482e-06	2.16363e-06	5.84399e-05	2.6482e-06	0.000745511
WATER		0	0.000456118	0.000372655	0.0229271	0.000456118	0.299656

图 9.17　反应工段主要流股各组分的摩尔流量和摩尔分率

9.1.5 分离工段

闪蒸罐 V101 的液相流股 0107 中甲醇摩尔分率为 0.692，水摩尔分率为 0.300，还有少量乙醇、二甲醚及溶解的 CO、H_2 等。实际生产过程中，还含有醛、酯、酮、酸、烷烃、高级醇等杂质。需要分离出水和杂质组分，得到要求纯度的甲醇。实际生产的甲醇精制过程需要根据产品的质量要求考虑各种杂质组分的分离。仅考虑本例中的杂质组分，分离工段可采用如图 9.18 所示的工艺流程。反应工段的流股和设备用 "01" 和 "设备代号＋1" 开头，分离工段的流股和设备用 "02" 和 "设备代号＋2" 开头。

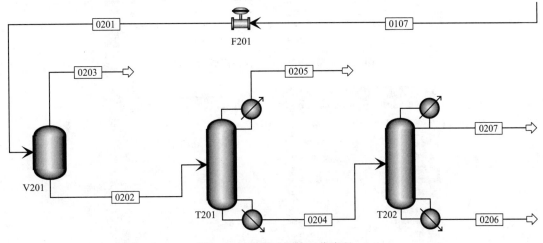

图 9.18　分离工段的工艺流程

① 节流和闪蒸。由于流股 0107 为压力 48bar 的液相，首先可降压释放绝大部分溶解的 H_2、CO_2 等组分。在流股 0107 后增加节流阀 F201 和 V201（图 9.18 中 T201 和 T202 暂时不添加），并完成流股连接。

将阀门 F201 的出口压力设置为 2bar；闪蒸罐 V201 的压降设置为 0，热负荷设置为 0。

运行，节流及闪蒸前后各流股的组成如图 9.19 所示。可以看出，压力由 48bar 降低到 2bar，溶解的 H_2、CO、CH_4、N_2 和 Ar 基本完全释放，但液相流股 0202 中还有 1.26kmol/h 的 CO_2 和 0.333kmol/h 的二甲醚。将闪蒸压力降低到 1bar，可降低液相中 CO_2 和二甲醚的量，但甲醇在气相中的损失量增大。并且，进一步降低压力也不能脱除实际生产中含有的醛类、酯类等杂质。因此，闪蒸罐 V201 可在适当正压条件下操作（本例设置为 2bar）。

② 轻组分脱除塔 T201。轻组分脱除塔 T201 用于进一步脱除轻组分，在流股 0202 后增加该塔（使用 Radfrac 模块）并完成流股连接。

T201 的参数根据流股 0202 的组成确定：主要轻组分 CO_2 和二甲醚与甲醇的沸点相差都很大，因此几块塔板就能将他们与甲醇分开，因此设置几块塔板即可（本例设置 4 块）；CO_2 和二甲醚的沸点都很低，他们以气相形态从塔顶排出更合理，因此 T201 的塔顶流股连接到气相，冷凝器选择部分冷凝气相产物；CO_2 和二甲醚分别为 1.26kmol/h 和 0.33kmol/h，其他杂质少量，可将馏出物流率设置为 2kmol/h；回流比无需太大。本例 T201 主要参数如图 9.20 所示。

此外，在 "流股" 页面将进料设置到第 2 块塔板上方（也可是其他塔板）；在 "压力" 页面将塔顶压力设置为 1.8bar（从闪蒸到 T201 的顶部考虑有压降）。

图 9.19　节流和闪蒸前后各流股的参数

	单位	0107	0201	0202	0203
温度	C	35	33.7551	33.7551	33.7551
压力	bar	48	2	2	2
摩尔汽相分率		0	0.00592574	0	1
− 摩尔流量	kmol/hr	669.986	669.986	666.016	3.97017
H2	kmol/hr	0.505171	0.505171	0.00396099	0.50121
CO	kmol/hr	0.0267362	0.0267362	0.000273163	0.0264631
CO2	kmol/hr	4.0214	4.0214	1.2593	2.7621
CH4	kmol/hr	0.0662205	0.0662205	0.00190853	0.064312
N2	kmol/hr	0.0914832	0.0914832	0.00057876	0.0909045
AR	kmol/hr	0.0596478	0.0596478	0.000794168	0.0588537
METHANOL	kmol/hr	463.568	463.568	463.193	0.375269
DME	kmol/hr	0.38282	0.38282	0.332627	0.050193
ETHANOL	kmol/hr	0.499468	0.499468	0.499221	0.000246668
WATER	kmol/hr	200.765	200.765	200.725	0.0406137

图 9.20　轻组分脱除塔 T201 的参数

　　运行，轻组分脱除塔 T201 各流股的参数如图 9.21 所示。塔顶和塔底温度分别为 43.3℃ 和 84.9℃；除了少量二甲醚，轻组分几乎全部从塔顶脱除。

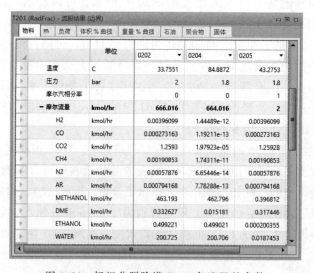

	单位	0202	0204	0205
温度	C	33.7551	84.8872	43.2753
压力	bar	2	1.8	1.8
摩尔汽相分率		0	0	1
− 摩尔流量	kmol/hr	666.016	664.016	2
H2	kmol/hr	0.00396099	1.44489e-12	0.00396099
CO	kmol/hr	0.000273163	1.19211e-13	0.000273163
CO2	kmol/hr	1.2593	1.97923e-05	1.25928
CH4	kmol/hr	0.00190853	1.74311e-11	0.00190853
N2	kmol/hr	0.00057876	6.65446e-14	0.00057876
AR	kmol/hr	0.000794168	7.78288e-13	0.000794168
METHANOL	kmol/hr	463.193	462.796	0.396812
DME	kmol/hr	0.332627	0.015181	0.317446
ETHANOL	kmol/hr	0.499221	0.499021	0.000200355
WATER	kmol/hr	200.725	200.706	0.0187453

图 9.21　轻组分脱除塔 T201 各流股的参数

> **提示1:**提高塔的操作压力，可使塔顶温度提高，便于用冷却水与塔顶冷凝器换热。
>
> **提示2:**馏出物流率较大时增加甲醇的损失，较小时塔顶温度低，不利于冷凝器移热。
>
> **提示3:**实际生产中还需要根据其他杂质组分合理调整塔板数和馏出物流率等参数。

③ 甲醇精馏塔 T202。流股 0204 主要成分是甲醇和水（实际生产中更轻组分和更重组分含量比 0204 高），二者是一般正偏差体系，在低压下相对挥发度较大，可在常压或适当正压条件下进行精馏分离。完成图 9.18 所示分离工段工艺流程，轻组分脱除塔 T201 塔底液相流股 0204 进一步在 T202（使用 Radfrac 模块）精馏分离甲醇。

甲醇塔 T202 的参数可用简捷法（DSTWU）初步估算。甲醇在塔顶回收率为 0.995，水在塔顶回收率为 0.005，压力 1.2bar 时，用简捷法计算出最小回流比为 0.425，最少理论板 9.01 块，$D/F = 0.696$，塔顶甲醇摩尔分率 0.997。取实际回流为 1.2 倍最小回流比，即实际回流比为 0.51 时，实际理论板为 25 块，进料板为第 17 块。

T202 的主要参数如图 9.22 所示。取塔板效率为 0.8，实际塔板数设置为 32 块；塔顶产物甲醇生产后以液相储存在产品罐中，冷凝器选择全凝器（如果实际生产过程中塔顶还有少量低沸点组分，可选择分凝器，低沸点组分由气相排出）；馏出物与进料比 0.696，回流比 0.51。

在"流股"页面将进料设置到第 22 块塔板上方；在"压力"页面将塔顶压力设置为 1.2bar（也可其他值）。

在"模块 \ T202 \ 规定 \ 效率"将塔板效率设置为 0.8，如图 9.23 所示。

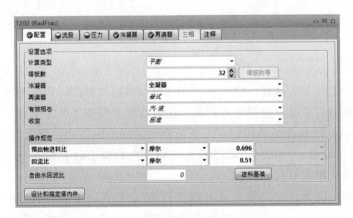

图 9.22　甲醇精馏塔 T202 的参数

图 9.23　甲醇精馏塔 T202 的塔板效率

> **提示1:**如不设置塔板效率，则按理论板计算。
>
> **提示2:**设置第 1 块塔板的效率后，下方塔板按相同的效率值计算。
>
> **提示3:**设置的效率不等于实际效率，实际效率可在设计塔的尺寸及内部结构后使用速率模式进行核算，详见 7.4.5 节。

运行，塔顶 0207 流股甲醇的摩尔分率为 0.956，低于所要求的 0.995。

利用"模块 \ T202 \ 分布"的数据作出甲醇与水的相对挥发度，如图 9.24 所示。可以看出，塔顶、塔底的相对挥发度分别为 1.92 和 6.43，中段相对挥发度基本在 3 附近。简捷法（DSTWU）使用塔顶塔底的平均相对挥发度计算全塔，因此计算得到的塔板数比严格法（RadFrac）多，或回流比比严格法（RadFrac）大。

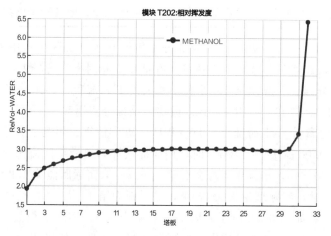

图 9.24　各塔板甲醇与水的相对挥发度

为使甲醇摩尔分率达到 0.995，可在"模块 \ T202 \ 规定 \ 设计规范"以塔顶流股 0207 中甲醇的摩尔分率 0.995 为目标函数，回流比为操纵变量（详细参考 7.4.3）。求解可得回流比为 0.91 时，塔顶可得摩尔分率 0.995 的甲醇。

9.2　工艺流程图

以上模拟过程实际上是按甲醇合成的工艺过程，根据各单元的特点进行物料衡算和能量衡算。在化工设计中，生产中各单元的顺序以及物料平衡数据、能量数据和操作条件等体现在工艺流程图（PFD）上。利用 Aspen Plus 完成模拟后，工艺流程为主界面时，在"修改"菜单下选择热/功、温度、压力、质量流量、汽相分率等选项，可将这些数据直接显示在流程图上，便于检查数据的合理性及调整相关单元的参数。

图 9.25 和图 9.26 是显示了温度、压力、流股质量流率和设备热/功负荷的甲醇合成主工艺流程图和反应器的工艺流程图。在 9.1.3 节对反应过程进行模拟时，一段、二段和三段出口温度分别为 296.3℃、280.0℃和 276.4℃；由于未反应原料的循环和惰性组分的累积，当前三个反应段的出口温度分别是 267.9℃、246.1℃和 238.6℃。根据相关参数间的关系，可以采取提高 E102 的出口温度、调整分流器 S101 三个流股的比例、增大 S102 弛放气 0109 的流量等手段使相关数据更合理。

此外，PFD 图需要结合物料平衡表给出更详细的流股状态参数。在"结果摘要 \ 流股"可查看和导出物料平衡表所需要的数据。甲醇合成工艺的部分物料平衡数据如图 9.27 所示。

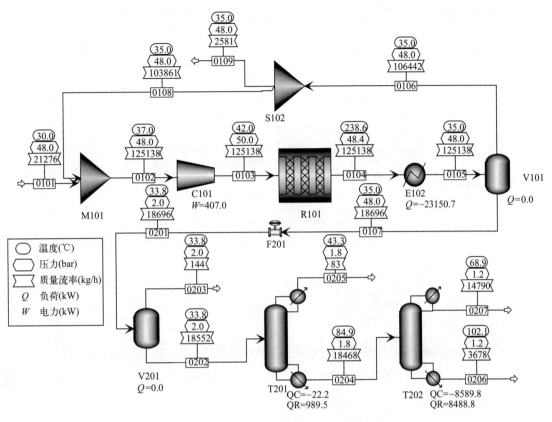

图 9.25　甲醇合成的主工艺流程图

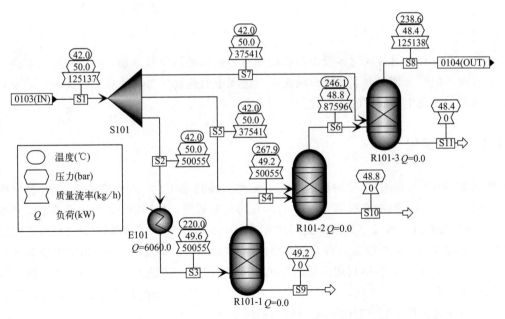

图 9.26　甲醇合成反应器（R101）的工艺流程图

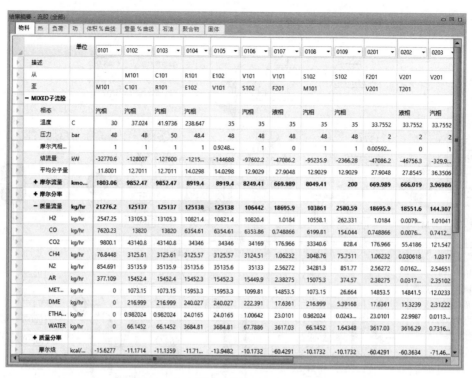

图 9.27 甲醇合成工艺的部分物料平衡数据

9.3 能量分析

化工生产过程中通常同时涉及冷物料的加热和热物料的冷却。加热和冷却可以都使用公用工程实现，但更合理的方案是充分利用生产过程中的热物料与冷物料进行换热，减少公用工程的消耗，实现生产效益的最大化。

9.3.1 公用工程

图 9.25 和图 9.26 中涉及加热的单元有三个：换热器 E101 需要将 42℃的流股加热到 220℃，精馏塔 T201 的再沸器需要提供 84.9℃的上升蒸汽，精馏塔 T202 的再沸器需要提供 102.1℃的上升蒸汽。涉及移热的单元同样有三个：换热器 E102 需要将 238.6℃的流股降温到 35℃，精馏塔 T201 顶部需要将蒸汽部分冷凝到 43.3℃，精馏塔 T202 顶部需要将蒸汽冷凝为 68.9℃的液相。如果不利用流股间换热，可以用低压蒸汽给 T201 和 T202 的再沸器供热，用中压蒸汽给 E101 供热，用冷却水给 E102、T201 和 T202 的冷凝器移热。冷却水和加热蒸汽可通过公用工程（Utilities）进行设置。

在"公用工程"新建公用工程 LPS（low pressure stream），复制源选择"低压蒸汽"，如图 9.28 所示，确定后可查看和修改该公用工程的价格、最小换热温差、入口和出口温度等参数，本例全部使用默认值。

用同样方法新建公用工程 MPS（medium pressure stream），复制源选择"中压蒸汽"。由于系统默认中压蒸汽的入口温度为 175℃的饱和水蒸气，出口为 174℃的饱和液相水，达不到换热器 E101 的要求，可将入口和出口温度修改为 240℃和 239℃，如图 9.29 所示，其他参数可使用默认值。

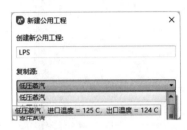

图 9.28　新建 LPS 公用工程

图 9.29　修改后的公用工程 MPS 的入口和出口温度

T201 顶部冷凝器的热负荷不大，可以用入口温度 20℃，出口温度 25℃的冷却水 CW1 移热，参数使用复制源为"冷却水"的默认值。

T202 顶部冷凝器的热负荷大，如果使用入口温度 20℃，出口温度 25℃的冷却水，冷却水量可能很大，可将出口温度提高到 60℃，命名为 CW2。使用 CW2 可降低循环的能耗，假设 CW2 的成本为 $1×10^{-7}$ \$/kJ，在"规定"页面设置此参数。CW2 其他参数使用复制源为"冷却水"的默认值。

E102 本例设置用冷却水 CW2 进行冷却。实际上 E102 入口温度较高，可先产生低压蒸汽，然后进一步用冷却水降温到 35℃。

设置公用工程后，各个换热器需要与公用工程匹配。匹配工作可能在各换热器对应的模块设置，也可在导航栏最下方的"能量分析"进行设置，如图 9.30 所示。

> 提示 1：公用工程不限于换热器。涉及换热的闪蒸、精馏、反应、多段压缩等过程都可以设置公用工程。
>
> 提示 2：设置公用工程时，必须满足最小传热温差的要求，即热流体出口温度与冷流体入口温度及热流体入口温度与冷流体出口温度的差值应该比最小传热温差大。例如图 9.30 中，R101. E101 需要将物料换热到 220℃，将公用工程设置为 LPS（入口为 125℃的饱和水蒸气，出口为 124℃的饱和液体水），设置时出现了警告（125.0 旁边有警告），应该修改为 MPS，否则运行时会出错。

9.3.2　公用工程用量及节能潜力

单击"主页"菜单下方的"分析"可计算公用工程用量及节能潜力，如图 9.31 所示。参数的含义如下。

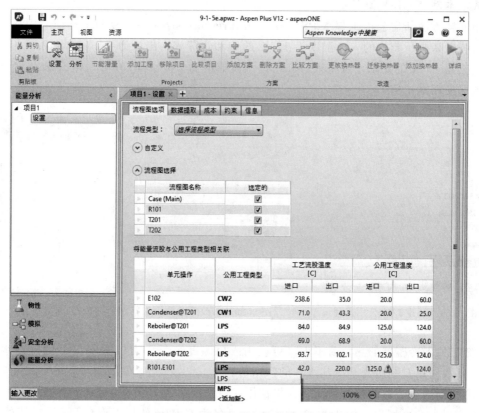

图 9.30　公用工程与换热器匹配

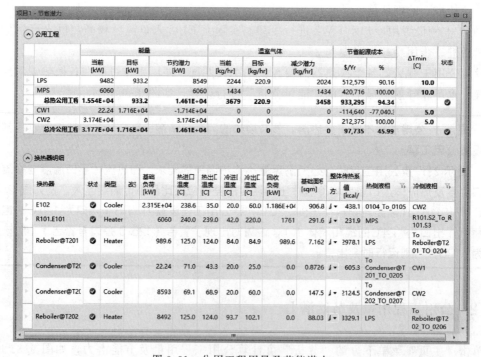

图 9.31　公用工程用量及节能潜力

能量：能量消耗及节能潜力。当前值是按用户指定的公用工程的消耗量，例如两个塔的再沸器分别消耗 LPS（低压蒸汽）989.6kW 和 8492kW，共 9482kW。目标和节约潜力是合理配置换热网络后的能耗及节省的能量。由于反应产物换热器 E102 需要移出的热量较多，这些热量可满足 R101、E101 全部热量的要求、同时满足 T201 和 T202 再沸器绝大部分的热量需求。因此，合理设计换热网络后无需 MPS（中压蒸汽），LPS（低压蒸汽）的消耗量也大幅降低。

温室气体：按公用工程的 CO_2 排放量（见图 9.29 的 "碳跟踪" 页面）和公用工程消耗量计算的温室气体量及节约量。

节省能源成本：按公用工程的成本（见图 9.29 的 "规定" 页面）和公用工程消耗量计算的成本及节约量。

> **提示 1**：进行分析后，"分析" 功能将变为 "刷新"。可以调整公用工程的设置，"刷新" 后得到新的公用工程用量及节能潜力。
>
> **提示 2**：设置公用工程后，"模拟" 环境下将 "能量" 面板激活，可以以图表的形式直观查看公用工程的消耗量、节能潜力、碳排放数据等，如图 9.32 所示。如果 "能量" 面板被隐藏或关闭，可在 "视图" 菜单下打开。
>
> **提示 3**：图 9.31 和图 9.32 的目标值是按最小传热温差，充分利用冷热流股间换热时公用工程的最小消耗量。

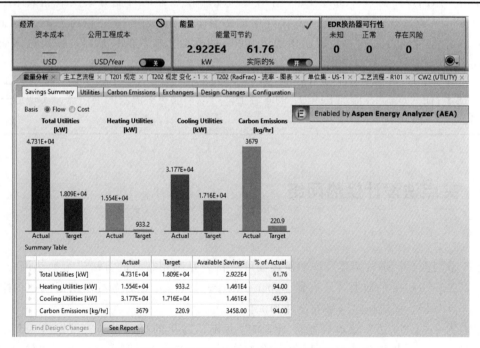

图 9.32　模拟环境下 "能量分析" 用量及节能潜力

9.3.3　换热方案设计

完成以上分析后，"能量分析" 环境下 "主页" 菜单下方的 "添加方案" 功能转为可用。

单击"添加方案",界面如图 9.33 所示。更改换热器、迁移换热器和添加换热器功能转化为可用,利用这些功能可修改换热方案。其中更改换热器和迁移换热器在本例中没有节能效果,单击后提示"找不到换热方案"。

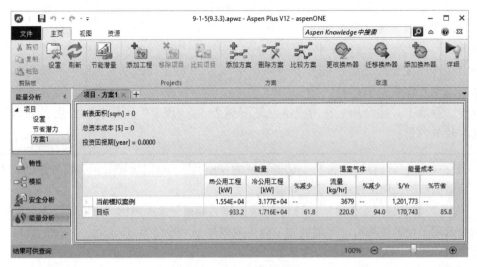

图 9.33　单击"能量分析"环境下"主页"菜单下方的"添加方案"

单击"添加换热器",Aspen Plus 给出增加 1 个换热器的可能方案及节能效果。如图 9.34 所示,共有 5 个方案(中间"新设计中的潜在变化:E-100"),当前方案为增加 1 个用反应产物换热器 E102 入口流股给甲醇塔 T202 的再沸器换热的换热器,该换热器面积为 $372.4m^2$。增加这个换热器后温室气体减排 54.6%,节能 47.1%。

> 提示:在"方案 1 \ 添加 E-100"的基础上,可以增加更多流股间换热器,实现进一步节能。

9.4　夹点法设计换热网络

上一节对换热器进行调整及增加换热器可以认为是利用穷举的方法进行换热网络设计。实际上,Aspen Plus 的数据可导入到 Aspen Energy Analyzer,后者可以根据流程模拟的数据进行夹点分析,完成换热网络的设计和优化。

单击图 9.34"主页"菜单下方的"详细"并确认弹出的提示窗口,可以进入到 Aspen Energy Analyzer,界面如图 9.35 所示。软件在 Aspen Plus 文件相同路径下生成与原文件相同文件名,扩展名为".hch"的换热网络文件,用户可另存为其他文件名。

界面左侧为换热任务及方案,列出了从 Aspen Plus 流程模拟中导入的换热方案(Scenario)以及具体的设计(Case 或 Design)。"Scenario 1"中只包括一个具体的设计,该设计中所有换热全部使用公用工程完成;"Scenario 1 1"除了使用公用工程换热的设计,还包括 5 种增加 1 个流股间换热器的设计。

图 9.34　增加 1 个换热器的方案及节能效果

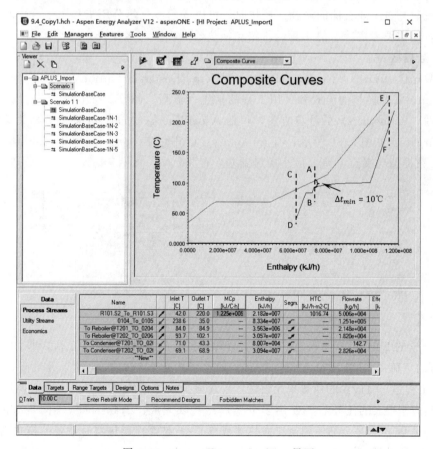

图 9.35　Aspen Energy Analyzer 界面

9.4.1 换热方案

换热方案（Scenario）包括过程中需要加热和降温的流股、所使用的公用工程、经济性参数和最小传热温差等数据，不同的方案可以使用不同公用工程参数。例如，夏天冷却水的入口和出口温度会高一些，冬天冷却水的入口和出口温度可以低一些，这种差异可以在不同的方案中体现。

选择"Scenario 1"（或"Scenario 1 1"），如图9.35所示，右侧主窗口为所有冷热物流的温焓曲线，下方是相关的数据。

9.4.1.1 温焓曲线

温焓曲线根据累积加热负荷和累积移热负荷与温度的关系作出。上方的曲线是所有需要移出热量的物流的累积热负荷与温度的关系，下方的曲线是所有需要加热的物流的累积热负荷与温度的关系。为了利用热流股给冷流股换热，冷流股的温焓曲线应该在热流股温焓曲线的下方（右方）。冷热流股换热需要有最小传热温差，换热温差最小处称为夹点（辅助线AB位置），图中的最小温差为10℃（DT$_{min}$设置值为10℃）。辅助线CD和EF之间冷流股加热需要提供的热量等于热流股降温需要移出的热量，可以用于冷热物流间的换热；CD线左侧和EF线右侧的热量超出了冷热流股间的最大换热量，需要使用公用工程提供或移出，是最少冷、热公用工程用量。AB线左侧的热物流只与AB线左侧的冷物流换热，AB线右侧的热物流只与AB线右侧的冷物流换热时，可以满足冷、热公用工程用量最少的条件。实际生产中，还需要考虑冷、热工程的价格和换热器的投资，实现效益最大化。

9.4.1.2 数据区

下方数据区有Data、Targets、Range Targets、Designs、Options和Notes等选项页。

① Data：需要换热的流股和公用工程的信息（流量、焓变、入口和出口参数等）以及技术经济性（Economics）的计算方法，包括AspenEnergy Analyzer默认的相关参数。

② Targets：如图9.36所示，有Summary、Utility Targets和Plots/Tables三个分类。Targets的数据值与夹点温差（最小换热温差）有关。

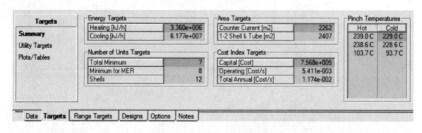

图9.36　Targets 选项页

Summary的Energy Targets给出了需要外界提供的最少热负荷和冷负荷，即CD线左侧和EF线右侧的负荷；Number of Units Targets列出了换热系统最少换热单元数量，最低能量（最低公用工程量）时最少的换热单元数量，以及最少换热器的数量（由于单个换热器面积的限制，换热面积很大的任务需要使用多个换热器并联完成，因此Shells不同于Minimum for MER）；Area Targets是全部使用逆流换热器或单壳程-双管程换热器时需要的换热面积；Cost Index Targets是设备（投资）成本、操作成本和年成本；Pinch Temperatures是夹点温度，包括公用工程夹点（第 1 组和第 3 组）和冷热流股换热的夹点（第 2 组）。

③ RangeTargets：用于分析最佳夹点温度。单击下方的 DTmin Range，设置 1～20℃ 范围进行计算，结果如图 9.37 和图 9.38 所示。

Range Target	DTmin [C]	Heating [kJ/h]	Cooling [kJ/h]	Area 1 - 1 [m2]	Area 1 - 2 [m2]	Units	Shells	Cap. Cost Index [Cost]	Op. Cost Index [Cost/s]	Total Cost Index [Cost/s]
Plots	2.0	0.0000	5.841e+007	2686.8	2884.5	6	13	8.543e+005	3.440e-003	1.059e-002
Table	3.0	0.0000	5.841e+007	2686.8	2884.5	6	13	8.543e+005	3.440e-003	1.059e-002
	4.0	0.0000	5.841e+007	2686.8	2884.5	6	13	8.543e+005	3.440e-003	1.059e-002
	5.0	0.0000	5.841e+007	2686.8	2884.5	6	13	8.543e+005	3.440e-003	1.059e-002
	6.0	5.118e+005	5.892e+007	2596.7	2777.5	8	13	8.505e+005	3.740e-003	1.085e-002
	7.0	1.224e+006	5.963e+007	2490.9	2656.5	8	13	8.125e+005	4.158e-003	1.095e-002
	8.0	1.936e+006	6.034e+007	2402.3	2558.3	8	13	8.014e+005	4.575e-003	1.128e-002
	9.0	2.648e+006	6.106e+007	2326.9	2476.4	8	13	7.828e+005	4.993e-003	1.154e-002
	10.0	3.360e+006	6.177e+007	2261.7	2406.6	8	12	7.568e+005	5.411e-003	1.174e-002
	11.0	4.072e+006	6.248e+007	2204.8	2345.7	8	12	7.430e+005	5.828e-003	1.204e-002
	12.0	4.784e+006	6.319e+007	2154.4	2291.2	8	12	7.307e+005	6.246e-003	1.236e-002
	13.0	5.496e+006	6.390e+007	2109.4	2243.7	8	12	7.198e+005	6.664e-003	1.269e-002
	14.0	6.208e+006	6.462e+007	2069.0	2201.8	8	12	7.102e+005	7.082e-003	1.302e-002
	15.0	6.920e+006	6.533e+007	2032.6	2164.4	8	12	7.017e+005	7.499e-003	1.337e-002
	16.0	7.632e+006	6.604e+007	2261.6	2416.5	8	13	7.599e+005	5.862e-003	1.222e-002
	17.0	8.344e+006	6.675e+007	2230.5	2385.8	8	13	7.529e+005	6.258e-003	1.256e-002
	18.0	9.056e+006	6.747e+007	2202.1	2357.8	8	13	7.466e+005	6.654e-003	1.290e-002
	19.0	9.768e+006	6.818e+007	2171.5	2326.2	9	13	7.495e+005	7.053e-003	1.332e-002
	20.0	1.048e+007	6.889e+007	2136.0	2287.5	9	13	7.407e+005	7.459e-003	1.365e-002

| Data | Targets | **Range Targets** | Designs | Options | Notes |

DTmin 10.00 C | Enter Retrofit Mode | Clear | DTmin Range | Insert

图 9.37　夹点温差对设备（投资）成本及操作成本的影响

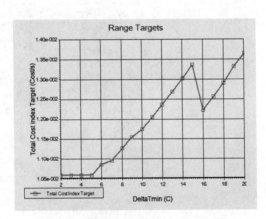

图 9.38　夹点温差对总成本的影响

夹点温差 5℃时，无需热公用工程。随夹点温差的增大，冷公用工程和热公用工程的量都增大，操作费用增大；换热面积减小，设备成本降低；总体上，总费用随夹点温差的增大而增加，在 16℃有个局部最低点。

> **提示 1**：多数时候，总成本随夹点温差的增大应该为先降低再增加的趋势，可取总成本最低为夹点温差。本例冷公用工程要求的最小换热温差为 5℃（见图 9.31），设置值小于 5℃时，将按 5℃计算。
>
> **提示 2**：本例设备成本随最小传热温差的增大降低较小，操作成本随最小传热温差的增大增加较快，后续分析中选择总费用局部最低点对应的夹点温差 16℃。

④ Designs：换热设计。
⑤ Options：公用工程的选择方法、公用工程数据库、总传热系数数据库等。

9.4.2　换热设计

换热设计（case 或 design）是换热方案的具体实现方法，即在冷、热物流间及冷、热物流与公用工程间设置换热器，使冷热物流达到所需要的出口状态。"Scenario 1"中只有全部利用公用工程换热的设计，"Scenario 1 1"除了全部使用公用工程换热的设计，还包括 5 种增加 1 个冷热流股间换热器的设计。

（1）全部利用公用工程换热的设计

选择"Scenario 1 1"的"Simulation Base Case"，界面如图 9.39 所示。右侧主窗口水平线左侧温度高右侧温度低（可利用 ⇄ 图标调整为相反方向），从上到下依次为冷公用工程（方向从右向左）、热流股（方向从左向右）、冷流股（方向从右向左）和热公用工程（方向从左向右）。图中相连的两个实心圆代表 1 个换热器。图 9.39 中冷热流股间没有换热，只有与公用工程的换热，上方 3 组蓝色的相连实心圆代表热流股与冷公用工程的换热器，下方 3 组红色的相连实心圆代表冷流股与热公用工程的换热器。

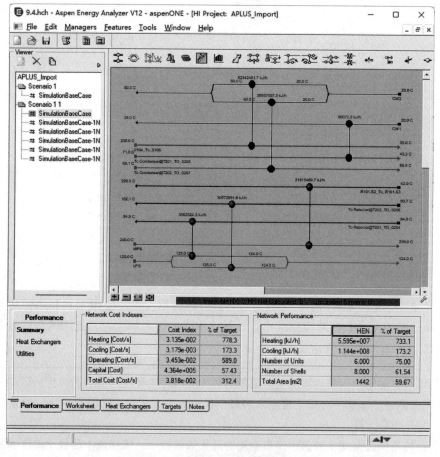

图 9.39　全部使用公用工程的换热方案

下方数据区 Cost 列出了公用工程成本、操作成本、投资（设备）成本和总成本等数据，同时列出了相对于指定最小传热温差下目标值的百分数。该方案热公用工程成本、冷公用工程成本、操作成本、投资成本和总成本分别是目标值的 778.3%、173.3%、589.0%、57.43% 和 312.4%。Performance 列出了公用工程量、换热单元和换热器数据以及总换热面积的数据，更详细的数据见其他选项页。

鼠标在实心圆停留可显示换热器的热负荷、面积、传热系数和对数传热温差，双击（或右键单击，选择"View"）可得到更详细的信息。例如，反应器出口换热器 E102

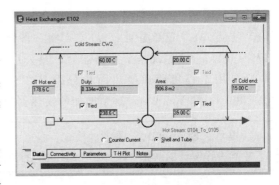

图 9.40　换热器 E102 的详细信息

的详细信息如图 9.40 所示，该管壳式换热器使用入口温度为 20℃、出口温度为 60℃的冷却水，将热物流（反应器出口物料）由 238.6℃降温到 35℃，热负荷为 $8.334 \times 10^7 \mathrm{kJ/h}$，需要 $906.8\mathrm{m}^2$ 的换热面积。

（2）利用反应产物加热一段反应原料的换热设计

"Scenario 1 1"下方的 5 种设计是在"Simulation Base Case"的基础上增加了一个流股间换热器得到的，这些设计可以与基础设计进行对比。选择 Simulation Base Case-1N-2，并勾选数据区的"Relative Value"，界面如图 9.41 所示。

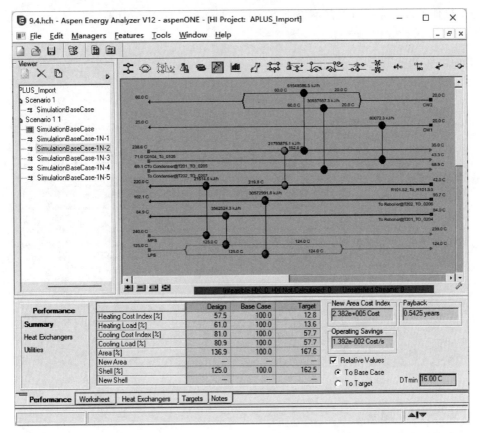

图 9.41　利用反应产物加热一段反应原料的换热方案

该设计增加了一个利用反应产物加热一段反应原料的换热器（图中绿色的两个实心圆），反应产物从 238.6℃ 降温到 162.6℃，将一段反应的进料从 42℃ 加热到 219.8℃，换热量为 $2.179 \times 10^7\,\mathrm{kJ/h}$。增加这个换热器后，热公用工程成本、热公用工程负荷、冷公用工程成本、冷公用工程负荷和换热面积分别是"Simulation Base Case"方案的 57.5%、61%、81%、80.9% 和 136.9%；这个增加的换热器投资回收期是 0.5425 年。

> 提示："Scenario 1"是设计模式，"Scenario 1 1"是改进（Retrofit）模式，改进模式下才能进行设计的对比。"Scenario 1 1"的对比都是相对"Simulation Base Case"。

9.4.3　手动设计换热网络

换热网络设计中，夹点以上的热物流与夹点以上的冷物流换热，夹点以下的热物流与夹点以下的冷物流换热时，冷、热公用工程用量最少。可以根据这个原则手动设计换热网络。

（1）新建空白换热方案

导航栏选择换热方案"Scenario 1 1"时，单击导航栏的 （Add）新建换热设计，命名为 Manual（或其他）。利用换热网络上方的工具 显示出夹点，如图 9.42 所示，热夹点为 109.72℃，冷夹点为 93.72℃（图中只显示了一位小数）。6 股冷热流股均为虚线，表示这些流股的换热任务没有完成（换热网络下方显示"Unsatisfied Streams：6"）。

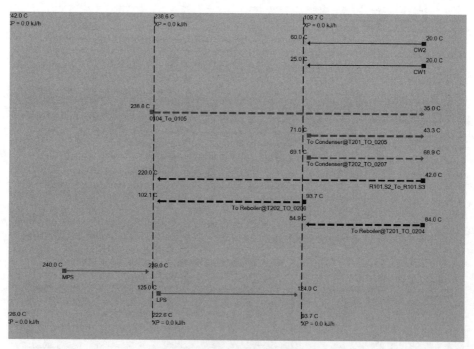

图 9.42　未设置换热器的流股状态

（2）夹点以上的换热

首先考虑用反应产物（流股 0104 _ To _ 0105）加热反应器进料（流股 R101.S2 _ To _ R101.S3）的换热器。右键按住 拖放到流股 0104 _ To _ 0105，可增加一个实心圆；再用左健按住该实心圆，拖到流股 R101. S2 _ To _ R101. S3，可在这两个流股间添加一个换热器（E-101），如图 9.43 所示。

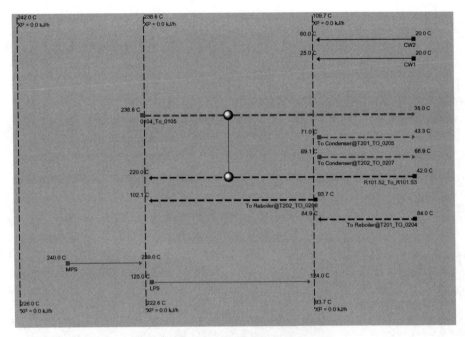

图 9.43 增加一个换热器的换热网络

　　双击 E-101 的任意实心圆，设置该换热器参数的界面如图 9.44 所示。参数设置实际上是根据式(5.2) 的热量衡算和式(5.4) 传热速率方程进行换热器计算。冷、热流股换热前后的温度都已知，勾选其中 3 个可完成热量衡算，传热速率方程使用了数据库中内置的经验传热系数数据。勾选前可在 "<empty>" 框中填写数据，填写的参数将用于计算。

　　勾选热流体入口温度和冷流体出口温度，填写冷流体入口温度 93.72℃（冷夹点温度），如图 9.45 所示。则 E-101 热流股由 238.6℃ 降温到 184.7℃，冷流股由 93.72℃ 升温到 220℃，换热器的热负荷为 $1.547 \times 10^7 \, \text{kJ/h}$，换热面积 759.9m^2。

　　提示：如果在 E-101 将热流股降温到热夹点温度（109.72℃），冷流股入口温度为 -93.48℃，不合理。

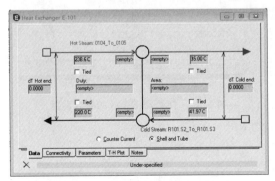

图 9.44 待设置参数的换热器 E-101

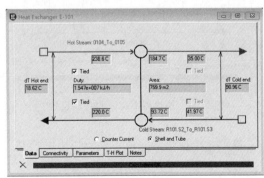

图 9.45 换热器 E-101 的参数设置

完成换热器 E-101 参数设置后，换热网络如图 9.46 所示，这个换热器左侧的冷热流股为实线，表示已经完成这部分热量的热量衡算及传热速率计算。

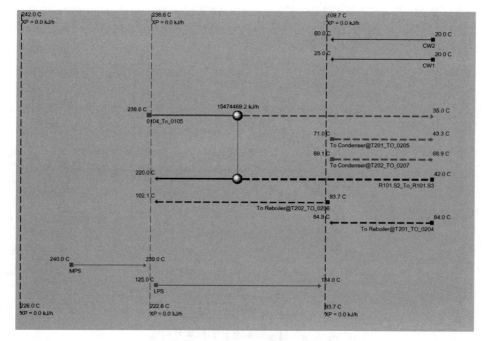

图 9.46 完成换热器 E-101 参数设置后的换热网络

在流股 0104 _ To _ 0105 和流股 To Reboiler@T202 _ TO _ 0206 添加换热器 E-102，参数如图 9.47 所示，热流股降温到热夹点温度（109.72℃），可以将冷流股从 97.80℃升温到 102.1℃。

将流股 To Reboiler@T202 _ TO _ 0206 从 93.72℃升温到 97.80℃需要使用公用工程，在该流股与低压蒸汽 LPS 之间添加换热器 E-103，参数设置如图 9.48 所示。

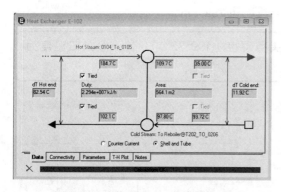

图 9.47 换热器 E-102 的参数设置

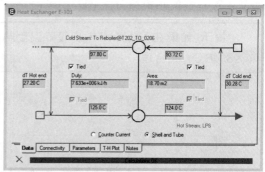

图 9.48 换热器 E-103 的参数设置

以上 3 个换热器完成了夹点以上的换热。

（3）夹点以下流股间换热方案

添加换热器 E-104，在夹点以下用流股 0104 _ To _ 0105 完成流股 R101.S2 _ To _ R101.S3 的加热，参数设置如图 9.49 所示。

添加换热器 E-105，在夹点以下用流股 0104 _ To _ 0105 完成流股 To Reboiler@T201 _ TO _ 0204 的加热，参数设置如图 9.50 所示。

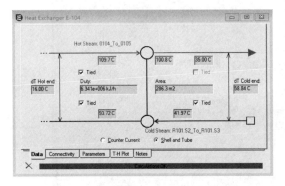 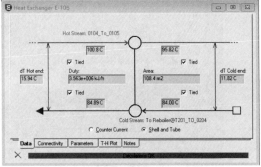

图 9.49　换热器 E-104 的参数设置　　　　图 9.50　换热器 E-105 的参数设置

> 提示：换热器 E-105 的低温端的温差为 11.82℃，不满足夹点温差 16℃ 的要求。可以将流股 0104_ To_ 0105 分流，部分用于 E-104，部分用于 E-105，读者可自行完成相应的调整。

完成以上设计后，换热网络如图 9.51 所示。E-101～E-105 这 5 个换热器满足了全部冷流股的换热要求（实线），但 3 个热流股还有热量待移出（虚线）。

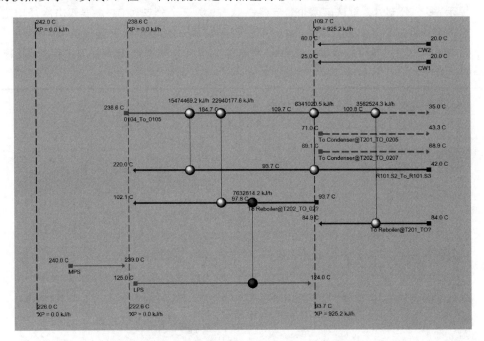

图 9.51　完成换热器 E-105 设计的换热网络

假设 3 个热流股都用公用工程 CW1 换热，则 CW1 需要分成三股。在 ◎ 按住鼠标右键，拖至冷公用工程 CW1，得到实心圆；然后按住左键，左右拉动可将冷公用工程 CW1 分成两股；在分支处单击右键，选择 "Add Branch"，可进一步将冷公用工程 CW1 分成三股，如图 9.52 所示。

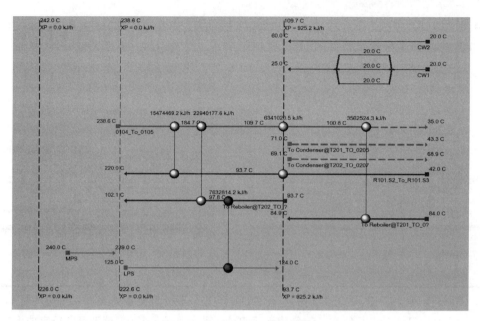

图 9.52　冷公用工程 CW1 分为三股

CW1 的三个分支与三个热流股之间添加三个换热器，设置换热器参数满足热流股的换热要求，换热网络如图 9.53 所示。

> **提示：**多个分支时，默认前两个分支各占 0.5，第 3 个分支为 0。需要双击冷公用工程的分支节点，将三个分支按如图 9.54 分配。否则其中一个换热器不会计算换热面积，另两个换热器的出口温度可能偏高。这是因为确定夹点后系统选择用冷公用工程 CW1 移出多余的热量。

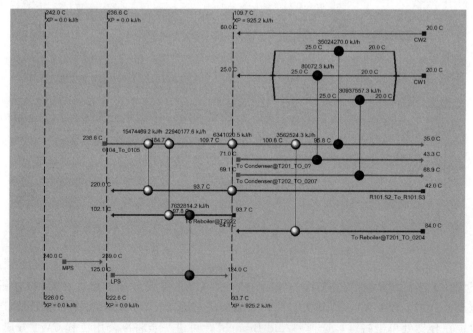

图 9.53　完整的换热网络

（4）换热网络设计结果

本例手动设计的换热网络结果如图9.55所示。热公用工程成本、热公用工程负荷及冷公用工程负荷均为夹点温差为16℃时目标值的100%。冷公用工程费用是目标值的212%，换热面积是目标值的91.7%，这是因为冷公用工程选择CW2时成本更低（见9.3.1节），但换热温差小。如果用CW2替代CW1，这些数据都为100%。

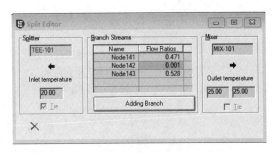

图9.54　冷公用工程CW1三个分支的比例

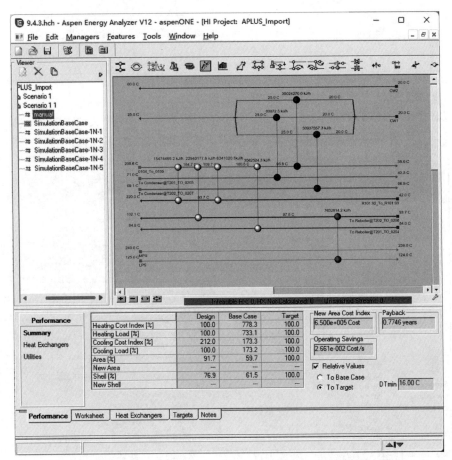

图9.55　换热网络设计的结果

用以上换热设计替代全部使用公用工程进行换热的设计，投资回收期为0.7746年。

9.4.4　自动设计换热网络

导航栏选择换热方案（Scenario）时，单击页面下方的"Recommend Designs"，界面如图9.56所示。单击"Solve"，Aspen Energy Analyzer可以按夹点法自动完成换热网络的设计。结果如图9.57所示，共推荐了10种设置方案。

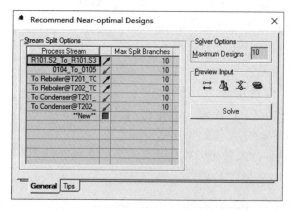

图 9.56　Aspen Energy Analyzer 自动设计换热网络的参数设置

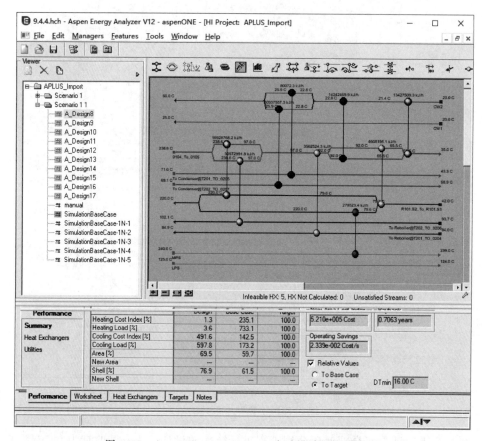

图 9.57　Aspen Energy Analyzer 自动设计的换热网络

　　需要注意的是，自动设计的换热网络很多时候不能满足夹点的要求，图 9.57 中自动设计的十种换热网络都不满足要求。以 A＿Design8 为例，换热网络下方显示的"Infeasible HX：5"说明此换热网络中有 5 个换热器不能实现，不能实现的换热器在换热网络中以黄色显示。双击 A＿Design8 最左侧的换热器，温熵曲线如图 9.58 所示，冷流股与热流股相交了，该换热过程不能实现。

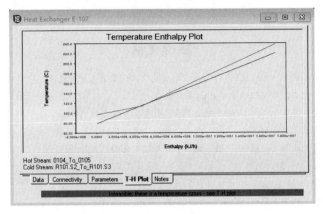

图 9.58　不能实现的换热器的温熔曲线图

本章总结

　　工艺流程模拟既涉及每个单元的物料衡算、能量衡算、平衡计算和速率计算，还涉及生产单元间的物料衡算。前一单元的产物通常是后一单元的进料，后续单元的产物可返回前面合适的单元作为部分进料。因此，工艺流程模拟首先需要根据生产要求选择合适的操作单元组织流程，然后按照流程的顺序选择合适的模块并设置合理的参数，由原料向产物逐一进行模拟计算。涉及循环物料时，需要考虑循环过程中组分的累积或损耗。存在组分累积时，需要在循环中合适的位置设置累积组分的出口；存在组分的损耗时，需要在合适位置补充适量的新鲜进料，这样才能满足全流程物料衡算的要求，得到合理的收敛结果。

　　工艺流程中涉及的生产单元较多，物料需要在不同条件进行反应、分离和贮存。因此，一般同时涉及热量的供给和移出。夹点法可以分析换热网络的节能潜力，指导过程中热流股和冷流股的合理换热，完成最低公用工程消耗量的换热网络设计。实际上，在进行换热网络设计之前，合理调整反应和分离的条件，使冷、热流股间可交换的热量更多，可能是更有利于过程的节能的思路。

习题

　　9.1　合理调整甲醇合成过程中有关单元的参数，使三段反应的出口温度均在 260～270℃，且计算结果收敛。

　　9.2　将换热器 E102 分成两个，E102A 将反应产物流股降温到 140℃，E102B 进一步降温到 45℃。E102A 在降温的同时产生 125℃ 的低压蒸汽（公用工程使用低压蒸汽生成）。试完成流程模拟和换热网络设计。

参考文献

［1］孙兰义．化工过程模拟实训——Aspen Plus 教程．2 版．北京：化学工业出版社，2017.

［2］张晨，熊杰明，刘森．化工流程模拟 Aspen Plus 实例教程．3 版．北京：化学工业出版社，2015.

［3］陈新志，蔡振云，钱超，等．化工热力学．5 版．北京：化学工业出版社，2020.

［4］柴诚敬，张国亮．化工流体流动和传热．3 版．北京：化学工业出版社，2020.

［5］贾绍义，柴诚敬．化工传质与分离过程．3 版．北京：化学工业出版社，2020.

［6］米镇涛．化学工艺学．2 版．北京：化学工业出版社，2006.

［7］陈甘棠．化学反应工程．4 版．北京：化学工业出版社，2021.

［8］谢克昌，房鼎业．甲醇工艺学．北京：化学工业出版社，2010.

［9］陈滨．乙烯工学．北京：化学工业出版社，1997.

［10］陈光文，阳永荣，戎顺熙．在 Pt-Sn/Al$_2$O$_3$ 催化剂上丙烷脱氢反应动力学．化学反应工程与工艺，1998，（02）：130-137.

［11］罗明检，刘发堂，张梅，等．以案例夯实化工学生节能基础——流体换热、加压方案中的节能．化工时刊，2023，37（01）：59-62.

［12］王惠媛，许松林．异丙醇-水分离技术进展．上海化工，2005，（06）：20-24.

［13］车冠全，古喜兰，云逢存．间二甲苯＋对二甲苯二元系的固液相平衡．化学通报，1995，（06）：50-52.

［14］孙兰义．过程工业能量系统优化——换热网络与蒸汽动力系统．北京：化学工业出版社，2021.